特种设备安全技术丛书

承压设备无损检测新技术应用及案例

娄旭耀　等著

黄 河 水 利 出 版 社
·郑 州·

内 容 提 要

本书结合作者20余年的工作实践，在参考大量的相关书籍、科技论文及技术报告的基础上，论述了承压类特种设备检验检测领域中应用最广、最新的无损检测新技术理论、检测设备及检测案例，分别介绍了脉冲涡流检测、漏磁检测、射线数字成像检测、衍射时差法检测、超声相控阵检测、声发射检测等新技术的原理，分析了各类检测技术在承压类特种设备检测中的适用性，并列举了相关检测应用案例，力求理论结合实际，希望能更好地总结和推广无损检测新技术在承压类特种设备检测领域的应用经验，为特种设备检验检测人员提供帮助。

本书可供特种设备检验检测人员、无损检测人员、无损检测仪器设备开发研究人员等阅读参考。

图书在版编目(CIP)数据

承压设备无损检测新技术应用及案例/娄旭耀等著. —郑州：黄河水利出版社，2022.6

ISBN 978-7-5509-3320-0

Ⅰ. ①承… Ⅱ. ①娄… Ⅲ. ①压力容器-无损检验 Ⅳ. ①TH49

中国版本图书馆 CIP 数据核字(2022)第108129号

组稿编辑：王路平 电话：0371-66022212 E-mail：hhslwlp@163.com

田丽萍 66025553 912810592@qq.com

出 版 社：黄河水利出版社 网址：www.yrcp.com

地址：河南省郑州市顺河路黄委会综合楼14层 邮政编码：450003

发行单位：黄河水利出版社

发行部电话：0371-66026940、66020550、66028024、66022620(传真)

E-mail：hhslcbs@126.com

承印单位：河南新华印刷集团有限公司

开本：787 mm×1 092 mm 1/16

印张：14.5

字数：340千字

版次：2022年6月第1版 印次：2022年6月第1次印刷

定价：120.00元

前　言

现代工业的发展,对产品质量和结构的安全性、使用可靠性提出了越来越高的要求,由于无损检测技术具有不破坏试件、检测灵敏度高等优点,所以其应用日益广泛。目前,无损检测技术不仅应用于承压类特种设备的制造检验和在用检验,而且在国内许多行业和部门都有应用,例如机械、石油、化工、船舶、航空航天、电力、核工业等。

伴随着现代科学技术的进展,为更好地总结、提升、推广无损检测新技术在承压设备检验检测领域的应用经验,本书重点介绍了脉冲涡流检测、漏磁检测、射线数字成像检测、衍射时差法检测、超声相控阵检测、声发射检测、超声导波检测等新技术在实际检验检测工作中的应用。本书力求理论联系实际,侧重于现场实际应用,希望能够成为特种设备检验检测人员必备参考书籍之一。

改革开放以来,我国工业经历了翻天覆地的变化,承压类特种设备行业正在从中国制造走向中国智造,各类设备均向大型化、高参数、长周期、高效率、低排放等方向发展,在这一发展历程中无损检测新技术做出了卓越的贡献。

本书共包括 8 章,具体撰写分工如下:第 1 章由冯精良撰写;第 2 章第 2.1 由张广华撰写,2.2 由苏泊源撰写,2.3 由王文韶撰写;第 3 章 3.1 由吴保鹏撰写,3.2 由苏泊源撰写,3.3 由张广华撰写;第 4 章由娄旭耀撰写;第 5 章 5.1、5.3 由吴保鹏撰写,5.2 由王文韶撰写;第 6 章由薛永盛撰写;第 7 章 7.1、7.2 由王海红撰写,7.3 由刘鹏鹏撰写;第 8 章 8.1 由苏泊源撰写,8.2、8.3 由刘进龙撰写;全书由娄旭耀统稿。

本书在撰写过程中得到李玉军教授级高级工程师等同事和同行的指导,在此表示衷心的感谢!同时本书的撰写参考了大量相关书籍、科技论文和技术报告,在此对其作者表示深深的谢意!北京铭诚泰达科技有限公司、北京邹展庵城科技有限公司、北京德朗科技有限公司、南通友联数码技术开发有限公司、武汉中科创新技术股份有限公司、河南华探检测技术有限公司等单位对本书的出版提供了大力支持和帮助,在此一并表示感谢!

由于撰写时间仓促和作者水平有限,书中难免出现疏漏与不足之处,恳请广大读者批评指正。

作　者

2022 年 4 月

目 录

第 1 章　承压设备无损检测综述

1.1　承压设备概述

1.1.1　锅炉概述

1.1.1.1　锅炉工作原理

锅炉是将燃料的化学能(或电能)转变成热能(具有一定参数的蒸汽和热水)的能量转换设备,同时是直接受火和高温烟气(受热)、承受工作压力载荷、具有爆炸危险的特种设备。锅炉将燃料在炉膛内进行燃烧(电能)释放出热量,锅内的工质吸收热量变成具有一定温度和压力的蒸汽、热水或有机热载体,以供发电、生产和生活上使用。

1.1.1.2　锅炉的组成

锅炉由“锅”和“炉”以及相配套的安全附件、自控装置、附属设备组成。

“锅”是指锅炉吸收热量,并将热量传给水的受热面系统,是锅炉中储存或输送锅水或蒸汽的密闭受压部分。主要包括锅筒(或锅壳)、水冷壁、过热器、再热器、省煤器、对流管束及集箱等。

“炉”是指燃料燃烧产生高温烟气,将化学能转化为热能的空间——炉膛。主要包括燃烧设备和炉墙等。

锅炉附件有安全附件和其他附件。如安全阀、压力表、水位表、高低水位警报器、排污装置、汽水管道、阀门、仪表等。锅炉自控装置包括给水调节装置、燃烧调节装置、点火装置、熄火保护及送、引风机联锁装置等。锅炉附属设备包括燃料制备和输送系统、通风系统、给水系统,以及出渣、除灰、除尘等装置。

1.1.1.3　锅炉工作过程

锅炉工作过程是在三个连续过程中进行的:

(1)燃料的燃烧过程,即燃料燃烧产生烟气的过程。燃料燃烧完全,经济性就高;燃料燃烧不完全,燃料中的热量不能充分放出,就会影响热效率,影响经济性。

(2)传热过程,即火焰和烟气通过受热面将热传给工质的过程。传热情况的好坏取决于受热面积布置及其结垢、积灰程度和排烟气的流程。

(3)加热汽化过程,即水吸收热量转变为热水或蒸汽的过程。加热汽化的目的是要得到一定参数(温度和压力)的热水或蒸汽。

1.1.1.4　锅炉工作系统

锅炉工作系统从构造上形成三个系统。

(1)水汽系统,即进入锅炉的水(给水),经过加热、汽化、过热,最后获得符合要求参数的蒸汽。

(2)煤灰系统,即燃料为煤的情况下,煤被送入炉膛,经过燃烧生成灰渣,然后由除渣机排出。

(3)风烟系统,即将空气送入炉内(或经过空气预热器预热),与燃料或与可燃物混合燃烧后,产生高温烟气,再通过各受热面,将热量传给工质以后,由烟囱排出。排烟有两种方式:一种是"自然通风",靠烟囱的抽力排烟;另一种是"强迫通风",靠鼓风机送风,引风机排烟。

1.1.1.5 锅炉发展趋势

锅炉从开始应用到现在已有200多年历史。锅炉从低温低压发展到高温高压,从小容量发展到大容量,从铆接、胀接发展到焊接结构,从人工加煤发展到自动送煤和机械加煤。随着现代工业生产的发展,对锅炉的要求主要是提高和保证经济性能、安全性能和环保性能。目的就是降低燃料的消耗量,减轻司炉的劳动强度,节约钢材,减少对大气的污染。

1.1.1.6 锅炉工作特性

锅炉设备与其他设备相比,具备如下特性:

(1)爆炸的危害性。锅炉设备一般都为承受压力载荷的设备(除常压热水锅炉外)。若在运行当中锅内压力升高,超过允许工作压力,而安全附件失灵,未能及时报警和排汽降压,当压力大于受压元件所能承受的极限压力时,会发生爆炸。或者是在正常工作压力下,由于受压元件出现缺陷(腐蚀、磨损、蠕变和疲劳失效等),使受压元件强度降低,而不能承受原来允许的工作压力时,锅炉就会发生破裂、泄漏甚至爆炸。由于锅炉在发生爆炸时,锅内压力在瞬间骤降,锅炉的高温饱和水产生外泄汽化,其体积成百倍地膨胀,形成巨大冲击波,造成炉体飞出,冲垮建筑物,会给国家财产和人们带来严重的破坏和伤亡事故。

(2)易于损坏性。由于锅炉受热面长期处在高温条件下工作,同时还受火、烟气、灰、水、汽、水垢等的侵蚀,使锅炉受压元件遭受腐蚀,烟气中的飞灰冲刷磨损,随着负荷和燃烧的变化发生热胀冷缩而产生疲劳损坏和蠕变裂纹。同时,缺水、结水垢或水循环破坏使锅炉传热发生障碍,使高温区的受热面烧坏、鼓包、开裂等。所以,锅炉设备是在恶劣的条件下运行,比一般机械设备易于损坏。

(3)使用的广泛性。由于锅炉是给人们的生产和生活提供热源的一个重要设备。凡是需要蒸汽和热水的场所,都离不开锅炉。不仅如此,锅炉数量之多(目前全国已有50多万台锅炉),遍及国民经济的各行各业、城乡各地。

(4)可靠的连续运行性。无论是生产用的锅炉还是生活用的锅炉,一旦投入运行,就要维持连续运转,不能任意停炉。如果发生事故停炉,就会造成很大的经济损失。生产用的锅炉停炉就要造成停产;采暖锅炉在冬季停炉,就要影响人民的生活。要保证人们的生产和生活,不可能随时停炉修理。因此,要求锅炉必须安全可靠地连续运行。

1.1.1.7 锅炉类别

锅炉按使用形式划分为工业锅炉、小型锅炉、电站锅炉。机车锅炉和船舶锅炉在这里不做介绍。

1. 工业锅炉

工业锅炉是指以向工业生产或生活用途提供蒸汽、热水和有机热载体的锅炉,一般是指额定工作压力小于或等于 2.5 MPa 的锅炉。在工业锅炉中还有相当数量的锅炉为小型锅炉和常压热水锅炉。

2. 小型锅炉

(1)小型汽水两用锅炉:额定蒸发量不超过 0.5 t/h,额定蒸汽压力不超过 0.04 MPa 的锅炉。

(2)小型热水锅炉:额定出水压力不超过 0.1 MPa 的锅炉,自来水加压的热水锅炉。

(3)小型蒸汽锅炉:水容积不超过 50 L 且额定蒸汽压力不超过 0.7 MPa 的蒸汽锅炉。

(4)小型铝制承压锅炉:本体选用铝质材料制造,额定出口蒸汽压力不超过 0.04 MPa,且额定蒸发量不超过 0.2 t/h 的锅炉。

(5)常压热水锅炉:是指锅炉本体开孔或者用连通管与大气相通,在任何情况下,锅炉本体顶部表压力为零的锅炉。

3. 电站锅炉

电站锅炉是指以发电或热电联产为主要目的的锅炉,一般是指额定工作压力大于或等于 3.8 MPa 的锅炉。

对于额定工作压力为 2.5~3.8 MPa 的锅炉,当其用途属于发电、热电联产的,按电站锅炉对待。若其用途为工业生产和生活,则按工业锅炉来对待。电站锅炉一般容量大,蒸汽参数(压力、温度)高,要求性能好,是火力发电站中的主要设备。

1.1.2　压力容器概述

压力容器,英文 pressure vessel,是指盛装气体或者液体,承载一定压力的密闭设备。为了更有效地实施科学管理和安全监检,我国《压力容器安全技术监察规程》中根据工作压力、介质危害性及其在生产中的作用将压力容器分为三类,并对每个类别的压力容器在设计、制造过程,以及检验项目、内容和方式做出了不同的规定。压力容器已实施进口商品安全质量许可制度,未取得进口安全质量许可证书的商品不准进口。应该按照最新《固定式压力容器安全技术监察规程》(TSG 21—2016)中划分,先按介质划分为第一组介质和第二组介质,然后按照压力和容积划分类别Ⅰ类、Ⅱ类、Ⅲ类。

压力容器是一种能够承受压力的密闭容器。压力容器的用途极为广泛,它在工业、民用、军工等许多部门以及科学研究的许多领域都具有重要的地位和作用。其中,以在化学工业与石油化学工业中应用最多,仅在石油化学工业中应用的压力容器就占全部压力容器总数的 50%左右。压力容器在化工与石油化工领域,主要用于传热、传质、反应等工艺过程,以及储存、运输有压力的气体或液化气体;在其他工业与民用领域亦有广泛的应用,如空气压缩机。各类专用压缩机及制冷压缩机的辅机(冷却器、缓冲器、油水分离器、储气罐、蒸发器、液体冷陈剂储罐等)均属压力容器。

1.1.2.1　按压力容器的设计压力(p)分

(1)低压(代号 L):0.1 MPa $\leqslant p<$ 1.6 MPa。

(2)中压(代号 M):1.6 MPa $\leqslant p<$ 10 MPa。

(3)高压(代号 H):10 MPa $\leqslant p<$ 100 MPa。

(4)超高压(代号 U):$p \geqslant$ 100 MPa。

1.1.2.2 按压力容器在生产工艺过程中的作用原理分

(1)反应压力容器(代号 R)。主要是用于完成介质的物理、化学反应的压力容器。如反应器、反应釜、分解锅、硫化罐、分解塔、聚合釜、高压釜、超高压釜、合成塔、变换炉、蒸煮锅、蒸球、蒸压釜、煤气发生炉等。

(2)换热压力容器(代号 E)。主要用于完成介质的热量交换的压力容器。如管壳式余热锅炉、热交换器、冷却器、冷凝器、蒸发器、加热器、消毒锅、染色器、烘缸、蒸炒锅、预热锅、溶剂预热器、蒸锅、蒸脱机、电热蒸气发生器、煤气发生炉水夹套等。

(3)分离压力容器(代号 S)。主要是用于完成介质的流体压力平衡缓冲和气体净化分离的压力容器。如分离器、过滤器、集油器、缓冲器、洗涤器、吸收塔、铜洗塔、干燥塔、汽提塔、分汽缸、除氧器等。

(4)储存压力容器(代号 C,其中球罐代号 B)。主要是用于储存、盛装气体、液体、液化气体等介质的压力容器。如各种形式的储罐。

1.1.2.3 介质毒性程度的分级和易燃介质的划分

压力容器中化学介质毒性程度和易燃介质的划分参照《压力容器中化学介质毒性危害和爆炸危险程度分类》(HG 20660—2017)的规定。无规定时,按下述原则确定毒性程度:

(1)极度危害最高容许浓度<0.1 mg/m^3。

(2)高度危害最高容许浓度 0.1~0.5 mg/m^3。

(3)中度危害最高容许浓度 0.5~2.5 mg/m^3。

(4)轻度危害最高容许浓度≥2.5~20 mg/m^3。

(5)轻微危害最高容许浓度≥20 mg/m^3。

1.1.2.4 按制造方法分

按制造方法分类有焊接容器、锻造容器、铆接容器、铸造容器和组合式容器。

1.1.2.5 按制造材料分

按制造材料分类有钢制容器、有色金属容器和非金属容器。

1.1.2.6 按壁厚分

按壁厚分类有薄壁容器和厚壁容器两种($K=D_w/D_n\leqslant 1.1\sim 1.2$ 者为薄壁容器,超过这个范围者为厚壁容器。D_w 为容器外径,D_n 为容器内径)。

1.1.2.7 按壁温分

按壁温分类有高温容器($t\geqslant 450$ ℃)、常温容器($-20<t<450$ ℃)、低温容器($t\leqslant -20$ ℃)。

1.1.2.8 按形状分

按形状分类有球形容器、圆筒形容器、圆锥形容器、矩形容器和组合形容器。

1.1.2.9 按承压方式分

按承压方式分类有内压容器(壳体内部承压)和外压容器。

1.1.2.10 按使用方式分

按使用方式分类有固定式容器和移动式容器。移动式容器一般包括铁路罐体、汽车罐体、罐式集装箱和各类气瓶(钢制无缝气瓶、钢制焊接气瓶、溶解乙炔气瓶和液化石油气钢瓶等)。

1.1.2.11　按安全监察要求划分

《压力容器安全技术监察规程》适用范围内压力容器可划分为三类:

(1)下列情况之一的,为第三类压力容器:

①高压容器。

②中压容器(仅限毒性程度为极度和高度危害介质)。

③中压储存容器(仅限毒性程度为中度危害介质,且 PV 乘积大于或等于 10 MPa · m^3)。

④中压反应容器(仅限易燃或毒性程度为中度危害介质,且 PV 乘积大于或等于 0.5 MPa · m^3)。

⑤低压容器(仅限毒性程度为极度和高度危害介质,且 PV 乘积大于或等于 0.2 MPa · m^3)。

⑥高压、中压管壳式余热锅炉。

⑦中压搪玻璃压力容器。

⑧使用强度级别较高(指相应标准中抗拉强度规定值下限大于等于 540 MPa)的材料制造的压力容器。

⑨移动式压力容器,包括铁路罐车(介质为液化气体、低温液体)、罐式汽车[液化气体运输(半挂)车、低温液体运输(半挂)车、永久气体运输(半挂)车]和罐式集装箱(介质为液化气体、低温液体)等。

⑩球形储罐(容积大于或等于 50 m^3)。

⑪低温液体储存容器(容积大于 5 m^3)。

(2)下列情况之一的,为第二类压力容器(符合三类要求的除外):

①中压容器。

②低压容器(仅限毒性程度为极度和高度危害介质)。

③低压反应容器和低压储存容器(仅限易燃介质或毒性程度为中度危害介质)。

④低压管壳式余热锅炉。

⑤低压搪玻璃压力容器。

(3)低压容器为第一类压力容器(符合三类和二类要求的除外)。

1.1.3　压力管道概述

1.1.3.1　压力管道的概念

国家质检总局于 2014 年 10 月 30 日发布的《质检总局关于修订〈特种设备目录〉的公告(2014 年第 114 号)》所附特种设备目录 8 000 项中将压力管道定义为:压力管道,是指利用一定的压力,用于输送气体或者液体的管状设备,其范围规定为最高工作压力大于或等于 0.1 MPa(表压),介质为气体、液化气体、蒸汽或者可燃、易爆、有毒、有腐蚀性、最高工作温度高于或等于标准沸点的液体,且公称直径大于或等于 50 mm 的管道。公称直径小于 150 mm,且其最高工作压力小于 1.6 MPa(表压)的输送无毒、不可燃、无腐蚀性气体的管道和设备本体所属管道除外。其中,石油天然气管道的安全监督管理还应按照

《中华人民共和国安全生产法》《中华人民共和国石油天然气管道保护法》等法律法规实施。

1.1.3.2　压力管道的特点

(1)压力管道应用广泛。

(2)压力管道系统庞大。

(3)压力管道的空间变化大。

(4)压力管道腐蚀机制与材料损伤复杂。

(5)压力管道负荷多样化。

(6)压力管道失效模式多样化。

(7)压力管道材质多样化。

(8)压力管道安装形式多样化。

(9)压力管道实施检验难度大。

(10)压力管道元件多、标准多。

1.1.3.3　压力管道的分类

1. 一般分类

1)按照主体材料分

(1)金属管道。

(2)非金属管道。

2)按照敷设方式分

(1)架空管道。

(2)埋地管道。

(3)地沟敷设。

3)按照介质压力分

(1)低压管道:0.1 MPa $\leq p \leq$ 1.6 MPa。

(2)中压管道:1.6 MPa $< p \leq$ 10 MPa。

(3)高压管道:10 MPa $< p \leq$ 100 MPa。

(4)超高压管道:$p >$ 100 MPa。

4)按照介质温度分

(1)低温管道:小于-20 ℃。

(2)常温管道:-20~370 ℃。

(3)高温管道:大于370 ℃。

5)按照介质毒性分

(1)无毒管道。

(2)有毒管道。

(3)剧毒管道。

6)按照介质燃烧特性分

(1)可燃介质管道。

(2)非可燃介质管道。

2. 安全监督管理的分类

1）长输管道：GA 类

A. 设计标准

长输管道为 GA 类，级别划分为：

（1）输送有毒、可燃、易爆气体介质，最高工作压力大于 4.0 MPa 的长输管道。

（2）输送有毒、可燃、易爆液体介质，最高工作压力大于或等于 6.4 MPa，并且输送距离（指产地、储存库、用户间的用于输送商品介质管道的长度）大于或等于 200 km 的长输管道。

（3）GA1 级以外的长输（油气）管道为 GA2 级。

B. 安装标准

长输（油气）管道是指在产地、储存库、使用单位之间的用于输送（油气）商品介质的管道，划分为 GA1 级和 GA2 级。级别划分为：

a. GA1 级

根据安装的实际情况，GA1 级分为 GA1 甲级、GA1 乙级。

（1）符合下列条件之一的长输（油气）管道为 GA1 甲级：

①输送有毒、可燃、易爆气体或者液体介质，设计压力大于或等于 10 MPa 的。

②输送距离大于或等于 1 000 km，且公称直径大于或等于 1 000 mm 的。

（2）符合下列条件之一的长输（油气）管道为 GA1 乙级：

①输送有毒、可燃、易爆气体介质，设计压力大于或等于 4.0 MPa、小于 10 MPa。

②输送有毒、可燃、易爆液体介质，设计压力大于或等于 6.4 MPa、小于 10 MPa。

③输送距离大于或等于 200 km，且公称直径大于或等于 500 mm 的。

b. GA2 级。

GA1 级以外的长输（油气）管道为 GA2 级。

2）公用管道：GB 类

公用管道是指城市或者乡镇范围内的用于公用事业或者民用的燃气管道和热力管道，划分为 GB1 级和 GB2 级。

A. GB1：城镇燃气管道

按照定期检验方式和要求，GB1 级管道依据设计压力（p，单位为 MPa）划分为以下级别：

（1）GB1－Ⅰ级（$2.5<p\leq4.0$）、GB1－Ⅱ级（$1.6<p\leq2.5$）高压燃气管道。

（2）GB1－Ⅲ级（$0.8<p\leq1.6$）、GB1－Ⅳ级（$0.4<p\leq0.8$）次高压燃气管道。

（3）GB1－Ⅴ级（$0.2<p\leq0.4$）、GB1－Ⅵ级（$0.1<p\leq0.2$）中压燃气管道。

B. GB2：城镇热力管道

GB2 管道包括供热热水介质设计压力小于或等于 2.5 MPa，设计温度小于或等于 200 ℃；供热蒸汽介质设计压力小于或等于 1.6 MPa，设计温度小于或等于 350 ℃的下列城镇供热管网：

（1）以热电厂或锅炉房为热源，自热源至建筑物热力入口的供热管网。

（2）供热管网新建、扩建或改建的管线、中继泵站和热力站等工艺系统。

3)工业管道:GC 类

工业管道是指企业、事业单位所属的用于输送工艺介质的工艺管道、公用工程管道及其他辅助管道,划分为 GC1 级、GC2 级、GC3 级。

A. GC1 级

符合下列条件之一的工业管道为 GC1 级:

(1)输送《职业接触毒物危害程度分级》(GB 5044—1985)中规定的毒性程度为极度危害介质、高度危害气体介质和工作温度高于其标准沸点的高度危害液体介质的管道。

(2)输送《石油化工企业设计防火规范》(GB 50160—2008)与《建筑设计防火规范》(GB 50016—2006)中规定的火灾危险性为甲、乙类可燃气体或者甲类可燃液体(包括液化烃),并且设计压力大于或等于 4.0 MPa 的管道。

(3)输送流体介质,并且设计压力大于或等于 10.0 MPa,或者设计压力大于或者等于 4.0 MPa 且设计温度高于或等于 400 ℃的管道。

B. GC2 级

除《压力管道安全技术监察规程-工业管道》(TSG D0001—2009)规定的 GC3 级管道外,介质毒性危害程度、火灾危险性(可燃性)、设计压力和设计温度低于《压力管道安全技术监察规程-工业管道》(TSG D0001—2009)规定的 GC1 级的工业管道为 GC2 级。

C. GC3 级

输送无毒、非可燃流体介质,设计压力小于或等于 1.0 MPa 且设计温度高于-20 ℃,但是不高于 185 ℃的工业管道为 GC3 级。

1.1.3.4　压力管道的组成

1. 长输管道系统的总体结构

压力管道输送系统由油气田、处理厂、长输系统、销售终端四个部分组成,从油气田的井口装置开始,经矿场集输、净化、干线输送,直到通过配给管网送到用户,形成了一个统一的、密闭的输送系统。

在压力管道输送系统中包含的管道按其输送距离和经营方式及输送目的一般分为三种:

(1)油气田内部管理的矿场管道,通常称为集输管道。

(2)隶属某管道输送公司的干线输油(气)管道,通常称为长输管道。

(3)燃气公司或成品油公司投资建设并经营管理的城市压力管道,通常称为城市输配管网。

长输系统是压力管道输送系统的重要组成部分之一,全称长距离输油(气)管道输配系统,指从矿场附近的首站开始,到终点配给站为止,管径大、压力高,距离可达数千千米,年输量巨大。

长输管道作为主要的油气输送方式,其特点是运输量大,管道大部分埋设于地下,占地少、受地形地物的限制少,可以缩短运输距离,密闭安全,能够长期连续稳定运行。

长输管线的管材一般为钢管,采用焊接和法兰等连接方式组成长距离输送管道,通常线路距离长、跨度大,管道进行了防腐处理。现代化管道运输系统自动化程度很高,劳动生产率高;能耗少,运费低,管线本体内部还可内涂防腐材料,以减少输送的油品本身对管线的腐蚀和提高管线的光滑度,以加大运输量。每隔一定的距离或跨越大型障碍物时,管线都设有阀门,用以发生事故时阻断物料,以防止事故的扩大及方便维修设备。

长输管道防腐的措施主要有外部覆盖层防腐、内涂层、阴极保护等方式。管道外部覆盖层,亦称防腐绝缘层。将防腐层材料均匀致密地涂覆在经过除锈的管道外表面,使其与腐蚀介质隔离,以达到管道外防腐的目的。对管道防腐层的基本要求是:与金属有良好的黏结性;电绝缘性能好;防水及化学稳定性好;有足够的机械强度和韧性;耐热和抗低温脆性;耐阴极剥离性能好;抗微生物腐蚀;破损后易于修复,并要求价廉和便于施工。常用防腐层包括沥青类防腐层和合成树脂类防腐层两大类。其中,沥青类防腐层分为石油沥青、天然沥青和煤焦油沥青等;合成树脂类防腐层主要有聚烯烃胶粘带、熔接环氧粉末、挤出聚乙烯、三层PE复合结构等。常用内涂层涂料主要采用环氧型、环氧酚醛型、聚氨酯和漆酚型主要基料。常用的实现阴极保护方法有牺牲阳极法和强制电流法。

2. 公用管道

公用管道输配系统含城镇燃气管道输配系统和城镇供热系统。

1)城镇燃气管道输配系统

现代化的城镇燃气输配系统是复杂的综合设施,主要由下列几部分构成:

(1)低压、中压、次高压以及高压等不同压力的燃气管网。

(2)门站、储配站。

(3)分配站、压送站、调压计量站、区域调压站。

(4)信息与电子计算机中心。

门站的作用是:接收天然气长输管道来气,并根据需要进行净化、调压、计量、加臭及向城镇燃气输配管网或储配站输送商品燃气。

储配站的主要作用是:接收由气源或门站供应的燃气,并根据需要进行净化、储存、加压、调压计量、加臭后向城镇燃气输配系统输送商品燃气。通常门站与储配站建设在一起,可以节约投资、节省占地、便于运行管理。门站、储配站一般由储气罐、加压机房、调压计量间、加臭间、变电室、配电间、控制室、水泵房、消防水池、锅炉房、工具库、油料库、储藏室以及生产和生活辅助设施等组成。

城镇燃气门站和储配站总平面布置应符合下列要求:

(1)总平面应分区布置,即分为生产区(包括储罐区、调压计量区、加压区等)和辅助区。

(2)站内的各建(构)筑物之间以及与站外建(构)筑物之间的防火间距应符合现行国家标准《建筑设计防火规范》(GB 50016—2014)的有关规定。站内建筑物的耐火等级不应低于现行国家标准《建筑设计防火规范》(GB 50016—2014)"二级"的规定。

(3)储配站生产区应设置环形消防车通道,消防车通道宽度不应小于3.5 m。

(4)门站、储配站罐区一般布置在站的出入口的另一侧,储气罐以设在加压机房北侧为宜。

(5)罐区宜设在站区全年最小频率风向的上风侧,锅炉房应设在罐区的下风向。

(6)罐区周围应有消防通道。

(7)罐区的布置应留有增建储气罐的可能,并应与规划等部门商定预留罐区的后续征地地带。

调压装置的作用：为了对城镇燃气输配管网中的燃气进行压力调节与控制，需设置燃气调压装置。其作用就是将高压燃气降到所需的压力，并使其出口压力保持不变。调压装置中调压器是其主要设备。

2）城镇供热系统

城市供热有分散和集中两种类型。集中供热系统是指一个或多个集中的热源通过供热管网向多个热用户供应热能的系统，它主要由热源、热网和热用户组成。其中热源是指将天然或人造的能源形态转化为符合供热要求的热能装置。热网是指由热源向热用户输送和分配供热介质的管线系统，热用户是指从热源获得热能的用热装置。

城镇供热管道敷设方式：管道敷设方式分地上敷设和地下敷设两种方式。地上敷设又分为低、中、高支架敷设。地下敷设又分为直埋敷设和管沟敷设。

选择敷设方式的原则：城市街道上和居住区内的热力网管道宜采用地下敷设。地下敷设困难时，可采用地上敷设，但应注意美观。厂区的热力网管道，宜采用地上敷设。热力网管道地下敷设时，应优先采用直埋敷设；采用管沟敷设时，应首选不通行管沟敷设；穿越不允许开挖检修的地段时，应采用通行管沟敷设；当采用通行管沟困难时，可采用半通行管沟敷设。

A. 热力管道的材料及连接方式

（1）城市热力网管道的选材：城市热力网管道应采用无缝钢管、电弧焊或高频焊焊接钢管。管道和钢材的规格及质量应符合国家相关标准的规定。热力网凝结水管道宜采用具有防腐内衬、内防腐涂层的钢管或非金属管道。非金属管道的承压能力和耐温性能应满足设计技术要求。

（2）管道连接方式：管道连接一般有焊接、法兰连接和螺纹连接。热力网管道的连接应采用焊接。有条件时管道与设备、阀门等连接也应采用焊接，当需要拆卸时，采用法兰连接。对公称直径≤25 mm 的放气阀，可采用螺纹连接，但连接放气阀的管道应采用厚壁管。

B. 热力管道的附属设施

（1）城市热力网管道附件：管道附件包括弯头、异径管、三通、法兰、阀门及放气、放水装置等。

（2）城市热力网管道阀门设置：热力网管道干线、支干线、支线的起点应安装关断阀门。热水热力网干线应装设分段阀门。分段阀门的间距宜为：输送干线 2 000～3 000 m，输配干线 1 000～1 500 m。蒸汽热力网可不安装分段阀门。多热源供热系统热源间的连通干线、环状管网环线的分段阀应采用双向密封阀门。工作压力≥1.6 MPa 且公称直径≥500 mm 的管道上的闸阀应安装旁通阀。旁通阀的直径可按阀门直径的 1/10 选用。公称直径 2 500 mm 的阀门，宜采用电动驱动装置。由监控系统远程操作的阀门，其旁通阀亦应采用电动驱动装置。

（3）放气、放水装置的设置：热水、凝结水管道的高点（包括分段阀门划分的每个管段的高点）应安装放气装置，低点（包括分段阀门划分的每个管段的低点）应安装放水装置。

（4）城市热力网管道的应设置检查室，检查室满足相关规定。

（5）弯头、三通、法兰、变径管的选择：弯头、三通、法兰、变径管均选用标准件，弯头的壁厚不应小于管道壁厚。焊接弯头应双面焊接。变径管制作应采用压制或钢板卷制，壁厚不应小于管道壁厚。钢管焊制三通，支管开孔应进行补强。对于承受干管轴向荷载较大的直埋敷设管道，应考虑三干管的轴向补强，其技术要求按《城镇供热直埋热水管道工程技术规程》（CCJ/T 81—2013）的规定执行。

3. 工业管道

1）工业管道系统的基本组成

工业管道系统一般由管道元件、管道元件间的连接接头、管道与设备或者装置连接的第一道连接接头（焊缝、法兰、密封件及紧固件等）、管道与非受压元件的连接接头及管道所用的安全阀、爆破片装置、阻火器、紧急切断装置等安全保护装置组成。

2）管道支承件

工业管道系统支承件一般由吊杆、弹簧支吊架、斜拉杆、平衡锤、支撑杆、导轨、链条、滑动支座、底座、松紧螺栓、卡环、管夹等组成。

1.1.3.5　压力管道的应用

作为五大运输方式之一的管道运输，在世界上已有100多年的历史，至今发达国家的原油管输量占其总输量的80%。在现代工业生产和城市建设中的各个领域，几乎一切流体在其生产、加工、运输及使用过程中都使用压力管道运输系统。压力管道工程日益复杂，正朝着大型化、整体化和自动化方向发展。

随着石油、化工、冶金、电力、机械等行业的飞速发展，压力管道被广泛用于这些行业生产及城市燃气和供热系统等公众生活之中，而且占据着越来越重要的地位。它们所传载的介质多是有毒、易燃、易爆物质，工作条件各种各样，一旦泄漏将会造成人员伤亡、财产损失、环境污染和巨大的经济损失，有时还会影响人民的生活。

1.1.3.6　压力管道的使用特点

压力管道具有以下特点：

（1）压力管道是一个系统，相互关联、相互影响，牵一发而动全身。

（2）压力管道种类多，数量大，设计、制造、安装、检验、应用管理环节多，与压力容器大不相同。

（3）压力管道长径比很大，极易失稳，受力情况比压力容器更复杂。压力管道内流体流动状态复杂，缓冲余地小，工作条件变化频率比压力容器高（如高温、高压、低温、低压、位移变形、风、雪、地震等都有可能影响压力管道受力情况）。

（4）现场安装工作量大，管道上的可能泄漏点多于压力容器，仅一个阀门通常就有五处。

（5）管道组成件和管道支承件的种类繁多，各种材料各有特点和具体的技术要求，材料选用复杂。

（6）管道及其元件生产厂家大多规模较小，产品质量保证较差。

（7）长输管道与燃气管道基本上为埋地敷设，热力管道为管沟敷设，敷设环境复杂。

1.1.3.7 压力管道的失效特点

压力管道具有数量多、分布广、系统性等特点，遍布于石油、化工、电力、热能、化肥、冶金农药、食品、医药等行业，大部分压力管道使用条件复杂，常常输送易燃、易爆、高温、高压、腐蚀性等介质。由于历史、技术、管理上的原因，现行压力管道在设计、制造、安装及运行管理中存在各类损伤问题，管道失效甚至破坏性事故时有发生。

压力管道失效是指管道损伤积累到一定程度，管道功能不能满足其设计规定或强度、刚度不符合使用要求。

压力管道发生故障导致失效或事故，实质是管道应力和管道材料性能的关系，当管道某处所受应力高于材料所承受的极限，在该处存在材料损伤发生故障，进而管道发生损伤破坏。因此，压力管道的失效分析可以从性能和应力状态两方面考虑。

压力管道所受应力主要来源于管道内、外部环境作用，考虑的主要载荷包括：内压与外压压差或重力载荷（管道组成件、隔热材料以及由管道支撑的其他重力载荷，流体重量以及寒冷地区的冰、雪重量），动力载荷（风载荷，地震载荷，流体流动导致的冲击、压力波动和闪蒸等，由机械、风或流体流动引起的振动，流体排放反力），温差载荷（温度变化时因管道约束产生的载荷），端点位移引起的载荷。

压力管道常按照损伤发生的原因、产生的后果、失效时宏观变形量和失效时材料的微观断裂机制进行分类。

(1)按发生失效产生的后果或现象可分为：泄漏、爆炸、失稳。

(2)按故障发生原因大体可分为：因超压造成过度的变形、因存在原始缺陷而造成的低应力脆断、因环境或介质影响造成的腐蚀破坏、因交变载荷而导致发生的疲劳破坏、因高温高压环境造成的蠕变破坏等。

(3)按发生故障后管道失效时宏观变形量的大小可分为：韧性破坏（延性破坏）和脆性破坏两大类。

(4)按发生故障后管道失效时材料的微观（显微）断裂机制可分为韧窝断裂、解理断裂、沿晶脆性断裂和疲劳断裂等。

1.1.4 其他承压设备概述

其他承压设备方面，本书仅涉及常压储罐，因此仅针对常压储罐进行阐述。常压储罐是指设计压力小于 0.1 MPa、建造在地面上、储存非人工制冷、非剧毒性的石油、化工等液体介质的钢制焊接储罐。

储罐是石油化工生产中广泛使用的储存设备，在炼油行业中用来储存各种原料油、半成品油、成品油、芳烃产品及液化气等。常压储罐通常具有与大气直接相通的接管，始终保持储罐内的操作压力不超过设计压力。

储罐本体包括：①与外部管道焊接连接的第一道环向接头的坡口面；②螺纹连接的第一个螺纹接头端面；③法兰连接的第一个法兰密封面；④专用连接件或者管件连接的第一个密封面；⑤非承压元件与储罐的连接焊缝。

储罐本体中的主要承压元件包括罐顶、罐壁、罐底、公称直径大于或等于 250 mm 的接管和管法兰。储罐的安全附件,包括直接设置在储罐上的安全阀/呼吸阀、液体泄压阀、紧急切断装置、安全连锁装置、压力表、液位计、温度计、阻火器等。

1.2　承压设备无损检测特点

1.2.1　无损检测的基本定义

无损检测是指对材料或结构件实施一种不损害或不影响其未来使用性能或用途的检查和测量的方法,英文缩写是 NDT(non-destructive testing)。无损检测技术是指与每种无损检测手段有关的专门的工艺规程、方法和仪器设备的主体;通常每项技术涉及许多方法和工艺规程。开展无损检测的目的包括以下三个方面:

(1)发现材料或工件表面和内部所存在的缺陷。

(2)测定材料或工件的内部组成或组织、结构、物理性能和状态等。

(3)测量工件的几何特征和尺寸。

对一个产品、设备或设施,需要进行无损检测的时机包括三个阶段:原材料的选择阶段、加工制造阶段、使用阶段。对产品、设备或设施实施无损检测的意义在于:

(1)监督和改进铸造、锻造、焊接、加工成型等制造工艺,从而保证产品质量。

(2)通过及时发现不合格的原材料或半成品,减少返工、降低废品率,从而降低制造成本。

(3)通过进行定期检测或监测,及时发现由于使用过程中产生的腐蚀和疲劳而引起的缺陷及材料产生的劣化,保障使用安全。

无损检测是建立在现代科学技术基础上的一门综合性、应用性学科,无损检测原理和方法来自于热学、力学、声学、光学和电磁学等物理学科,其检测应用对象涉及材料、材料加工工程和机械工程等学科,其检测仪器依赖计算机、电子仪器和信息等学科应用。无损检测是理论研究与实验科学相结合的产物,既具有高度的综合交叉性和复杂性,又具有工程性、实用性、先进性和先导性,不断随着相关学科科学技术的进步而发展。

1.2.2　无损检测方法的分类

无损检测方法的分类方式很多。最传统的方式分为常规无损检测方法和非常规无损检测方法。常规无损检测方法包括磁粉检测、渗透检测、射线检测、超声检测和涡流检测方法,其他的均为非常规无损检测方法。按照发现材料或构件上缺陷的位置可分为表面检测方法和内部检测方法。适用于表面缺陷检测的方法有磁粉、渗透、涡流、漏磁、红外、激光等检测方法;适用于内部埋藏缺陷检测的方法有超声、射线、漏磁、声发射等检测方法。美国国家资料咨询委员会无损检测评价委员会提出了按照 6 种基本物理原理进行分类的方式,表 1-1 给出了按照这种方式对各种成熟的现有无损检测方法的分类结果,这次无损检测方法均需要物质转换和/或与被检对象作能量转换。

表1-1 基于基本物理原理的无损检测方法分类

类别	主要方法
机械-光学	目视光学法、激光散斑法、光弹层法、应变计法、液体渗透法、泄漏检测法
射线透照	X射线透照法、γ射线透照法、中子射线透照法
电磁-电子	磁粉法、涡流法、漏磁法、电流法、微波辐射法、磁记忆法
声-超声	超声反射法、超声透射法、超声衍射法、声发射法、声冲击法、声振动法、声脉冲回波法、超声共振法
热学	热电探测法、红外线辐射测量法、红外热成像法
成分-分析	激光探测法、荧光X射线法、X射线衍射法

按国家标准《无损检测应用导则》(GB/T 5616—2014)分类如下:

(1)辐射方法:X和γ射线照相检测、计算机辅助成像检测(CR)、射线实时成像检测(DR)、计算机层析照相检测(CT)、中子辐射照相检测。

(2)声学方法:超声检测、声发射检测、电磁超声检测、激光超声检测、超声导波检测、磁致伸缩超声导波检测。

(3)电磁方法:涡流检测、脉冲涡流检测、漏磁检测、金属磁记忆检测。

(4)表面方法:磁粉检测、渗透检测、目视检测。

(5)泄漏方法:气泡泄漏检测、氨泄漏检测、示踪气体泄漏检测、卤素气体泄漏检测、核质谱泄漏检测、超声泄漏检测、声发射泄漏检测。

(6)红外方法:红外热成像检测。

1.2.3 无损检测方法的特征与要求

无损检测方法的特点与破坏性检测相比,有3个主要的特点:一是具有非破坏性,因为它在做检测时不会损坏被检测对象的使用性能;二是具有全面性,由于检测是非破坏性,因此必要时可对被检测对象进行100%的全面检测,这是破坏性检测办不到的;三是具有全程性,破坏性检测一般只适用于对原材料进行检测,如机械工程中普遍采用的拉伸、压缩、弯曲等,但对于批量生产的标准化产品,也可采用抽查进行破坏检测的方法进行,以1个产品的破坏性试验结果来代表一批产品的性能;而无损检测因不损坏被检测对象的使用性能,它不仅可对原材料进行100%检测,也可对产品制造过程的各个环节进行检测,直至对成品进行全面检测,而且可对服役中的设备进行检测。

另外,无损检测的概念和作用并不是一成不变的,是随着应用对象的需求和所依托的科学技术的进步而不断发展的。无损检测最初只是作为一种宏观缺陷的确定手段,直接应用目的是挑选出有缺陷的零部件和原材料;随着疲劳寿命和断裂力学概念的引入,无损检测被赋予了微细缺陷检测和定量测量的要求;所有结构完整性的评价方法都假设材料的力学性能是均衡的,但材料的性能随时间、温度等工况的改变使得这一假设已不再适用,这一改变要求无损检测的对象由对宏观缺陷的发现延伸到对材料的微观组织结构和性能进行评价;而近年来,大型成套装置和设施的长周期安全运行要求使得无损检测的概念由单一时间点和位置的检测扩展到长期和全局或局部的动态监测及寿命评估,即由无损检测向无损评价的方向发展。

鉴于无损检测的方法众多,要学习、了解和使用任何一种无损检测方法,都应以检测原理、检测目的与对象、适用范围和局限性四个主要方面进行考虑,而且不同缺陷适用的无损检测方法也不同。

1.2.3.1　检测原理

检测原理主要包括以下五个要素:

(1)检测使用的能量源或介质:如 X 射线、超声波、热辐射等。

(2)与被检对象相互作用产生的信号、图像和/或标记的特性:如 X 射线的衰减、超声波反射、红外线辐射等。

(3)检测或合成信号的传感方法:如照相乳胶、压电晶片、半导体晶片等。

(4)指示和/或记录信号的方法:如照相胶片、显示器、硬盘等。

(5)检测结果:直接的或间接的指示,定位、定性和定量的情况。

1.2.3.2　检测目的与对象

检测目的与对象主要包括以下七种:

(1)不连续和分离:表面缺陷、表层缺陷、内部缺陷。

(2)结构:显微结构、基体结构、微结构缺陷、粗结构缺陷。

(3)尺寸和量度:位移和/或定位、尺寸变化、厚度、密度。

(4)物理和力学性能:电性能、磁性能、热性能、力学性能、表面性能。

(5)化学成分和分析:元素分析、杂质浓度、冶金参量、物理化学状态。

(6)应力和动态响应:应力应变和/或疲劳、机械损伤、化学损伤、其他损伤、动态变形。

(7)图像分析:电磁场、热场、声像、辐射像、信号或图像分析。

1.2.3.3　适用范围

适用范围应考虑以下三个要素:

(1)适用的材料:金属、非金属、复合材料、混合材料等。

(2)适用的结构和形态:整个部件或构件,一定范围的形状和尺寸。

(3)适用的过程控制:焊接、热处理的质量控制,在用拆卸检测,在用现场检测,在线监测。

1.2.3.4　局限性

局限性应考虑以下四个要素:

(1)接近、接触和/或制备:接近一侧和需对被检件施加耦合剂。

(2)探测和对象的限制:特殊的探头、耦合和探头进行移动。

(3)灵敏度和/或分辨力:尺寸为 1 mm 的缺陷。

(4)限制条件:①由于散射效应,多次反射和复杂的几何形状,可导致模棱两可的信号。②对小的或薄的部件检测困难。

第 2 章　脉冲涡流检测技术应用及案例

2.1　脉冲涡流检测技术研究进展历程

2.1.1　概述

在各种军用、民用设备建设向着机械化、信息化高层次快速发展的今天，随着计算机技术、自动化技术的广泛应用，各部门之间关联紧密，相互渗透，由于装备存在缺陷而产生的事故往往会带来更为严重，甚至无法估计的后果。因此，在各种新设备以及军事装备的试验、生产、储运、验收及最后的使用等过程中必须进行无损检测，以便判断其现有的质量状态，尽可能消除事故隐患。对于工作在恶劣环境下的各种设备及武器装备，也应定期对其关键部位进行检测，防患于未然，保持其应有的性能。可见，无损检测已是当前军用、民用装备技术保障中不可或缺的重要部分。

无损检测是采用物理和化学的方法，对被测对象表面或内部结构缺陷及其状态特征进行检测的一门综合性、应用性学科，即利用被测对象存在缺陷和状态异常时引起的热、声、光、电、磁等反应的变化，评估被测对象的缺陷和状态特征，并且在检测过程中不破坏被测对象内部结构和实用性能。现代无损检测还包括了对被测对象其他性能的检测（材料的组成成分、显微组织、内应力等）。目前，无损检测技术已在部队装备的设计、试验、生产制造、检验验收、运行使用等各个阶段得到应用，其对控制和改进装备质量、保证装备的可靠性起着关键性作用，已经成为检验部队装备质量、保证装备安全、延长装备寿命不可或缺的可靠技术手段。因此，无损检测技术的发展状况不仅能反映一个国家的科学技术和基础工业水平，更能反映其军事装备的发展水平。

进入 21 世纪后，无损检测方法也愈来愈多，当前已有上百种无损检测方法，每种检测方法都有各自的适用领域和优缺点，而最常用的主要还是磁粉（magnetic particle）检测、射线（radiographic）检测、超声（ultrasonic）检测、渗透（penetrant）检测和涡流（eddy current）检测这五种方法；此外还有声发射（acoustic emission）检测、红外（infrared）检测和激光（laser）检测等方法也比较常用。目前 95% 以上的无损检测工作是采用上述八种方法完成的。在众多的无损检测方法中，涡流检测具有检测系统成本低、操作简单、对被测对象表面情况要求低及对人体无辐射危害等优点，是一种检测速度快、适合大规模检测的无损检测方法，其已在部队武器装备特别是航空材料缺陷检测领域得到了广泛应用。随着理论及科学技术水平的发展，人们对涡流检测技术也进行了不断的改进和完善，近年来，作为涡流检测技术的一个新兴分支——脉冲涡流检测（PECT）技术已得到了越来越多的关注。脉冲涡流检测技术的激励为矩形脉冲信号，由于矩形脉冲信号的频谱较丰富，因而与采用正弦波信号作为激励的传统涡流检测技术相比，该技术检测信号中包含了更多的频域信息，具有更强的深层缺陷检测能力。此外，脉冲涡流检测技术易实现检测仪器的小型化，且灵敏度高，特别适合部队装备的现场检测，尤其是其具有非接触检测的优点，使得该技术非常适合武器装备覆盖层下的金属结构缺陷检测，不仅能降低因先拆卸后检测而增加的成本，而且能提高检测效率。因此，对脉冲涡流无损检测技术进行深入研究，可以大大提高我军武器装备机械类缺陷检测的技术水平，为装备维修保障提供重要的技术支持，对于完成部队科研试验、确保装备安全运行和发挥战斗力具有重要意义。

准确地重构被测缺陷的轮廓可为评估装备剩余寿命、确保其安全运行提供可靠依据。为得到被测缺陷的参数，并准确重构缺陷轮廓，本书将紧密结合脉冲涡流检测技术的国内外研究现状，围绕传感器设计、信号预处理、检测影响因素分析、缺陷信号计算及缺陷二维轮廓重构等重要问题展开介绍，旨在促进脉冲涡流检测技术理论体系的进一步完善，推动该技术在军用装备检测领域的应用，为军用装备研制、生产、使用提供准确、可靠的依据；同时也为特种设备和重要金属部件的质量检验、寿命评估和安全性评价等方面奠定基础。

2.1.2　脉冲涡流无损检测技术研究现状

脉冲涡流无损检测技术最早起始于 20 世纪 50 年代，是由哥伦比亚密苏里大学的 Waidelich 等学者在传统涡流检测理论基础上提出的，到 70 年代中后期，该技术在世界范围内得到了广泛研究。由于脉冲涡流检测技术具有独特的优势，其已在航空航天及军事装备检测等领域得到了越来越多的应用，为促进该技术的进一步发展与应用，国内外许多学者、研究机构及科研院所已对其进行了大量的研究，并取得了一定的研究成果。下面分别从脉冲涡流检测技术的应用、理论计算、传感器研究、检测信号降噪及特征提取、缺陷定量化等方面对该技术的研究现状展开介绍。

2.1.2.1　脉冲涡流检测应用研究现状

脉冲涡流检测技术已在航空材料缺陷检测领域得到了广泛应用。目前，国内外许多学者及研究机构已采用该技术对飞机机械结构缺陷检测进行了研究，并取得了大量研究成果。

法国研究人员 Lebrun 等开发了一套脉冲涡流检测装置，并检测了飞机铆接结构附近的缺陷，在检测过程中该装置利用差分原理采用两个磁阻传感器作为检测元件，通过提取缺陷的差分检测信号提高了脉冲涡流检测的灵敏度；随后，他们在已有研究成果的基础上对该检测装置进行了改进，采用性能更加优异的霍尔传感器作为检测元件，并采用差分检测信号的峰值时间、峰值及特征频率作为特征量对飞机铆接结构附近缺陷的尺寸进行了分析。

美国爱荷华大学的 Tai 等采用绝对式线圈设计了一套脉冲涡流检测系统，通过分析检测线圈中电流的变化对多层金属结构航空材料的电导率和厚度进行了测量；此外，爱荷华大学无损检测中心还采用脉冲涡流检测技术对飞机机身缺陷进行了检测，通过分析检测信号峰值及峰值时间特征对缺陷的深度及损伤程度进行了分析；随后，他们成功研制了用于检测飞机机械结构缺陷的脉冲涡流检测系统；目前，该系统逐渐向着高性能、便携式等方向发展，并逐步在航空领域得到了应用。另外，美国通用电气公司研究与发展中心采用脉冲涡流技术对腐蚀性缺陷检测进行了研究，分析了激励脉冲特征对检测结果的影响规律,并通过优化激励信号波形实现了腐蚀缺陷的成像检测;随后该公司推出了一款便携式脉冲涡流检测仪"Pulsec",该检测仪采用阵列巨磁阻传感器作为检测元件,不仅具有较高的灵敏度,而且具有较高的检测效率,已被广泛应用于航空航天领域导电材料的缺陷检测。

英国 QinetiQ 公司与澳大利亚航空和航海研究实验室合作,于 2001 年开发了一套名为"TRESCAN"的脉冲涡流无损检测系统。该系统主要用于检测飞机机身结构中裂纹及腐蚀性缺陷,其检测元件为霍尔传感器。由于霍尔传感器比检测线圈具有更好的低频响应特性,因而该系统具有较强的深层缺陷检测能力,目前该系统已进入实用化阶段。此外,英国纽卡斯尔大学的田贵云等不仅对飞机机身材料的缺陷检测进行了研究,而且提出了一种集成脉冲涡流和电磁声波换能器(electromagnetic acoustic transducer,EMAT)的检测方法,对铁磁性材料缺陷的检测进行了进一步探索,提高了铁磁性材料缺陷检测的灵敏度和可靠性。

加拿大国防部飞行器研究中心的研究人员采用脉冲涡流技术对飞机多层金属结构中腐蚀缺陷进行了检测,通过研究发现在腐蚀缺陷不变的情况下,传感器提离不同时缺陷检测信号会相交于同一点,且该交叉点取决于传感器的参数和被测试件的电导率,与提离值无关,由此他们提出可以采用提离交叉点的方法消除提离效应对检测结果的影响,实现了不同提离情况下对飞机机身多层金属结构腐蚀缺陷的成像检测。

此外,德国科学家在对脉冲涡流检测技术进行深入研究的基础上,采用高温超导量子干涉器设计了一种针对多层结构金属材料缺陷检测的系统,实现了多层结构金属材料中裂纹缺陷的准确检测。

目前,我国也已采用脉冲涡流技术对飞机机械结构缺陷的检测展开了广泛研究。如国防科技大学何赞泽等采用脉冲涡流技术对飞机铆接结构及飞机多层金属结构的缺陷进行了检测,有力促进了该技术在我国航空领域的应用;南京航空航天大学周德强等将脉冲涡流检测技术应用于航空铝合金材料的缺陷及应力检测,指出脉冲涡流差分检测信号的峰值与试件表面缺陷的深度呈线性相关关系,且通过分析检测信号峰值与加载应力的关系,发现差分检测信号的峰值特征还可用于评估应力大小及被测材料的电导率;此外,还有一些院校如南昌航空大学、空军工程大学等采用脉冲涡流检测技术不仅对航空铝及铝合金材料,而且对铁磁性材料的缺陷检测进行了研究和探索,并取得了一定的研究成果。

2.1.2.2 传感器研究现状

在脉冲涡流无损检测中,传感器用于产生激励磁场并提取检测信号,其结构和参数直接影响着检测系统的性能。

脉冲涡流传感器主要包括激励线圈和检测单元两部分,激励线圈通常为圆柱形线圈,而检测单元主要有感应接收线圈、霍尔元件、磁通门、巨磁阻(gaint magnetoresistance,GMR)元件、超导量子干涉器件(superconducting quantum interference device,SQUID)和原子磁力仪等。其中,超导量子干涉器件和原子磁力仪具有最灵敏的测量性能,能检测导体深层的微小缺陷,但由于这些元件使用成本高且检测系统也较复杂,因而在实际工程检测中应用较少;另外,磁通门也具有较高的灵敏度,但是该元件存在体积大、响应速度慢的问题。目前,应用较为广泛的检测单元是感应线圈、霍尔元件和巨磁阻元件。

感应线圈测量的是磁感应强度的变化率，能够测量的磁场动态范围较大，但其在低频时灵敏度较低。与感应线圈相比，巨磁阻元件和霍尔元件能直接测量磁场强度值的变化，具有较高的灵敏度，且在低频时仍具有良好的响应能力；其中，巨磁阻元件工作频率高且具有较好的抗噪声干扰性能，对微小缺陷具有较强的检测能力，因而非常适用于检测导体的微小缺陷；而霍尔元件的磁场测量范围较巨磁阻元件大，较适用于强磁场下的深层缺陷检测。

按检测单元工作方式的不同，脉冲涡流传感器可分为绝对式、差分式和阵列式。绝对式传感器采用一个检测元件接收信号；差分式传感器则采用两个检测元件接收信号，通过求两个检测信号的差最终输出差分信号；阵列式传感器则采用以阵列形式排列的多个磁敏元件进行检测，该传感器具有检测速度快、检测信息丰富等优点，并可通过引入多传感器信息融合技术实现缺陷的成像检测。

在工程应用中，脉冲涡流传感器常用的激励线圈为圆柱形线圈。近年来，为提高脉冲涡流传感器的缺陷检测能力，研究人员在常用圆柱形激励线圈的基础上，设计出了一些新型结构的传感器。如 Park 等提出了一种双 D 形传感器，该传感器通过采用两个 D 形激励线圈增强激励磁场的方法提高了脉冲涡流技术检测不锈钢表面微小缺陷的能力；Ditchburn 等对比分析了圆柱形传感器、正方形传感器和矩形传感器的检测效果，指出在相同条件下圆柱形传感器和正方形传感器的检测性能相类似，而矩形传感器却具有独特的优势；国内国防科技大学何赞泽等也对矩形传感器进行了研究，指出在矩形激励线圈作用下，感应涡流在被测试件中的流动方向一致，且渗透深度更深，因而该传感器具有更强的深层缺陷检测能力。此外，还有一些新型结构线圈被用于脉冲涡流传感器的设计，如椭圆形线圈、矩形螺旋线圈、“8”字形线圈等。

然而，在采用脉冲涡流技术检测缺陷时，传感器得到的信号通常不仅会包含缺陷信息，也会包含被测试件的属性信息。为准确得到被测缺陷参数，应使检测信号中包含缺陷信息的同时尽可能减少其他信息的影响，因此研究设计结构更优的传感器，降低被测试件属性信息的影响，对提高脉冲涡流传感器的缺陷检测能力具有重要意义。

2.1.2.3　检测信号降噪与特征提取研究现状

采用脉冲涡流技术检测时，由于受被测试件表面情况、环境磁场及系统噪声等因素的影响，检测信号会受到噪声的干扰，若不对原始脉冲涡流检测信号进行降噪处理，噪声的存在将严重影响检测结果的正确性。为得到能准确反映缺陷参数的脉冲涡流检测信号，必须首先对原始检测信号进行降噪处理，以提高检测信号的信噪比。

目前，常用的脉冲涡流检测信号降噪方法主要有小波分解、中值滤波等，这些方法能够有效抑制噪声干扰，提高脉冲涡流检测信号的可识别性，进而可提高缺陷检测的准确性。为抑制噪声干扰提高脉冲涡流检测信号的信噪比，Yang 等提出了一种基于匹配跟踪(matching pursuit，MP)的小波分解降噪方法，该方法首先确定了检测信号中噪声的强度，而后通过对噪声强度加权平均完成了对特征量数据的估计，有效降低了噪声对信号特征的影响；周德强等采用小波分解方法有效地降低了检测信号中的噪声，为缺陷的可靠检测与精确表征提供了保证。然而，在采用小波分解方法进行降噪时，降噪效果会受阈值函数的影响，因而为提高降噪性能，在进行降噪时还需对阈值函数展开研究和讨论。黄琛等提出了一种双对数域中值滤波算法，并将该算法与传统笛卡儿域中值滤波算法进行了比较，结果表明，双对数域中值滤波算法更适合大动态范围信号的降噪，该算法对铁磁性材料脉冲涡流检测信号具有较好的降噪效果；然而，当原始检测信号的信噪比较低时，该方法的降噪效果会受到影响。奇异值分解降噪方法作为一种非线性滤波法可有效降低信号中的噪声，近年来，该方法已在信号降噪领域得到了广泛应用，因此可考虑将奇异值分解降噪方法应用于脉冲涡流检测信号的降噪，以提高脉冲涡流信号的信噪比。

脉冲涡流检测信号是随时间变化的感应电压或磁场信号，然而，常用的检测信号时域特征（峰值、峰值时间、过零时间等）还无法完全体现检测信号中蕴藏的丰富信息，这严重阻碍了该技术的进一步发展和应用。准确提取能够表征缺陷参数的信号特征不仅有利于加深对脉冲涡流检测信号的理解，同时也能丰富信号解释的方式，为此国内外许多学者已尝试采用不同的信号处理手段对脉冲涡流检测信号进行处理，以提取信号中能准确表征被测缺陷的时频域特征。

英国纽卡斯尔大学的田贵云等通过将缺陷检测信号与无缺陷时检测信号做差分处理，提出了一种称为时间上升点的特征量，并采用该特征对试件表面裂纹、近表面裂纹及腐蚀缺陷进行了分类和识别。该方法的主要原理是当试件中存在缺陷时，感应涡流的分布会受缺陷的影响，进而会影响差分检测信号的上升点，因而通过分析差分检测信号上升点出现的时间就可以得到相关缺陷的信息；Chen 等采用主成分分析（principal components analysis，PCA）法对缺陷检测信号进行了处理，提取了能够表征缺陷的主成分特征，并分别采用时域信号和主成分特征对不同缺陷进行了分类，通过分析发现，采用主成分分析法提取的特征，不仅具有较小的维数，而且包含了丰富的缺陷信息。主成分分析算法可将多个变量通过线性变换方式转换为较少个重要变量，从而有效提取原始变量的特征，目前，该算法已在脉冲涡流检测信号特征提取领域得到了广泛应用。以上学者提取的均是信号的时域特征，而脉冲涡流检测信号的频域也包含了丰富的信息，采用现代信号处理手段准确提取信号的频域特征也是脉冲涡流检测技术研究的重点。在 1999 年，法国学者 Clauzon 比较了不同脉冲涡流缺陷检测信号的幅值谱和相位谱，证明了脉冲涡流检测信号的频域特征可用于评估缺陷；Hosseini 对不同缺陷的检测信号进行了 Rihaczek 变换，分析了缺陷检测信号的时频分布特征，然而检测信号经变换后为时频分布矩阵，数据量较大不利于后期的处理，为此他采用主成分分析法进一步提取了时频分布矩阵的主成分特征，并通过缺陷分类试验验证了所提特征的有效性；国内国防科技大学潘孟春等对试件表面与下表面缺陷检测信号的频谱进行了分析，提取了能够表征缺陷类型的频率点幅值特征，并用该特征对缺陷进行了分类；周德强等对脉冲涡流差分检测信号进行了傅立叶变换，并通过分析频谱幅值随缺陷参数变化的规律，指出缺陷检测信号基频及高次谐波分量的幅值与缺陷深度成线性相关关系，并且所有谐波分量的幅值均包含了一定的缺陷信息。田书林等求得了不同缺陷及不同厚度试件检测信号的频谱，通过分析发现检测信号频谱的过零点能反映被测缺陷及试件厚度的信息，随着缺陷深度及试件厚度的变化，信号频谱的过零点会以一定的非线性规律改变。

2.1.2.4　缺陷定量化研究现状

缺陷定量化一直以来就是无损检测领域研究的热点之一。在采用脉冲涡流技术检测缺陷时，对缺陷进行定量分析可为准确评估被测试件的可靠性提供重要依据，因而研究脉冲涡流检测的缺陷定量化问题对促进该技术的发展和应用具有重要意义。

目前，国内外学者已对脉冲涡流检测的缺陷定量化问题展开了广泛的研究，如 Lebrun 等采用信号峰值、峰值时间及特征频率等特征对飞机铆接结构缺陷进行了定量分析，指出峰值、峰值时间和特征频率分别是定量分析缺陷深度、宽度和长度的有效特征；Smith 等研究了老龄飞机机械结构中不同深度缺陷检测信号的峰值时间特征，通过分析发现峰值时间与缺陷深度成二次函数相关关系，可使用峰值时间特征对缺陷深度进行定量分析；徐志远等采用峰值时间特征对铁磁性管道中腐蚀引起的壁厚减薄情况进行了定量评估，指出当壁厚减薄量小于 60%时，差分信号的峰值时间与壁厚成线性相关关系，此时可用峰值时间特征对管道壁厚进行定量评估，而当壁厚减薄量大于 60%时，采用该方法定量评估的结果会存在一定的误差；周德强等首先采用脉冲涡流差分检测信号的峰值特征确定了表面缺陷、亚表面缺陷和腐蚀缺陷的位置，而后采用峰值及峰值时间特征对三种缺陷的深度进行了定量分析。此外，也有学者通过设计新型的传感器实现了缺陷的定量检测，如国防科技大学何赞泽等设计了一种新型的矩形传感器，该传感器能够检测磁场的三维分量，通过对检测信号特征进行分析可评估缺陷的长度、深度等参数，实现了对缺陷的定量检测。

随着计算机及图像处理技术的发展，人们不再满足于对缺陷进行定量检测，还要求将缺陷的分布情况转换为可以直接感受的图形或图像形式，实现缺陷的可视化。而准确地得到缺陷轮廓能直观反映缺陷形状，因此近年来越来越多的学者对脉冲涡流检测的缺陷轮廓重构技术进行了研究。

Gabriel 等首先建立了脉冲涡流缺陷检测模型，并采用有限元-边界元算法求得了不同缺陷的检测信号，而后通过对神经网络训练建立了检测信号与缺陷轮廓对应的映射关系模型，实现了缺陷二维轮廓的重构；随后在此基础上又采用非线性积分算法求得了不同缺陷的检测信号，并采用神经网络对缺陷轮廓进行了重构，进一步提高了缺陷检测信号的求解速度和缺陷轮廓重构的精度；Ivaylo 等采用径向基神经网络研究了脉冲涡流缺陷的重构问题，准确得到了缺陷的宽度及深度信息；为进一步提高神经网络法对缺陷轮廓重构的精度，钱苏敏等采用改进粒子群算法对神经网络的参数进行了优化；白利兵等通过构造变换矩阵建立了脉冲涡流检测信号与缺陷二维轮廓对应的非线性映射关系模型，实现了缺陷轮廓的快速重构，并通过分析信号特征对重构精度的影响，发现当把信号频域各谐波虚部系数作为映射模型的输入特征时缺陷轮廓重构的精度最高；王丽等将脉冲涡流检测信号分解为多个频率的谐波信号，而后根据趋肤效应原理采用不同谐波信号对缺陷进行了分析，得到了深层腐蚀性缺陷的轮廓；解社娟等提出了一种混合缺陷重构方法，该方法首先采用人工神经网络建立了检测信号与缺陷参数的映射关系模型，而后采用变梯度算法对神经网络得到的缺陷深度及宽度参数进行了修正，从而进一步提高了缺陷重构的精度。

随着科技的发展，各行业对于安全的要求均非常严格，特别是航空航天、武器装备检测等领域对于安全的要求更加严格，采用脉冲涡流技术检测时，准确地得到缺陷的轮廓可为保证航空航天设备及武器装备安全运行提供重要的技术支持。然而，当检测条件（如提离、被测试件属性）改变时，相同尺寸缺陷的检测信号特征会存在一定的差异，这必然会对缺陷轮廓重构的精度造成一定的影响。因而，探索新的缺陷轮廓重构方法，并在降低检测条件变化影响的情况下准确重构缺陷轮廓已经成为脉冲涡流无损检测技术必然的研究趋势。

2.2　检测技术基本理论

2.2.1　检测原理

2.2.1.1　概述

脉冲涡流检测技术是一种快速发展的电磁无损检测技术，与传统涡流检测技术相比，该方法具有检测信号频带宽、深层缺陷检测能力强、检测信号包含信息丰富等优点。此外，脉冲涡流检测技术还具有检测成本低、操作简单等特点，因而其在石油化工、航空航天、军事装备等检测领域具有广阔的应用前景。脉冲涡流技术的检测理论是在涡流检测理论基础上发展而来的，为深入理解脉冲涡流检测理论，就得先阐述涡流产生机制及电磁场基本理论。

2.2.1.2　涡流效应及电磁场基本理论

自 1820 年法拉第就开始探索磁场产生电场的可能性，经过 10 余年的努力终于在研究电磁场问题时发现，将闭合线圈放置于变化的磁场中时，线圈内会产生感应电流，且该感应电流产生的磁通量总是阻碍原磁通量的变化。根据上述理论可知，无论导体是否形成闭合的回路，当穿过导体的磁场快速变化时，导体内部就会产生漩涡状的感应电流，这种漩涡状的感应电流被称为涡流，这种现象称为涡流效应。变化的磁场是产生电涡流的源。涡流效应示意图如图 2-1 所示。

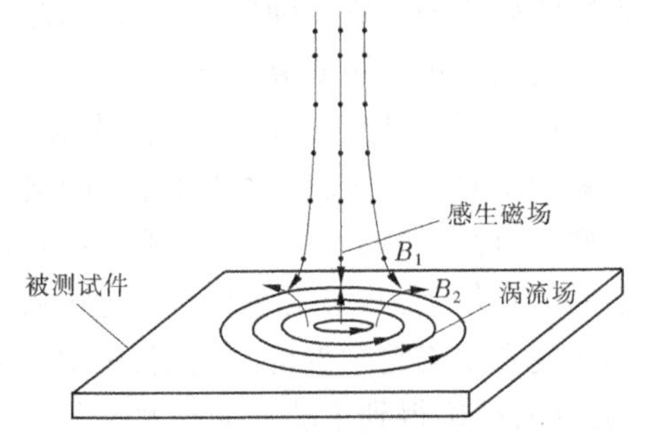

图 2-1　涡流效应示意图

在电磁场分析领域，主要包括以电场强度和磁感应强度等构成的能够表述电磁场的物理量，以及电荷、电流等电磁场形成的源量。其中，电流是一个标量，它能够表征流过导体某一截面电荷的数量。然而，实际电荷在导体中流动时，在不同的截面具有不同的方向和强度，因而电流并不能准确描述电流与磁场间的对应关系，因而通常引入电流密度矢量来更细致地描述导体中不同截面的电流分布情况。

在导体中，某一截面的电流密度在数值上等于单位时间内通过该截面的电荷总数，即单位时间内的电流，而正电荷在该截面的流动方向即为电流方向。设 ds 为导体中某非常小的截面，则单位时间内通过该截面的电流 di 可表示为

$$di = \bar{J} \cdot ds \tag{2-1}$$

式中：$\bar{J}$ 为电流密度，可表示为

$$|\bar{J}| = \lim_{\Delta s \to 0} \frac{\Delta i}{\Delta s} = \frac{\mathrm{d}i}{\mathrm{d}s} \tag{2-2}$$

式中：Δs 为导体中某一面积非常小的截面；Δi 为单位时间内流过截面 Δs 的电流值。

麦克斯韦在前人研究的基础上，通过总结、假设等推导了能够阐述电磁相互作用和运动规律的方程组，进一步完善和发展了法拉第的研究理论。麦克斯韦提出的方程组能从理论上定量描述电磁能量与被测对象间的相互关系，在电磁场理论研究和计算中具有重要的意义和地位。麦克斯韦方程组的积分及微分形式分别如下。

积分形式：

$$\int_l H \cdot \mathrm{d}l = \int_s \left(J + \frac{\partial D}{\partial t}\right) \cdot \mathrm{d}s \tag{2-3}$$

$$\oint_l E \cdot \mathrm{d}l = -\int_s \frac{\partial B}{\partial t} \cdot \mathrm{d}s \tag{2-4}$$

$$\int_s D \cdot \mathrm{d}s = \int_t \rho \mathrm{d}t \tag{2-5}$$

$$\int_s B \cdot \mathrm{d}s = 0 \tag{2-6}$$

微分形式：

$$\nabla \cdot D = \rho \tag{2-7}$$

$$\nabla \cdot B = 0 \tag{2-8}$$

$$\nabla \cdot E = -\frac{\partial B}{\partial t} \tag{2-9}$$

$$\nabla \cdot H = J + \frac{\partial D}{\partial t} \tag{2-10}$$

式中：H 为磁场强度，A/m；E 为电场强度，V/m；D 为电位移矢量，$\mathrm{C/m^2}$；J 为电流密度，$\mathrm{A/m^2}$；B 为磁感应强度，T；ρ 为电荷体密度，$\mathrm{C/m^3}$。

理论与研究表明，介质磁化、极化和传导与所加变化磁场有关，当三者与外加磁场强度为线性相关时，称该介质为线性介质，此时为求解上述方程组的解，可补充以下三个与电场和磁场介质相关的方程式：

$$D = \varepsilon E \tag{2-11}$$

$$B = \mu H \tag{2-12}$$

$$J = \sigma E \tag{2-13}$$

式中：ε 为介质的电容率；μ 为磁导率；σ 为电导率。

下面对边界条件进行分析，考虑两种不同的介质，其中 ε_1 和 μ_1 分别为第一种媒介的电容率和磁导率，ε_2 和 μ_2 分别为第二种媒介的电容率和磁导率。此时由边界条件可得：

$$B_{1n} = B_{2n} \tag{2-14}$$

$$D_{2n} - D_{1n} = \rho \tag{2-15}$$

$$H_{1t} - H_{2t} = K \tag{2-16}$$

$$E_{1t} = E_{2t} \tag{2-17}$$

式中：ρ 为分界面上的自由电荷密度；K 为电流线密度。

由上述边界条件方程可以看出，电场强度与磁感应强度的法向分量总是连续的；而在有自由电荷与电流分布的界面上，电位移矢量与磁场强度的切向分量却是不连续的。

当导体试件外空气层中不包含激励源时，假设所分析的电磁场为稳态时变场，则此时麦克斯韦方程组可表示为

$$\nabla \times E = -\mu_0 \frac{\partial H}{\partial t} \tag{2-18}$$

$$\nabla \times E = 0 \tag{2-19}$$

$$\nabla \times H = 0 \tag{2-20}$$

$$\nabla \cdot H = 0 \tag{2-21}$$

式中：μ_0 为真空磁导率。当导体试件外空气层中包含激励源时，麦克斯韦方程组可表示为

$$\nabla \times E = -\mu_0 \frac{\partial H}{\partial t} \tag{2-22}$$

$$\nabla \cdot E = 0 \tag{2-23}$$

$$\nabla \times H = J \tag{2-24}$$

$$\nabla \cdot H = 0 \tag{2-25}$$

式中：J 为源电流。在导体试件的集肤区域，麦克斯韦方程组可表示为

$$\nabla \times E = -\mu \frac{\partial H}{\partial t} \tag{2-26}$$

$$\nabla \cdot E = 0 \tag{2-27}$$

$$\nabla \times H = \sigma E \tag{2-28}$$

$$\nabla \cdot H = 0 \tag{2-29}$$

式中：$\mu=\mu_r \mu_0$，μ_r 为导体试件的相对磁导率。

通过引入位移电流，麦克斯韦方程组建立了宏观电磁场运动的基本方程，表明了变化的电场与变化的磁场间的相互关系，标志着电磁场理论的建立。一般情况下，在求解电磁场问题时，只需在指定空间列出麦克斯韦方程组并给出其相应的边界条件和初始条件，经计算求解就可以得出所需结果。

2.2.1.3 脉冲涡流检测原理

脉冲涡流检测原理示意图如图 2-2 所示。当脉冲信号加载在激励线圈时，线圈内部会产生一个快速变化的脉冲磁场，根据电磁感应原理，此时被测导体中会感应出一个瞬时变化的涡流，同时该感应涡流也会产生一个快速变化的涡流磁场，激励磁场与感应涡流磁场的叠加磁场可间接地反映被测导体的参数和特征。当被测导体中存在缺陷时，感应涡流的分布必然会发生变化，最终使叠加后的磁场也发生改变，因而通过检测叠加磁场的变化，就可以得到缺陷信息。在工程应用中，脉冲涡流差分传感器检测信号经采集后，通过对检测信号做进一步的处理和分析，即可获取被测缺陷的信息。

实际采用脉冲涡流技术检测时，很难获取标准的脉冲信号，且标准脉冲信号分析与处理的过程也比较复杂，因而通常采用矩形方波信号作为脉冲涡流检测的激励信号。按激

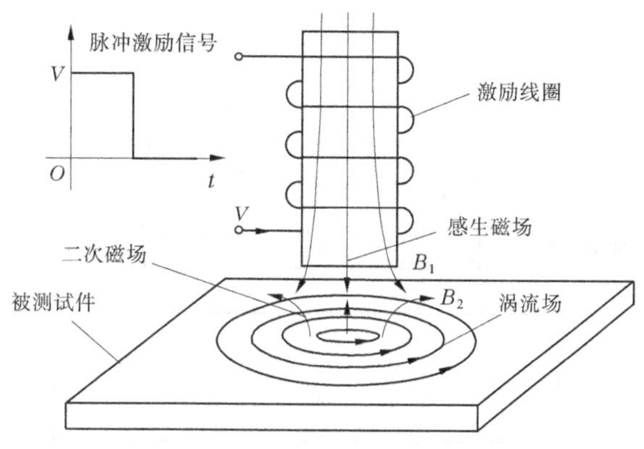

图 2-2　脉冲涡流检测原理示意图

励方式的不同,脉冲涡流检测激励信号可分为电压激励和电流激励,由于检测中的磁场与激励线圈中的电流呈现正相关关系,因而通常情况下电流激励要优于电压激励,且当采用电流信号作为激励时,激励线圈中的电流也不会受其阻抗的影响。然而,与电压激励源相比,电流激励源的产生电路较复杂,从硬件上不易实现,因而实际检测中常采用电压信号作为激励信号。

2.2.1.4　脉冲涡流的趋肤效应

当均匀导体中通有交变电流时,电流在导体内部各处的密度并不相同,随着与导体中心距离的增加,导体内电流的密度逐渐增大,且交变电流的频率越大,集中于导体表面的电流密度也越大,这种交变电流集中于导体表面的现象称为趋肤效应。由趋肤效应原理可知,在涡流检测中,被测导体截面各处感应涡流的密度分布并不是均匀的,随着深度的增加,涡流密度成指数规律减小。感应涡流能够渗入导体内的深度称为渗透深度,在实际测试中,规定涡流密度衰减到导体表面值的 $1/e$ 时的渗透深度为标准渗透深度,也称为趋肤深度。趋肤深度的大小直接影响着涡流检测技术能否有效地检测出不同深度的缺陷,是涡流检测系统检测性能的一个重要指标。单频涡流趋肤深度的表达式为

$$\delta = \frac{1}{\sqrt{\pi\mu\sigma f}} \tag{2-30}$$

式中:δ 为渗透深度;σ 和 μ 分别为被测试件的电导率和磁导率;f 为信号频率。

以归一化涡流密度为横坐标,以深度为纵坐标,导体中轴向涡流密度分布示意图如图 2-3 所示。

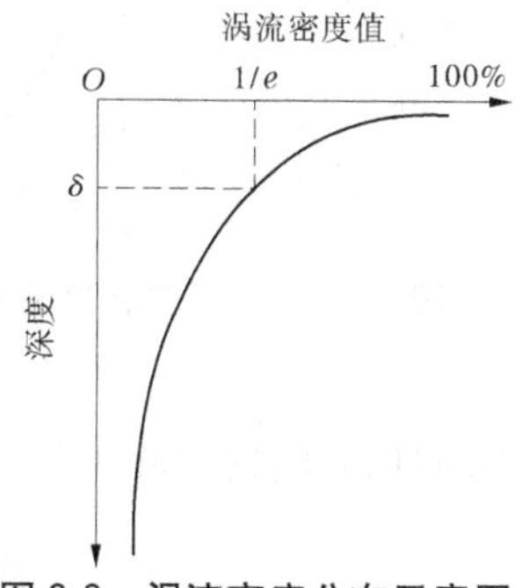

图 2-3　涡流密度分布示意图

当激励加载在激励线圈时(模型结构示意图如图 2-4 所示),感应涡流在导体中的径向分布也是不均匀的,对于无限厚平面导体,其涡流径向密度分布随着距激励线圈正下方中心处距离 r 的增加先增大后减小,直至趋于零;且在激励线圈外径处($r=12$)涡流密度达到最大值,涡流径向密度分布示意图如图 2-5 所示,图中 $J=J_r/J_{r2}$。

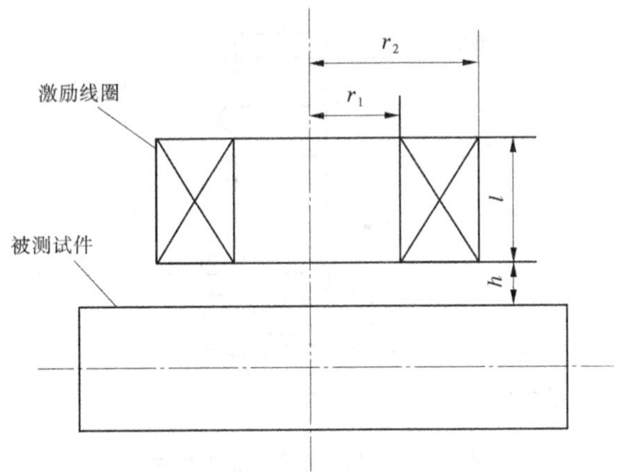

图 2-4　模型结构示意图

脉冲涡流检测技术是在传统涡流检测基础上发展起来的,二者的检测原理基本相同,但脉冲涡流检测技术的激励信号通常为矩形方波信号而不是正弦波信号,因而此时不能直接采用式(2-30)求得脉冲涡流检测的趋肤深度。根据傅立叶变换理论,可用无限多个谐波分量的和来表示方波信号,因此可将方波激励信号进行傅立叶展开,通过求解各谐波分量的趋肤深度来分析脉冲涡流检测的趋肤深度。

设方波信号 $f(t)$ 的幅度为 V,周期为 T,信号宽度为 Δ,且 $T=k\Delta\,(k>0)$,其波形如图 2-6 所示。

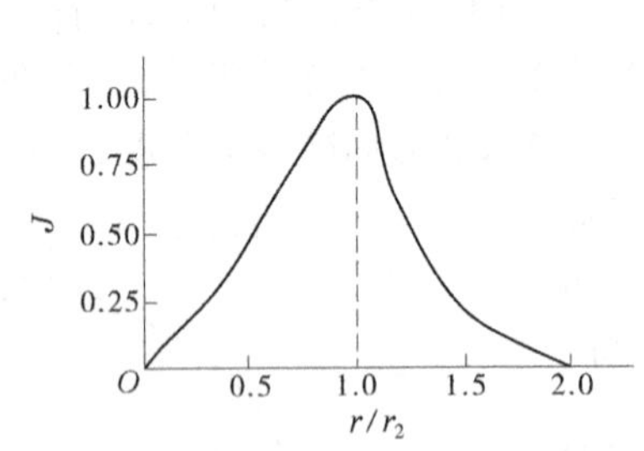

图 2-5　涡流径向密度分布示意图

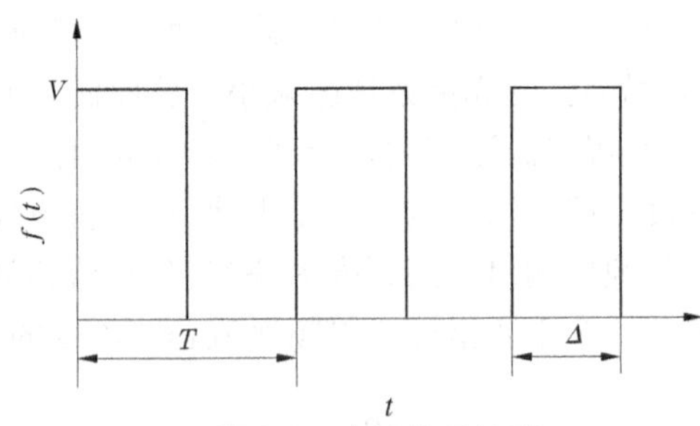

图 2-6　方波信号波形

方波信号的傅立叶级数展开式可表示为

$$f(t)=\frac{V}{2}+\sum_{n=1}^{\infty}A_n\sin(nw_1t+\varphi_n) \tag{2-31}$$

式中:A 为幅值谱;w_1 为基波角频率;φ_n 为相位谱。

$$w_1=2\pi f_1=2\pi\frac{1}{T}=\frac{2\pi}{k\Delta} \tag{2-32}$$

$$A_n=\frac{2V}{n\pi}\left|\sin\left(\frac{n\pi\Delta}{T}\right)\right| \tag{2-33}$$

则所有谐波分量的角频率谱为

$$w = nw_1 = n\frac{2\pi}{k\Delta} \quad (n = 1,3,5,7,\cdots) \tag{2-34}$$

将式(2-32)和式(2-34)代入式(2-30)可得各谐波作用下涡流趋肤深度为

$$\delta_n = \sqrt{\frac{k\Delta}{n\pi\mu\sigma}} \quad (n = 1,3,5,7,\cdots) \tag{2-35}$$

当 $n=1$ 时,式(2-35)取最大值,即在信号的基频分量作用下,趋肤深度最大;因此,在脉冲涡流检测中,通常将基频分量作用下的趋肤深度近似地作为标准渗透深度,即脉冲涡流检测的趋肤深度表达式为

$$\delta_n = \sqrt{\frac{k\Delta}{\pi\mu\sigma}} \tag{2-36}$$

由于脉冲涡流检测技术采用方波信号作为激励,而方波信号可展开为不同频率谐波成分的组合,且频谱范围很大,由趋肤效应原理可知,其检测信号中会包含丰富的与被测导体相关的参数信息,因而其缺陷检测能力较强,这也是脉冲涡流检测技术相比于传统涡流检测技术的一个突出优势。

2.2.2　检测方法与适用性

脉冲涡流检测技术的优势在以下几方面应用中得到明显体现:

(1)脉冲涡流无损检测技术隶属于电磁检测范围,具有无须直接接触、无须清理检测表面、无须添加任何介质、无须放射源等优点。

(2)脉冲激励瞬态感应信号信息量丰富,对其进行时域的瞬态分析,了解缺陷参数的变化进而得到检测结果。

(3)富含丰富的频谱信息,一次扫描过程中即可实现对被测金属表面、近表面、亚表面等多个深度的测量。

(4)对多层的结构复杂的大面积金属检测时,无须更换探头及改变设置参数,就可以分辨出结构的改变对于信号产生的影响。

(5)高速的检测速率,高效的检测效率。

(6)检测时检测线圈的运行速度对检测结果稳定性的影响十分微弱。

(7)使用脉冲涡流无损检测技术对管道进行在役检测时,检测结果并不会因为管道内部输送物质的改变而发生明显改变。

另外,虽然脉冲涡流无损检测技术拥有多项优势,也表现出了很广的应用前景,但由于脉冲涡流隶属于涡流无损检测,所以不可避免地会有一定的局限性,影响其应用空间的广度。脉冲涡流检测技术的局限性具体表现为:

(1)无法摆脱涡流检测中提离效应对检测结果带来的影响;理论基础虽然已建立,但整体检测体系尚不完善;检测模型还不够完全,一定程度上影响了脉冲涡流在更广领域中的应用。

(2)设计检测系统的过程中也发现在某些方面的要求很高。例如在系统设计中,为了保证检测的高精度,必须充分考虑信噪比因素的影响,这点也对系统整体的难度与复杂程度提出了很高的要求。

2.3 检测应用案例

2.3.1 耐腐蚀钢坯 ZGCr26 缺陷检测(案例一)

用 PEC 检测系统对耐腐蚀钢板 ZGCr26 进行缺陷检测试验,将探头传感器置于钢板 ZGCr26 无缺陷处进行数据采集,然后分别置于 1 mm、2 mm、4 mm、6 mm 裂纹处进行数据采集,在 PEC 检测系统软件界面观察波形的变化(见图 2-7),然后记录采集数据,将采集波形进行保存并且将采集数据保存到 Excel 中,以便检测完成后导入 Matlab 中处理。

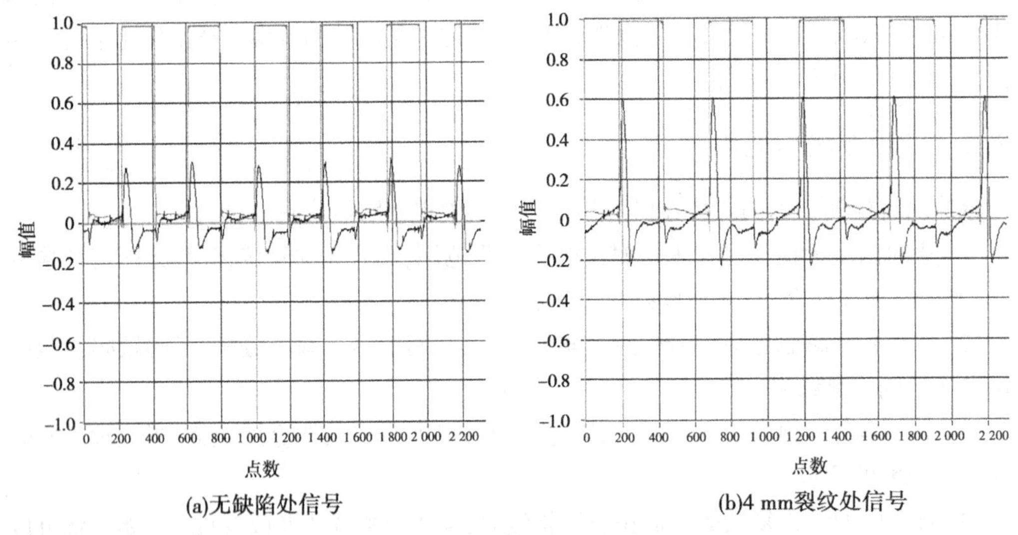

(a)无缺陷处信号　　(b)4 mm裂纹处信号

图 2-7　耐腐蚀钢坯缺陷检测

图 2-7(a)为探头传感器在无缺陷处的采集信号,图 2-7(b)为探头传感器在 4 mm 裂纹处的采集信号。

从图 2-7 中可以看出,4 mm 裂纹处的电压峰值明显大于无缺陷处的电压峰值,4 mm 裂纹处峰值时间略小于无缺陷处的峰值时间。将 PEC 检测试验平台采集的各裂纹处的数据,记录保存到 Excel 中,然后将各个采集数据导入到 Matlab 的 workplace 工作空间中,对导入数据进行低通滤波与拟合处理。

图 2-8 为数据处理以后的各处裂纹检测信号。

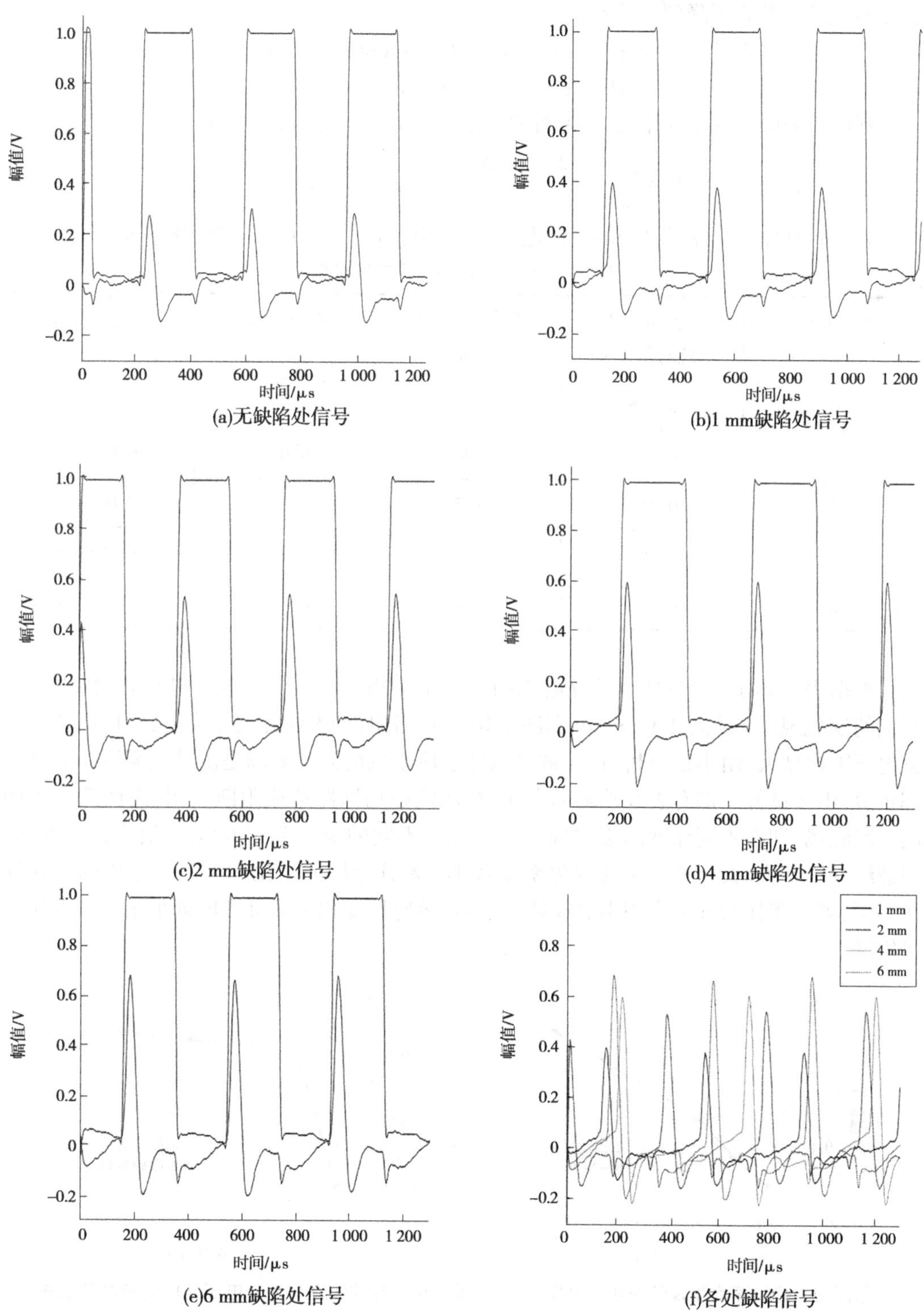

图 2-8　数据处理后的信号

图 2-8 中方波为激励信号，检测信号在激励信号的上升沿快速上升达到峰值，在激励信号的下降沿迅速下降到达波谷。

差分电压是指各处裂纹深度的峰值电压 U_n 与无缺陷处峰值电压 U_0 之差，即

$$\Delta U = U_n - U_0 \quad (n = 1,2,3,\cdots) \tag{2-37}$$

利用差分电压的变化率 dt 作为新的特征值来对裂纹进行检测，即

$$\mathrm{d}t = \frac{\Delta U'}{\Delta t} = \frac{\Delta U_n - \Delta U_{n-1}}{|t_n - t_{n-1}|} \quad (n = 1,2,3,\cdots) \tag{2-38}$$

表 2-1 为所提取各裂纹处的峰值电压、差分电压以及差分电压的变化率 dt。

表 2-1　ZGCr26 缺陷试件的特征值

裂纹深度/mm	峰值电压 U（绝对值）/V	峰值时间 t/μs	差分电压 ΔU/V	差分电压变化率 dt/(V/μs)
0	0.295	206	0	
1	0.376	198	0.091	0.011 38
2	0.483	195	0.107	0.005 33
4	0.595	191	0.112	0.001 25
6	0.713	184	0.118	0.000 86

根据表 2-1 将差分电压与差分电压的变化率采用最小方差的方法进行拟合，以得到它们的变化规律。从表 2-1、图 2-9 和图 2-10 可以得出，当裂纹深度变大时，峰值电压和差分电压随之增大，由本章分析可知，被测试件感应生成的涡流磁场是由其表面逐步向其内部扩散，由于试件内部有裂纹缺陷的存在，对涡流磁场回路造成阻断作用，因此产生不同的回路磁场，即在不同深度的裂纹处会感应生成不同的瞬态差分电压。从图 2-11 可知，当裂纹深度变大时，差分电压的变化率却减小。差分电压的变化率与差分电压的变化规律不同，可以当作特征值来识别裂纹缺陷，但差分电压变化率的灵敏度远小于差分电压的灵敏度。

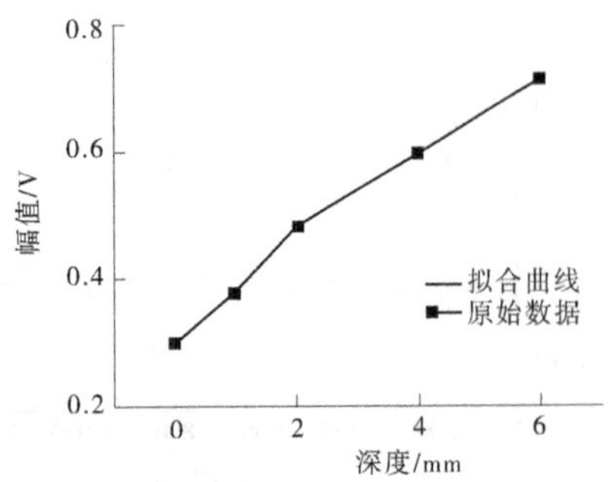

图 2-9　裂纹深度和峰值曲线拟合图

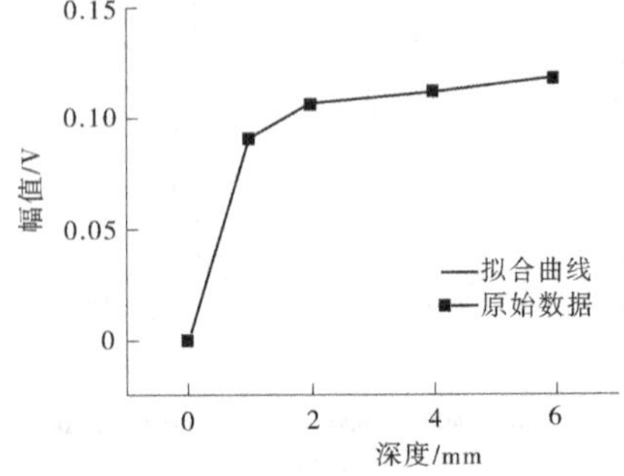

图 2-10　裂纹深度与差分电压之间的曲线拟合关系

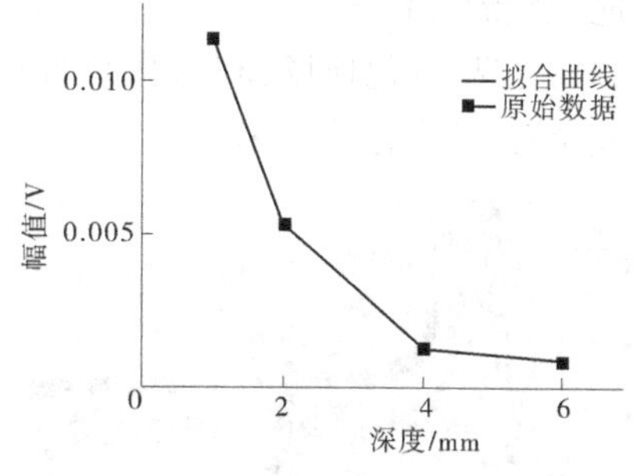

图 2-11　裂纹深度与差分电压变化率之间的曲线拟合关系

2.3.2　化工厂检出的保温层下腐蚀漏点照片(案例二)

大庆某化工厂,检测人员利用脉冲涡流检测时发现一处比标定点(8.2 mm 公称壁厚)减薄了 26.4%的区域,如图 2-12、图 2-13 所示。业主剥离保温层后发现该区域管道已严重腐蚀,局部甚至已开始泄露,超声测厚仪检测壁厚最薄处仅剩余 4.6 mm。

图 2-12　检测现场

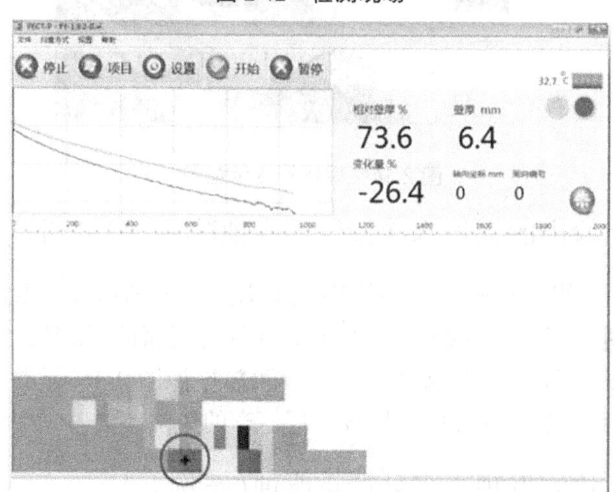

图 2-13　系统检测数据

2.3.3　带包覆层金属管道上焊缝位置查找(案例三)

随着 DR 技术的不断成熟,已经可以在装置运行状态下,对保温层下的管道进行射线检测。然而由于隔着包覆层,焊缝位置不好确认,成为制约在役焊缝射线检测的一个棘手问题。其实,在管道焊缝区域由于添加的焊材与母材有所差别,并且由于热影响区的金属晶体结构发生了变化等,会造成该区域的电磁参数发生较大改变,因此利用脉冲涡流技术可以很好地识别焊缝位置。

图 2-14 是在某石化现场,利用脉冲涡流设备快速查找焊缝的现场照片,可以迅速、准确定位焊缝位置,并通过多次验证。

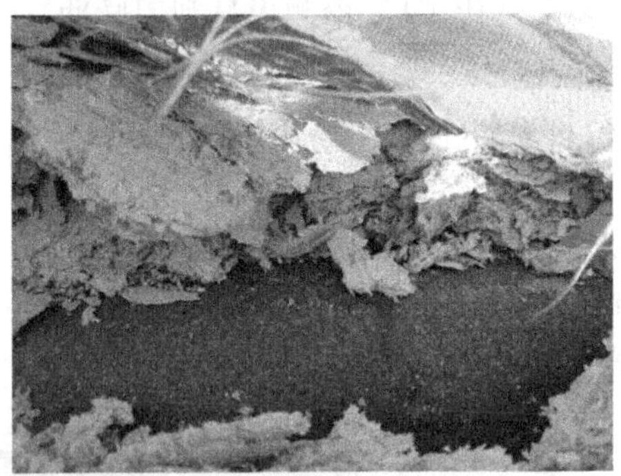

图 2-14　现场检测示意图

2.3.4　某化工厂检出的锅炉水冷壁管内腐蚀减薄(案例四)

在山西某化工厂,锅炉检修期间,利用脉冲涡流壁厚扫查技术,只用了一天半时间,对 400 多根水冷壁管进行了全面的扫查,共检测出 3 处可疑腐蚀,如图 2-15 所示是其中一根水冷壁管剖开后呈现的明显腐蚀减薄。系统检测数据如图 2-16 所示。该检测方法有效降低了锅炉运行过程中发生爆管事故导致工厂停产的风险。

2.3.5　某石化厂检测发现十多处严重腐蚀(案例五)

在上海某石化厂,对一段近 300 ℃的高温不锈钢管进行扫查检测(见图 2-17),发现了一大片减薄量达 30%多的严重腐蚀区域,与超声测厚结果比对一致性很好;对 50 处碳钢连接管(100 多℃)进行了全面扫查,共发现腐蚀区域 23 处,其中减薄量在 20%以上严重腐蚀区域有 7 处,标记的腐蚀区域都用电磁超声测厚进行核验,两者壁厚检测结果吻合良好。相关检测结果为后续的管道更换和维修提供了非常重要的参考依据。

图 2-15 水冷壁切开示意图

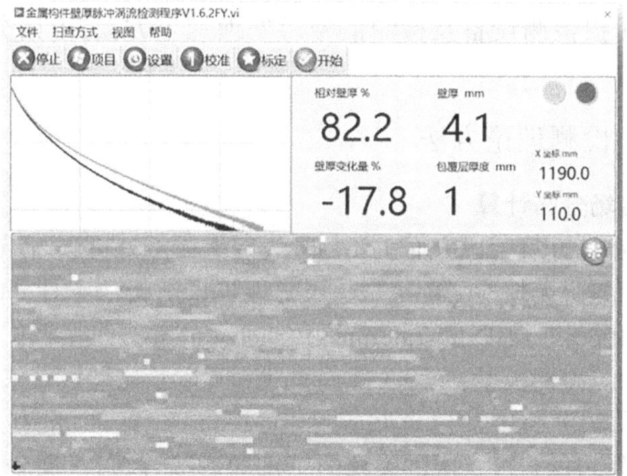

图 2-16 系统检测数据示意图

图 2-17 现场检测与结果示意图

第 3 章　漏磁检测技术应用及案例

3.1　漏磁检测技术研究进展历程

漏磁无损检测技术是在生产实践中形成和发展起来的，其发展主要包括漏磁无损检测理论方法、漏磁无损检测设备及检测信号后处理三个方面，下面分别介绍其发展及现状。

3.1.1　漏磁无损检测理论方法

3.1.1.1　缺陷漏磁场分布计算

缺陷漏磁场分布计算从手段方面主要划分为磁偶极子解析法、有限元数值模拟法、试验法、全息照相法。漏磁无损检测理论是从用磁偶极子解析法来计算缺陷漏磁场分布而开始发展起来的。1966 年，苏联的 Talespin 和 Shcherbinin 提出无限长表面开口缺陷的磁偶极子模型，分别用点磁偶极子、无限长磁偶极线和无限长磁偶极带来模拟工件表面的点状缺陷、浅裂缝和深裂缝。1972 年，苏联的 Shcherbinin 和 Pashagin 利用面磁偶极子模型来计算截面为矩形开口的长度有限的裂纹的三维漏磁场分布，扩展了计算维数。由于简化的磁偶极子模型不适宜计算非线性和复杂形状的缺陷漏磁场问题，美国爱荷华州立大学(ISU)的 Hwang 和 Lord 等于 1975 年首次采用有限元数值模拟法对漏磁场进行计算，并在 1975～1979 年间分析了材料内部磁场强度、磁导率，以及材料上矩形槽深度、宽度、走向角度对缺陷漏磁场的影响。1982～1986 年，德国的 Forster 采用试验的方法对 Hwang 和 Lord 所提出的有限元漏磁场分析计算进行了验证及部分修正，给出了二维漏磁场关于磁化场、磁导率及缺陷参数的数学描述。1986 年，英国赫尔大学的 Edwards 和 Palmer 通过拉普拉斯方程的解获得了截面为半椭圆形的缺陷的漏磁场关于磁激励、磁导率及缺陷参数的二维漏磁场分布，并且在此基础上进一步推导出了有限长表面开口的三维表达式。

自那以后，人们对缺陷漏磁场分布计算进行了大量的研究。例如，1977 年我国的杨洗尘引进并介绍了漏磁无损检测中漏磁场与缺陷的相互作用理论，1982 年孙雨施研究了永磁场的计算模型，1984 年张琪在其硕士毕业论文中采用了数学建模解析的方法研究了漏磁场分布特性，1990 年南京燃气轮机研究所的仲维畅开始对磁偶极子进行大量的研究；1995 年，日本横滨国立大学的 Zhang 和 Sekine 在德国 Forster 提出的漏磁场数学模型的基础上用解析和试验的方法研究了截面为矩形和椭圆形的近表面缺陷的二维漏磁场。同年，阿根廷 FUDETEC 工业研究中心的 Altschuler 与 Pignotti 也参照德国 Forster 的漏磁场数学模型做了类似的研究工作。这期间，我国华中科技大学的杨叔子和康宜华、清华大学的李路明、军械工程学院的徐章遂及南昌航空大学的任吉林等及其研究团队对缺陷漏磁场分布计算也均有所研究。其他研究者还有美国爱荷华州立大学的 Katragadda 等及英国卡迪夫大学的 AI-Naemi E. L. 和 Hall J. P. 等,他们比较了二维轴对称模型与三维非轴对称模型的有限元仿真差异,即二维漏磁场分布要比三维的大,并解释为二维磁激励比三维的更加透彻;我国上海交通大学的 Huang Zuoying 和 Que Peiwen 等、英国 QinetiQ Farmborough 公司的 Ireland 和 Torres 等及英国哈德斯菲尔德大学的 Li Yong、John Wilson 及 Tian Guiyun 等发表了关于漏磁无损检测仿真的研究成果;2009 年,美国莱斯大学的 Sushant Dutta M. 和 Ghorbel Fathi H. 等建立了磁偶极子模型模拟分析缺陷的三维漏磁场分布;我国华中科技大学的陈厚桂在其博士论文中对钢丝绳漏磁无损检测及评估进行了数学建模描述。

3.1.1.2　各种因素和缺陷漏磁场关系的研究

各种因素和缺陷漏磁场关系的研究可主要归纳为检测扫描速度、缺陷尺寸及位置参数、应力、检测、磁激励强度及磁导率等对缺陷漏磁场的影响关系的研究。例如 1987～1989 年间,加拿大女王大学的 Atherton 针对管道在役腐蚀缺陷漏磁无损检测进行了试验和仿真计算研究,其中包括漏磁场信号与缺陷大小的关系。1997 年,韩国国立群山大学的 Yong-Kil Shin 利用时步算法对漏磁无损检测信号的速度效应影响进行了二维有限元仿真分析;同年,日本金属材料技术研究所的 Ichizo Uetake 和 Tetsuya Saito 分析了两个相邻平行槽之间的漏磁信号的影响关系;1996～1998 年间,加拿大女王大学的 Thomas 等及 Mandal、Atherton、Weihua Mao 和 Lynann Clapha 等分别研究了压力对漏磁无损检测信号的影响,并分析了相邻缺陷之间或不同走向缺陷之间的漏磁无损检测信号关系。2000～2003 年,日本九州工业大学的 Katoh M. 、Nishio K. 、Yamaguchi Y. 、Katoh 和 Nishio 采用磁扼式有限元法计算材料属性、极靴气隙对漏磁场的影响,特别是磁化曲线在磁化过程中对漏磁场的影响;英国哈德斯菲尔德大学的 Li Yong 和 Tian Guiyun 及中国武汉大学的 Du Zhiye 和 Ruan Jiangjun 等对漏磁无损检测中的速度效应问题进行了仿真研究。

3.1.1.3　缺陷反演

缺陷反演主要是从所获得的检测信号入手反推出缺陷的相关参数。例如 2000 年美国爱荷华州立大学的 Kyungtae 和 Hwang 研究了基于人工神经网络及小波分析的缺陷反演问题;2002 年仲维畅也利用磁偶极子进行了缺陷的反演工作;同年,Jens Haueisen 等利用线性和非线性运算[最大熵法(MEM)]对缺陷进行了评估分析,给出了一种算法并有效地反推出缺陷的尺寸及位置等特性信息量;美国密歇根州立大学的 Joshi 和 Udpa 等采用自适应小波及径向基函数人工神经网络的多重逆向迭代法来反推出缺陷的三维参数;密歇根州立大学的 Ameet Vijay Joshi 在其博士论文中在传统的反演算法的基础上,引入了一种高阶统计法(HOS);印度甘地原子研究中心的 Baskaran 和 Janawadkar 采用多重信号分类法利用计算得到的信号作为输入反演缺陷的形状、个数及位置;加拿大麦克马斯特大学的 Reza Khalaj Amineh 和 Natalia K. Nikolova 等采用有限元法将切向分量作为输入反演缺陷的走向、长度及深度等参数;另外,美国莱斯大学的 Sushant M. Dutta、加拿大麦克马斯特大学的 Reza Khalaj Amineh 和 Slawomir Koziel 等也进行了缺陷反演研究工作;我国清华大学的崔伟、华中科技大学的刘志平及天津大学的蒋奇在他们的博士论文中给出了一些缺陷反演的有益探索。

3.1.2 漏磁无损检测设备

1922 年,美国工程师霍克(Hoke W. F.)在加工装在磁性夹头上的钢件时,观察到铁粉被吸附在金属裂缝上的现象,由此引发出对磁性无损检测的探索。1923 年,美国的 Sperry 博士首次提出了一种采用由 U 形电磁铁作为磁扼式磁化器对待检测铁磁性材料磁化后再采用感应线圈捕获裂纹处漏磁场,最后通过电路耦合形成缺陷存在的异变开关输出量而完成检测的方法,并于 1932 年获得了专利批准,这就是最早的漏磁无损检测技术。1947 年,美国标准石油开发公司的 Joseph F. Bayhi 和 Tulsa 发明了用于在役套铣管或埋藏管内检测的漏磁无损检测"管道猪",其中 U 形磁铁对管施加局部周向磁化,与感应线圈一起螺旋推进扫描检测,这是最早的周向磁化漏磁无损检测法的结构形式。而在 1949 年,美国 Tuboscope 公司的 Donald Lloyd 则提出了钢管轴向磁化漏磁无损检测技术,将穿过式线圈磁化器和感应线圈固定连接为一体,沿着钢管轴向移动扫查检测横向伤;在之后的 1952~1959 年间,该公司的 Price Berry G.、Wood Fenton M.、Donald Lloyd 及 Houston 采用通电棒穿过钢管中心对钢管施加磁化的方法来完成漏磁无损检测,且检测探头进行旋转扫查。1960 年,美国机械及铸造公司的 Deem Hubert A. 和 Bethany 等直接采用了 N-S 磁极对构成的周向磁化器呈 180°对称状布置于钢管外壁来实现油管纵向劈缝的周向磁化漏磁无损检测,检测主机做旋转扫查;1967~1969 年,该公司的 Tompkins David R 提出了钢管螺旋推进的漏磁无损检测方法,Crouch Alfred E. 发明了同时具有周向磁化检测纵向伤和轴向磁化检测横向伤功能的"管道猪",此时,Tuboscope 公司的 Wood Fenton M. 等也开始明确了钢管上纵、横向伤一并检测时分别所需的周向和轴向磁化检出关系,最终发明了同时具有周向和轴向磁化的固定式漏磁无损检测设备,钢管做螺旋推进扫查。

至此,钢管漏磁无损检测技术在方法应用层面上已实现全部覆盖并且一直沿用至今,总的实施方法为:钢管上横、纵向伤的全面检测分别由轴向磁化和周向磁化进行磁激励,然后通过钢管与检测探头之间的相对螺旋扫查加以完成。其中,相对螺旋运动方式有两种:①探头旋转+钢管直进;②探头固定静止+钢管螺旋推进。自此以后,漏磁无损检测方法的所有研究都是在上述方法的框架之下开展的,在实际钢管检测中,针对不同的钢管检测需求,可选取所需的横向伤检测技术或者纵向伤技术,亦或全部。

在漏磁无损检测理论研究的基础上,针对具体不同的钢管检测工况研发出大量不同的漏磁无损检测设备,与之相关的研究主要是以磁敏元件、磁化器或整体结构为主的组件展开的各种试探、优化及升级改造工作。

(1)在磁敏元件的改进应用方面的发展及现状。1959 年瑞士的 Ernt Vogt 发明了一种采用感应线圈作为磁敏元件的钢管漏磁无损检测设备;1970 年美国机械及铸造公司(AMF)的 Proctor Noel B. 首次提出了采用印刷线圈替代传统的缠绕式感应线圈;1976 年,加拿大诺兰达矿业有限公司的 Krank Kitzinger 等首次采用霍尔元件作为磁敏元件外加永磁体构成的轴向磁驱对钢管施加轴向磁化的漏磁无损检测设备;1994~1996 年间,捷克科技大学的 Ripka 和瑞士联邦工学院的 Popovic 等分析比较了霍尔、磁阻、感应线圈及磁通门传感器作为磁敏元件在漏磁无损检测传感器中的应用;2002 年,法国的 Jean-Louis Robert 等首次给出了一种可用于高温(500~800 K)的霍尔元件材料及其结构;2008 年,印度甘地原子研究中心的 Sharatchandra Singh W. 和 Rao B. P. C. 等采用巨磁阻传感器进行了漏磁无损检测探头的设计。

(2)在磁化器或整体结构方面的研究及发展现状。20 世纪 80 年代,日本住友金属工业株式会社的 Yasuyuki Furukawa 等发明了移动式漏磁无损检测设备,继而美国 Ivy Leon H、美国磁性分析公司(MAC)的 Edward Spierer 等、德国 NUKEM 有限公司的 Ger-hard H uschelarath 等相继研制了钢管周向+轴向复合磁化后螺旋推进扫描的漏磁无损检测设备,其中不同之处是 Edward Spierer 等是将周向和轴向磁化靠近形成局部斜向磁化;1994~2000 年间,荷兰屯特大学的 Jansen、加拿大 Pipetronix 有限公司的 Poul Laursen 及 BJ 服务公司的 Smith Jim W. K. 对漏磁无损检测"管道猪"开展了系列改进应用研究;中国华中科技大学的康宜华等自 1989 年发表了关于漏磁无损检测设备研制的报道以来,后续进行了大量的漏磁无损检测设备的开发和研制工作,并于 2007 年积累形成了数字化磁性无损检测技术;清华大学的黄松岭等、我国合肥工业大学的何辅云等、沈阳工业大学的杨理践等开发了油气管道检测设备并进行了相关应用研究;从 2013 年开始,清华大学的黄松岭等开展了三维漏磁成像检测技术的研究工作,并研发了油气管道漏磁成像内检测设备、储罐底板漏磁成像检测设备、钢轨漏磁成像检测设备和铁磁性构件离线漏磁成像检测设备等系列化三维漏磁成像检测装备。其他还有日本开闭公司(NKK)的 Hiriharu Kato 等及埃及的 Dale Reeves 等也涉及了这方面的研究。

(3)在漏磁无损检测设备结构优化方面的研究。2002 年,韩国海洋大学的 Gwan Soo Park 和 Eun Sik Park 采用有限元法对磁扼式漏磁无损检测探头进行了结构优化;2003 年,日本川崎制铁株式会社采用聚磁技术进行了结构优化;其他有泰国国王科技大学的 Jomdecha C. 和 Prateepsen A. 及美国莱斯大学的 Sushant Madhukul Dutta 等对主磁通或磁路优化设计进行了研究。

目前,漏磁无损检测成型产品开发生产的国外厂家主要有:美国磁性分析公司(MAC),其生产的 Rotoflux 漏磁无损检测设备在检测纵向伤时探头旋转;德国的 Forster 研究所,其生产的主要装置有 CIRCOFLUX 系统和 ROTOMAT+TRANSOMAT,通过检测探头旋转与直线输送钢管形成螺旋推进的扫描方式来完成检测;美国 Tuboscope Vete 公司研制了两种漏磁无损检测装置 Amalog 和 Sonoscope,其中 Amalog 采用直流磁化探头旋转用于检测轴向缺陷,而 Sonoscope 采用线圈磁化用于检测周向缺陷;美国 OEM 公司生产的产品有 EMI、ARTIS-2TM、ARTIS-MSTM、ARTIS-3TM 等便携式电磁检测系统及 TTIS 井口检测系统;此外,还有德国 ROSEN 公司、美国 GE 公司、美国彪维公司(TechnoFour-Bowing)、加拿大 Western NDE & Engineering 公司及德国 db 无损检测技术公司(db PRUFTECHNIK)。

在我国,主要的漏磁无损检测设备生产厂家有华中科技大学机电工程公司,该公司生产用于石油钻具及钢管高效快速无损检测的漏磁无损检测系统,已形成 EMTP、EMTR、EMTD 等多种系列,在现场应用中取得了良好的效果,为节约外汇做出了一定的贡献。合肥齐美检测设备有限公司及上海威远电磁设备有限公司也生产相关的漏磁无损检测设备。清华大学和沈阳工业大学分别为石油石化企业开发了长输油气管道漏磁内检测系列化设备。

3.1.3 检测信号后处理

在漏磁无损检测设备应用过程中,最终是要通过对缺陷漏磁无损检测信号的观察与分析来对检测结构进行分析及评判,因此出现了不少的检测信号后处理研究。例如,1996年美国爱荷华州立大学的 Mandayam 等提出算法来平衡或滤除由于速度效应和磁导率不均所致的漏磁无损检测信号的各种异变;1996 年,美国爱荷华州立大学的 Katragadda G. 和 Lord W. 等提出用交流漏磁无损检测法并通过信号处理技术提高铁磁性材料表面裂纹检测的灵敏度;1997 年,美国的 Bubenik 和 Nestlroth 等认为内外伤是可以区分的;2000年,印度巴布哈原子研究中心的 Mukhopadhyay 和 Srivastava 采用小波分析的方法对缺陷漏磁场信号特征进行分析;2005 年,Mikkola 和 Case 发表了内外伤区分的文章,罗飞路等研制了钢管表面缺陷检测用交变漏磁无损检测系统。2006 年,McJunkin 和 Miller 等提出内伤漏磁场小,建议采用敏感度小的检测探头来检测外伤;2009 年美国的 Richard Clark McNealy 等对管道裂纹漏磁无损检测信号加以区分,但就在同年,英国斯旺西大学的 Alicia Romero 和 Ramirez 等通过试验的方法指出仅根据漏磁无损检测信号难以区分内外伤。华中科技大学的康宜华和清华大学的黄松岭分别尝试采用交直流复合磁化方法来区分内外伤,沈阳工业大学的杨理践、合肥工业大学的何辅云等同样在检测信号后处理方面展开了研究工作。

漏磁无损检测磁化以直流磁化场为主,近些年有针对交流磁化漏磁无损检测和脉冲漏磁无损检测方面的研究工作,直流磁化漏磁无损检测的信号处理相对简单;交流磁化和脉冲磁化漏磁无损检测信号处理更复杂,但检测信号包含的信息更丰富,缺陷检测的灵敏度更高。

3.1.4 漏磁无损检测研究的现状分析

纵观漏磁无损检测研究的发展史,漏磁无损检测技术是在生产实践中诞生并逐渐在应用需求的推动作用下发展壮大起来的。在漏磁无损检测的几个关键开创性技术如钢管纵横向上的周向加轴向复合磁化诞生以后,漏磁无损检测技术的研究发展主要集中在上述检测方法框架之下的检测设备的研制开发、优化设计及其检测信号后处理,包括为各种具体被检测对象改变之后所做的适应,如磁敏元件的改进利用、磁化结构的优化分析、检测装置的具体设计及后期检测信号处理等。以应用为主的漏磁无损检测技术经过多年的研究发展,已有长足的进步;但由于无损检测在需求方面的要求不断提高,有些方面还有待继续完善改进。

(1)在漏磁无损检测技术方法研究方面,待检钢管与检测探头相对螺旋推进扫描的复合漏磁无损检测方式一直沿用到现在,未见突破该技术的相关报道。如果突破了该螺旋推进扫描的检测方式,则可以不受螺旋扫描检测方式的低速(只适宜 2.5 m/s 以下)限制,从而适应钢管高速无损检测,以及那些自身不适宜做高速旋转的管材(如连续油管、方管)的快速检测。

(2)在漏磁无损检测设备结构研究方面,无论其结构如何变化发展,漏磁无损检测探头始终为紧贴被检测件的浮动式结构,普遍存在检测过程中抖动、磨损严重和使用寿命不长的问题。另外,紧贴浮动机构的结构较为复杂,如果能形成真正的非接触漏磁无损检测探头,则可以解决这一问题。

(3)由于磁探头不可避免地抖动,导致磁噪声一直存在,这样漏磁无损检测信号的信噪比总是难有很大的提高,降低了漏磁无损检测技术的检测灵敏度。另外,易于出现霍尔等磁敏元件的磁饱和不工作现象,所以很有必要开展该方面的技术研究。

对于漏磁无损检测理论研究,它的最终目的是支持并推动漏磁无损检测技术,使其更好地服务于社会生产。在漏磁无损检测技术产生之后,涌现出了大量的漏磁无损检测理论研究工作,但主要集中在缺陷漏磁场分布计算、各种影响因素和缺陷漏磁场之间关系及缺陷反演这几个方面。这些以磁偶极子模型及有限元模型等为基础的漏磁无损检测理论研究,缺乏对无损检测过程中可能出现的现象或者疑点的了解,使得理论发展研究现状与目前需要完善解决的漏磁无损检测应用技术衔接得不太紧密。

对漏磁无损检测物理机制的进一步探讨,磁折射、磁扩散及压缩的发现,有助于提醒研究者采取一定的措施,使缺陷漏磁场更大,从而获得更加全面的缺陷漏磁场信息,更好地改进漏磁无损检测装备,提高其检测性能。

3.2　检测技术基本理论

3.2.1　漏磁检测原理

3.2.1.1　漏磁场的形成

由于空气的磁导率远远低于铁磁材料的磁导率,如果在铁磁材料上存在不连续性或裂纹,则磁感应线优先通过磁导率高的工件,这就迫使一部分磁感应线从缺陷周围绕过,形成磁感应线的压缩。但是,工件连续部分可容纳的磁感应线数目有限,同时由于同性磁感应线相斥,导致此时磁通的形式分为三个部分,如图 3-1 所示。

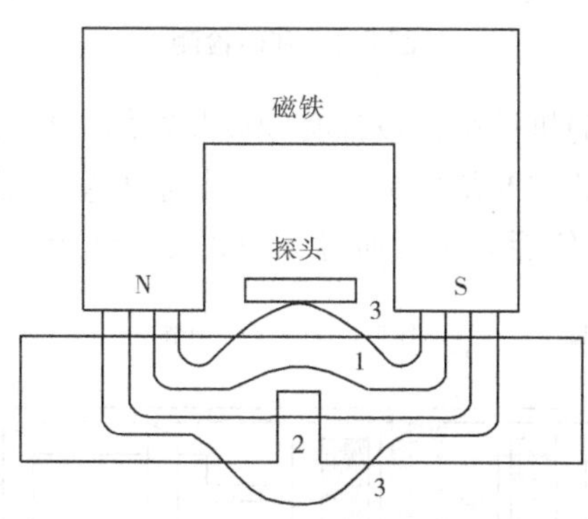

1—大部分磁通在工件内部绕过缺陷;2—少部分磁通穿过缺陷;3—还有部分磁通离开工件的上、下表面经空气绕过缺陷再进入工件-漏磁场。

图 3-1　漏磁场形成

将铁磁性试样置于磁场 Φ 中,无缺陷处试样的截面面积为 S_1,有缺陷处试样的截面面积为 S_2,显然 $S_1 > S_2$,如图 3-2 所示。

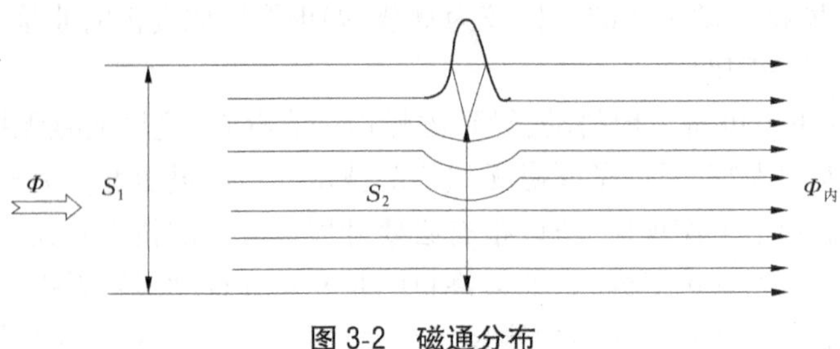

图 3-2 磁通分布

S_2 处的磁阻 R_2 就要大于 S_1 处的磁阻 R_1，根据磁连续性原理，磁通 Φ 通过 S_2，就要被分流，而形成漏磁通。

3.2.1.2 漏磁检测

利用一定的励磁方法对被检工件进行磁化，若被测工件表面光滑，内部没有缺陷，磁通将全部通过被测工件，如图 3-3(a)所示；若工件存在缺陷，会导致缺陷处及其附近区域磁导率降低，磁阻增加，从而使缺陷附近的磁场发生畸变，一部分磁力线泄漏出试样的内、外表面，形成漏磁场，如图 3-3(b)所示。通过一定方式检测漏磁场的变化(如探头拾取金属损失处的漏磁信号)发现工件的缺陷，对其分析处理从而达到无损检测和评价的目的。

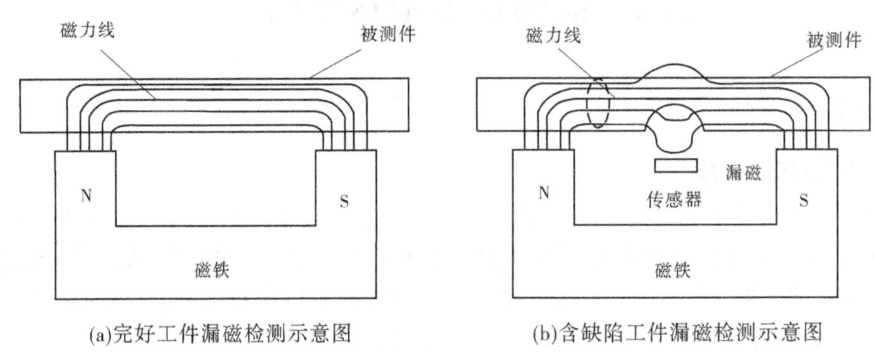

图 3-3 漏磁检测

管道漏磁内检测装置的机械结构设计必须以装置能否在管道中顺利行进为前提。管道中阻碍内检测装置行进的主要是弯头，为保证其通过弯头，需把装置分成几节，并且节间采用软连接，以便在弯头处能够转弯通过。该装置的外形结构如图 3-4 所示。

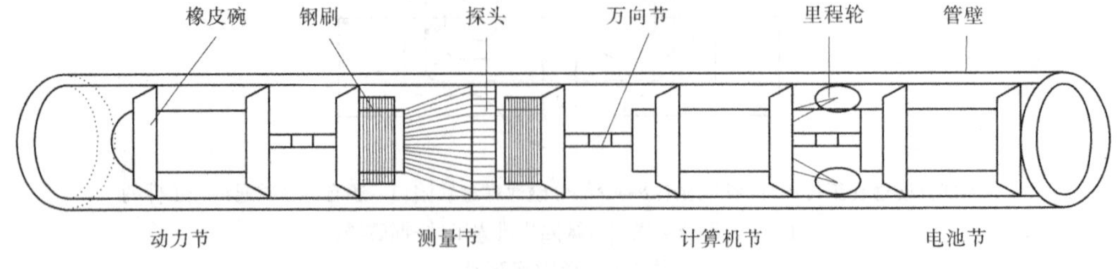

图 3-4 管道漏磁内检测机械机构

动力节中的橡皮碗用于产生压差，以推动装置行进和进行清管工作；测量节装有励磁装置和传感器,用于产生并测量漏磁信号;计算机节是系统的核心,主要负责测量过程的控制和测量数据的处理与存储;电池节为检测装置在管道中长时间工作提供充足的电能。通过对测得的数据进行处理和分析,可以判定管道的内外缺陷及腐蚀情况,并能够从里程的显示来判定缺陷及腐蚀所在的位置,作为检测或评估管道寿命的依据。

3.2.1.3　缺陷漏磁场的特征

缺陷漏磁场可以分解为水平分量(轴向分量)B_Y[见图3-5(a)]和垂直分量(径向分量)B_X[见图3-5(b)]。水平分量与工件表面平行,垂直分量与工件表面垂直。

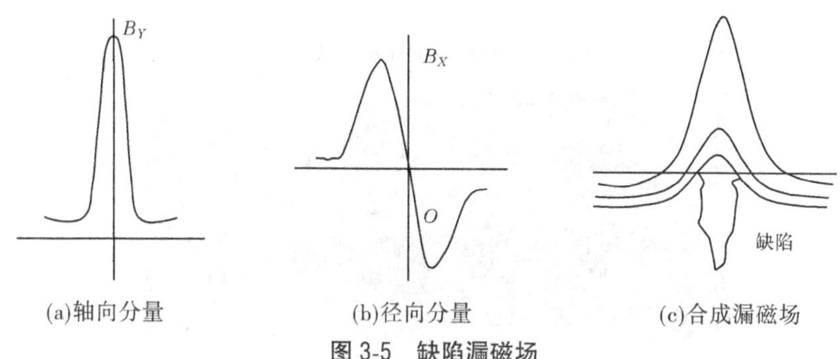

图3-5　缺陷漏磁场

假设有一矩形缺陷,则在矩形中心,漏磁场轴向分量有极大值并左右对称;径向分量为通过中心点的曲线,漏磁场在缺陷的左边缘处达到正的最大值,在缺陷的右边缘达到负的最大值,在缺陷的中心处为零,是关于缺陷中心对称的。

B_X 峰峰值(B_{xp-p}):径向分量 B_X 的重要特点是具有正、负峰值,将 B_X 分量的最大值与最小值之差定义为峰峰值,如图3-6所示。

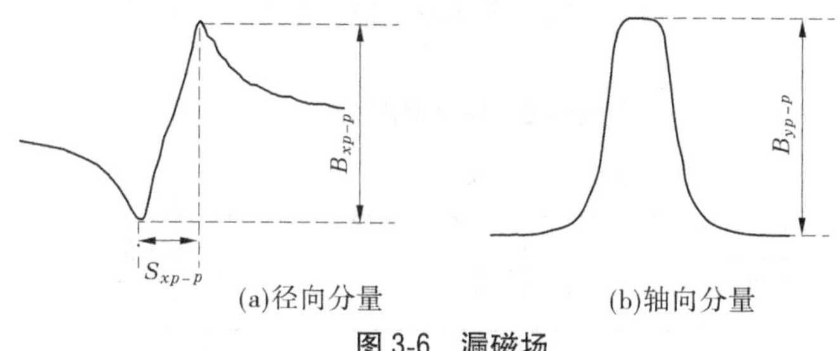

图3-6　漏磁场

B_X 峰峰间距(S_{xp-p}):最大值与最小值之间的横向距离。

B_Y 峰谷值(B_{yp-p}):B_Y 分量的波峰值与波谷值之差,轴向分量 B_Y 的重要特点是具有一个波峰和两个波谷。

3.2.1.4　漏磁检测的磁化技术

磁化方式:①交流磁化;②直流磁化;③永磁磁化。

磁化方向:①轴向磁化;②周向磁化。

交直流磁化检测设备如图3-7所示,永磁磁化检测设备如图3-8所示,轴向磁化检测图如图3-9所示,周向磁化检测图如图3-10所示。

1. 交流磁化

交流磁场易产生趋肤效应和涡流,且磁化的深度随电流频率的增高而减小。因此,这

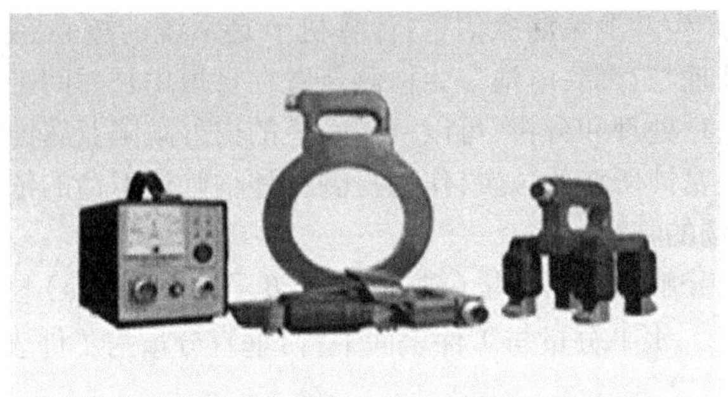
图 3-7　交直流磁化检测设备

图 3-8　永磁磁化检测设备

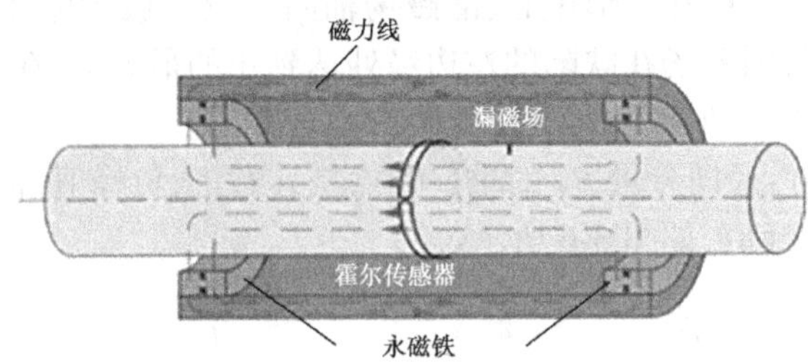

图 3-9　轴向磁化检测

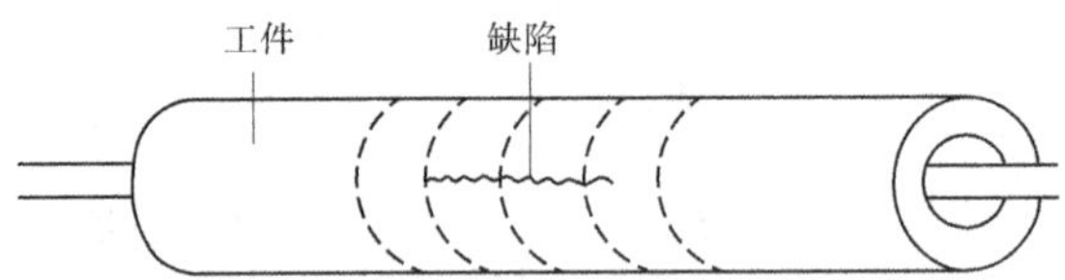

图 3-10　周向磁化检测

种方法只能检测表面和近表面缺陷，但交流磁化的强度容易控制，大功率 50 Hz 交流电流源易于获得，磁化器结构简单，成本低廉。

交流磁化的优点：

(1)可以用来检测表面较为粗糙的试件。

(2)信号幅度与缺陷的深度之间比直流磁化有更好的对应关系。

(3)应用趋肤效应适合于对试件进行局部磁化，因而可用于检测较大工件。

交流磁化的缺点：

(1)不适用于检测表面以下的缺陷。

(2)对于管材来说，在管外壁磁化不能同时检测管壁内壁缺陷。

2. 直流磁化

直流磁化分直流脉动电流磁化和直流恒定电流磁化。磁化强度可通过控制电流的大小方便地调节。

直流磁化的优点：

(1)可以检测出深达十几毫米表层下缺陷。

(2)缺陷信号幅度与缺陷在表面下的埋藏深度成比例关系。

(3)在管材检测中,用直流磁化可直接检测管子的内外壁缺陷。

直流磁化的缺点：

(1)要达到较大的磁化强度相对较难。

(2)需要退磁。

3. 永磁磁化

永磁磁化以永久磁铁作为励磁源,它是一种不需电流源的磁化方式,与直流恒定电流磁化方式具有相同的特性,但在磁化强度的调整上不及直流磁化方式方便,其磁化强度一般通过磁路设计来保证。

以永久磁铁为磁源的漏磁检测装置具有使用方便、灵活、体积小及质量轻等特点,所以永磁磁化方式是在线漏磁检测设备中磁化被测构件的优选方式。

4. 磁化强度选择

在漏磁检测中,虽然检测目的不同,但磁化强度的选择首先以缺陷或结构特征产生的磁场能否被检测到为前提,一般要求以足够强的磁场进行励磁,以获得磁敏感器件可以测量的磁场,图 3-11 为磁化曲线(B–H 曲线)。另外,检测信号的信噪比和检测装置的经济性等也应成为考虑的因素。同时,随着磁化强度的加强,磁化器的体积重量和成本将随之升高,因此必须多方面综合考虑,择优选定磁化强度。

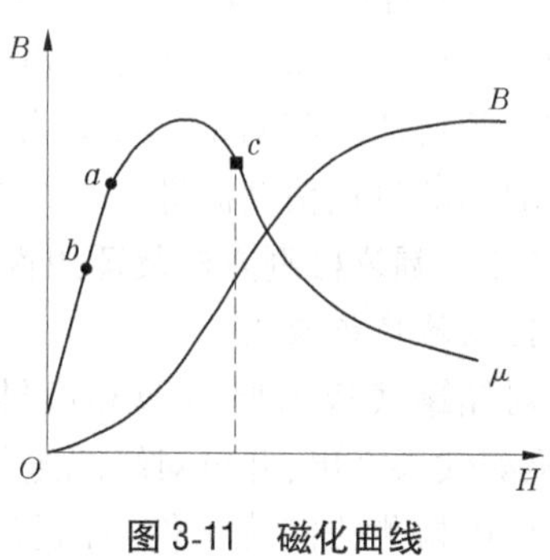

图 3-11　磁化曲线

3.2.2　漏磁检测方法与适用性

3.2.2.1　漏磁检测优缺点

1. 漏磁检测方法的优点

(1)易于实现。自动化漏磁检测方法是由传感器获取信号,然后由软件判断有无缺陷,因此非常适合于组成自动检测系统。实际工业生产中,漏磁检测被大量应用于钢坯、钢棒、钢管的自动化检测。

(2)较高的检测可靠性。漏磁检测一般采用计算机自动进行缺陷的判断和报警,减少了人为因素的影响。

(3)可实现缺陷的初步定量。缺陷的漏磁信号与缺陷形状尺寸具有一定的对应关系,从而可实现对缺陷的初步量化,这个量化不仅可实现缺陷的有无判断,还可对缺陷的危害程度进行初步评价。

(4)高效能、无污染。采用传感器获取信号,检测速度快且无任何污染。存在一定的偏离值,从而降低了检测灵敏度。

(5)在大面积普查时漏磁检测具有检测速度快、检测前准备工作少,可以同时检测管道内外壁的腐蚀缺陷等优点。

(6)对储罐底板壁厚减薄和腐蚀坑等形式的缺陷,检测效果突出,并可对缺陷进行量化。

(7)通过软件对扫描缺陷进行可视化处理,可显示整个管道的缺陷分布图,并以此制订科学的维修方案。

(8)漏磁检测技术不破坏防腐涂层,可以在线检测,为管道提供维修依据。

2. 漏磁检测技术的缺点

(1)只适用于铁磁材料。只有铁磁材料被磁化后,缺陷才能在试件表面产生漏磁通,因而漏磁检测只适合于铁磁材料。如黑色金属,主要是除奥氏体不锈钢之外的所有钢材。

(2)由于采用传感器检测漏磁场,不适合检测形状复杂的试件。对形状复杂的工件,需要有与其形状匹配的检测器件。

(3)仅用于铁磁性材料的罐底板检测,目前还不能用于管道焊缝检测,对特殊情况,需用其他方法识别上或下表面的腐蚀缺陷。

(4)缺陷的量化精度需进一步提升。缺陷的形态是复杂的,而漏磁通检测得到的信号相对简单,在实际检测中,缺陷的形状特征和检测信号的特征之间对应关系较复杂,因而漏磁检测对缺陷的量化精度需进一步开展研究。

3.2.2.2　漏磁检测方法及适用性

1. 储罐底板检测

对储罐底板壁厚减薄和腐蚀坑等形式的缺陷,检测效果突出,并可对缺陷进行量化。

可以检测的储罐条件:经过清洗后可以看到上表面的腐蚀,如图 3-12 所示。

图 3-12　清洗后的储罐底板

不能检测的储罐条件:

(1)很厚的介质层,如图 3-13 所示。

(2)介质层掩盖了腐蚀表面,如图 3-14 所示。

图 3-13　介质层很厚的罐底板

图 3-14　介质层掩盖了腐蚀表面的罐底板

(3)很厚的氧化皮层,如图 3-15 所示。

2. 管道内检测

漏磁检测可以用于长输油气管道的内检测,通过管道内部介质产生的动力将检测器在管道内部推动前进,检测器通过拾取管道内外壁磁信号特征来判断管道内外壁金属特征。如图 3-16 所示。

3. 管道外漏磁检测

(1)管径大的管道,可以采用可变径轴向局部磁化方法进行检测,如图 3-17 所示。

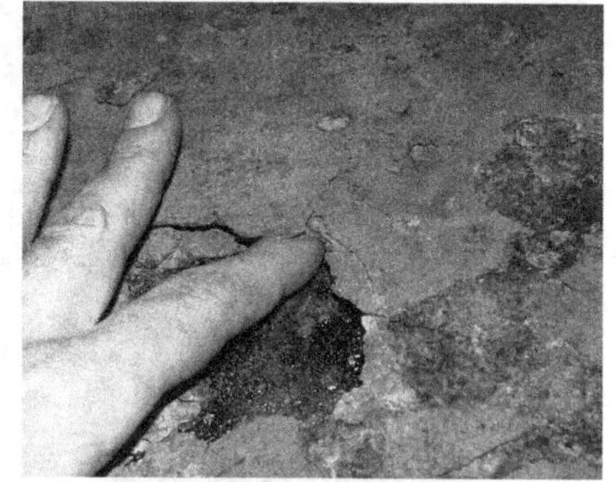

图 3-15　氧化皮层很厚的罐底板

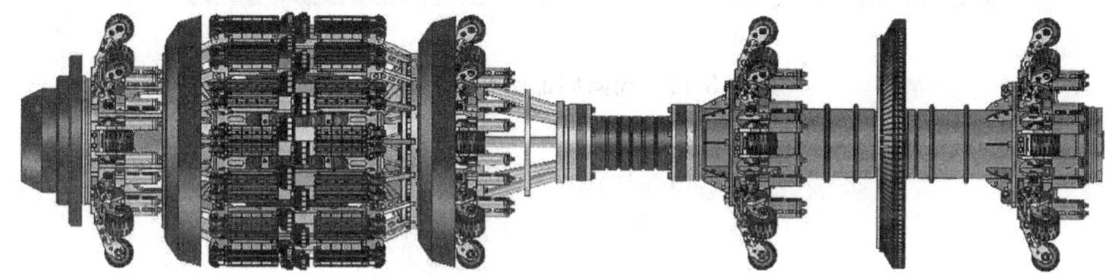

图 3-16　漏磁内检测器机械结构示意图

图 3-17　可变径轴向局部磁化漏磁检测

(2)周向局部磁化方法,如图 3-18 所示。

(3)有空间限制的小径管可以采用固定管径局部磁化方法进行检测,如图 3-19 所示。

(4)无空间限制的长直管可以采用整体磁化方法进行检测,如图 3-20 所示。

(5)油管、钻杆等可拆卸管道可以采用电磁磁化进行检测,如图 3-21 所示。

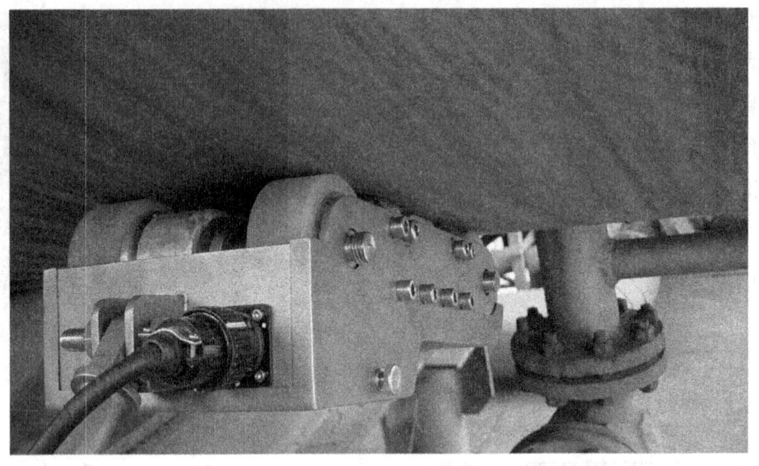

图 3-18 周向局部磁化漏磁检测

图 3-19 固定管径局部磁化漏磁检测

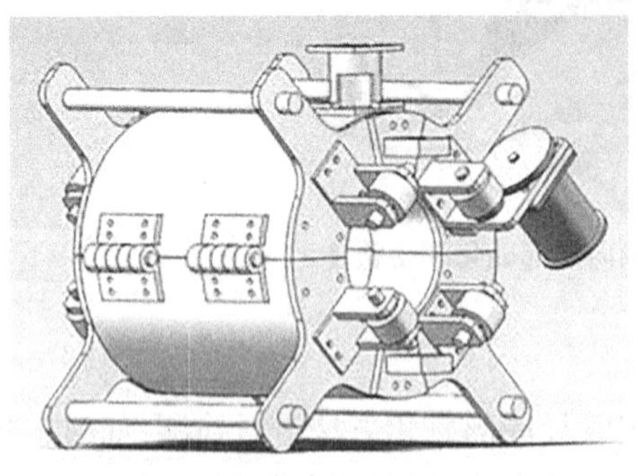

图 3-20 永久磁铁整体磁化方法检测

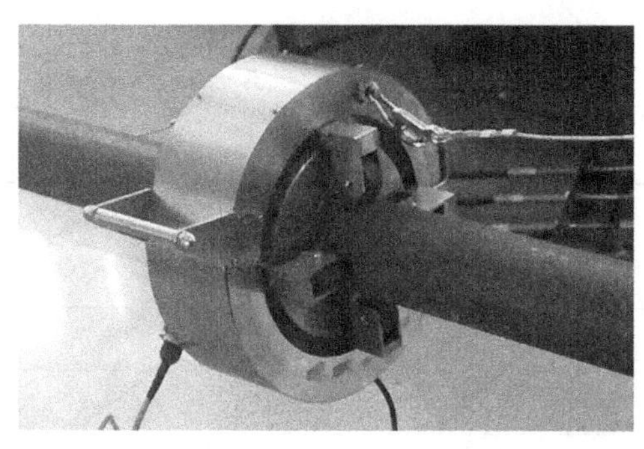
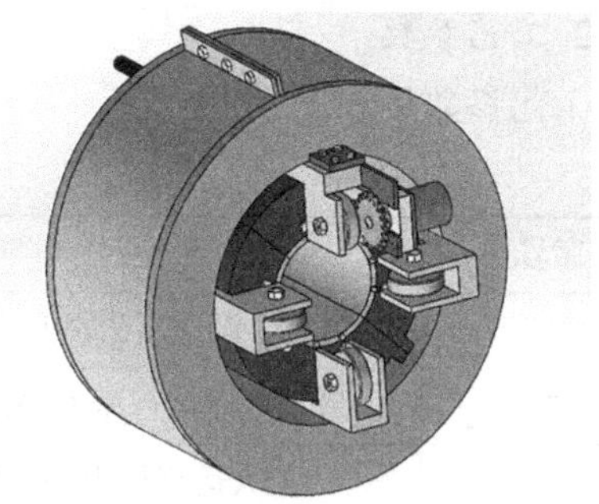

图 3-21　电磁磁化方法检测

3.3　检测应用案例

3.3.1　案例一：ϕ219 mm 成品油管线内检测

3.3.1.1　管线概况

1. 管线基本信息

管线基本信息见表 3-1。

表 3-1　管线基本信息

序号	项目	内容
1	管线名称	石脑油管线
2	建设时间	2005 年 4 月
3	管道累计长度	22 km
4	输送介质	石脑油
5	管道位置(陆上/水下/湿地)	陆地
6	管线外径	219 mm
7	阴极保护类型	牺牲阳极
8	外防腐类型	TO-树脂加强级
9	是否有内涂层	无
10	管道材质	20#钢
11	壁厚	7 mm
12	焊接类型	氩电联焊
13	穿/跨越(河流、公路、铁路)	无跨越
14	管道标志桩是否健全(每千米 1 个)	陆地部分基本健全,部分标志桩丢失

2. 工艺参数

工艺参数见表 3-2。

表 3-2 工艺参数

序号	项目	指标
1	设计压力(PI)	4.0 MPa
2	最大允许运行压力(MAOP)	3.6 MPa
3	最大运行压力(MOP)	3.2 MPa
4	当前工作压力范围	0.2~3.2 MPa
5	当前排量范围	70~80 t/h
6	运行温度	常温

3. 工程特点、难点

石脑油类似汽油,易燃、易爆、危险性较大;管线运行压差过大;该条管线目前是满负荷输送,已接近管线设计压力的最高上限,输油起始端运行压力为 3.2 MPa,输油末端连接储油罐,运行压力为 0.2 MPa ,首末压差为 3 MPa,两端运行压差过大。

通过理论计算正常管线输送始末端的压力损失为 2.05 MPa,与实际管道的压力损失相差约 1 MPa,因此判断管道内局部存在较多杂质或异物的可能性,清管期间存在发生卡堵的可能,因此业主方的保驾队伍要随时做好封堵断管取球的准备。

正常情况理论压差计算:

忽略长输管道局部摩阻损失,采用管道沿程摩阻公式验证该管道的实际沿程摩阻损失:

$$h_f = \lambda \frac{L}{D} \frac{v^2}{2g}$$

管道按照 70~80 t/h 的排量输油时,油品在管道内流动的雷诺数 Re 为:

$$Re = \frac{Dv}{u} = 1\ 073$$

式中:D 为管道内径;v 为油品在管道内的流速;u 为油品的运动黏度。

沿程摩阻系数 λ 为:

$$\lambda = \frac{64}{Re} = 0.059$$

则沿程摩阻为:

$$h_f = \lambda \frac{L}{D} \frac{v^2}{2g} = 0.059 \times \frac{29\ 000}{0.205} \times \frac{0.688\ 9}{20} = 287.4$$

沿程压力损失为:

$$\Delta P_{沿程} = yh_f = 6\ 900 \times 287.4 = 1.98(\text{MPa})$$

考虑石油三厂与乙烯厂厂际管线海拔高差(见图 3-22),管线始末端的压力损失为:

$$\Delta P = y(h_f + P_{高程}) = 6\ 900 \times (287.4 + 10) = 2.05(\mathrm{MPa})$$

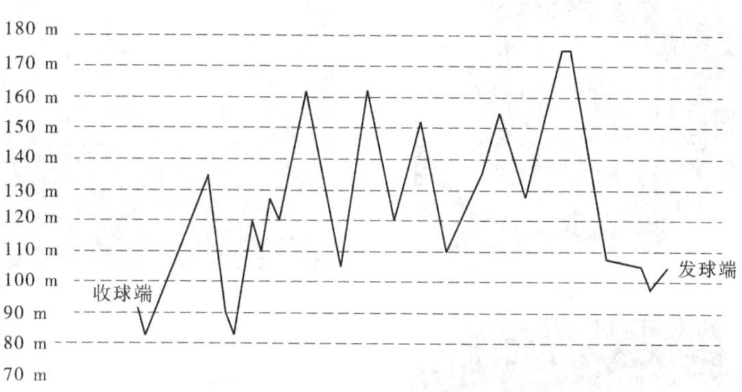

图 3-22　管线海拔高度

3.3.1.2　**作业情况**

1. 软质清管器清管

分别发送了口径为 175 mm、185 mm、195 mm、205 mm 的泡沫清管器 14 次及发送全聚氨酯清管器 4 次。清管效果显著,管线首端出口压力由清管前的 3.2 MPa 降至 2.4 MPa,末端进口压力由清管前的 0.3 MPa 升至 0.9 MPa,压差明显减小,排量也由之前的 76 t/h 提高至 85 t/h。

2. 机械清管器清管

经过对前期软质清管器的清管效果及清管器通过性能进行评估,按照清管能力由弱及强的总体清管器选型原则,进一步采用机械清管器进行清管工作,机械清管器选型包括:两碟清管器、两直两碟测径清管器、四直两碟清管器、钢刷清管器、磁力清管器等(见图 3-23~图 3-27),清管器发送顺序及清管器类型变化根据每次清出杂质数量及清管运行压力变化来即时调整。

历时一个多月,累计发送各类机械清管器 40 余次,清出各类杂质总质量超过 1 000 kg,管线首端出口压力降至 1.56 MPa,末端进口压力降至 0.6 MPa。

3. 变形检测作业

变形检测器装入 PVC 发球套管,ϕ219 变形检测器运行速度范围是:0.5~3.0 m/s,本次检测期间检测器运行速度基本平稳,运行期间平均速度是 1.24 m/s,满足检测器的最佳运行速度要求。变形检测器运行速度曲线如图 3-28 所示。

现场变形检测完成后,对照检测数据,发现该条石脑油管线上的 2 处凹陷变形点和 2 处弯头上的变形点,如图 3-29 所示。

现场进行了开挖验证工作。经过现场测量和确认:4 处开挖点的里程定位、周向位置、变形量均与检测数据报告结果相符。

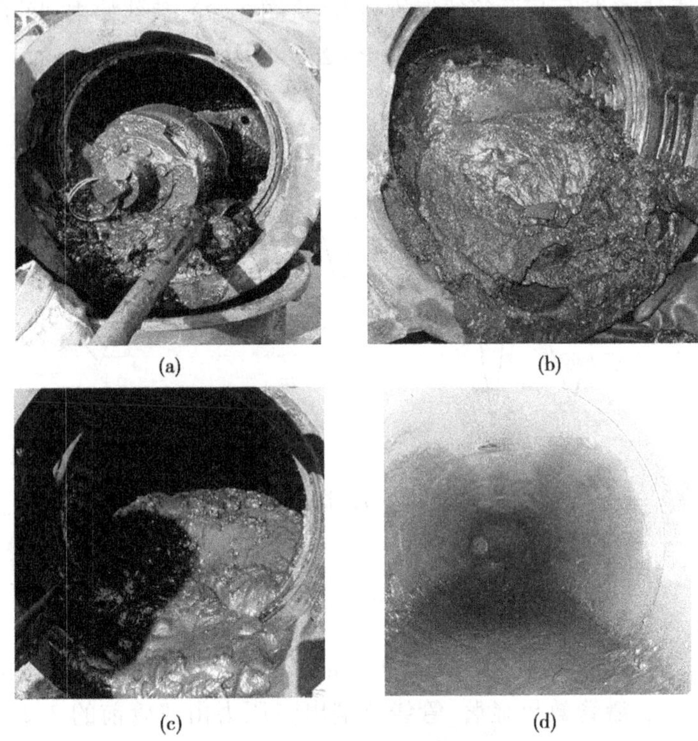

(a)　(b)

(c)　(d)

图 3-23　清管器所清杂质

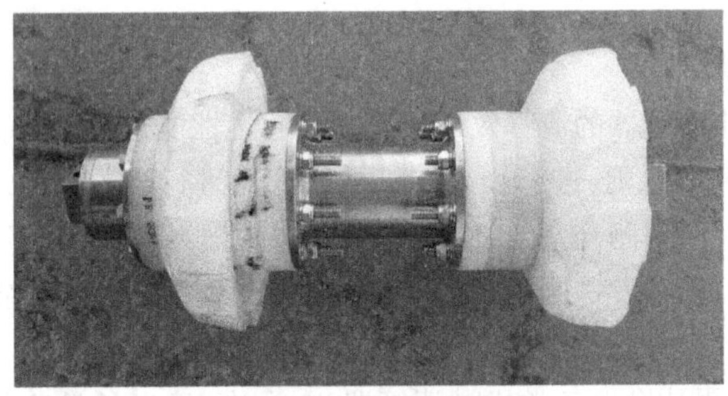

图 3-24　两碟机械清管器

图 3-25　两直两碟机械清管器

图 3-26　两直两碟机械测径清管器

图 3-27　钢刷(磁力)机械清管器

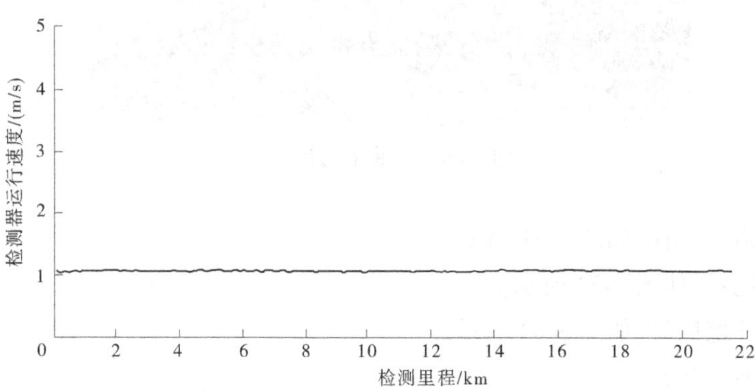

图 3-28　变形检测器运行速度曲线

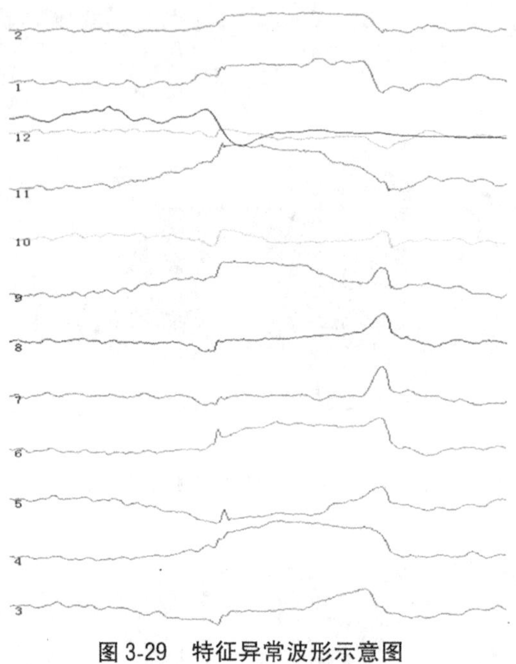

图 3-29　特征异常波形示意图

2 处弯头上的变形均为由于管道施工过程中产生的错边，如图 3-30 所示。2 处凹陷变形点开挖后未发现变形点附近存在岩石或硬物，属于管道施工过程中机械损伤造成的变形。

图 3-30　弯头上的错边

开挖验证错边、斜接如图 3-31 所示。

缺陷开挖比对，如图 3-32 所示。

凹陷缺陷开挖比对，如图 3-33 所示。

4. 漏磁检测器作业

漏磁检测器检测完成后，对该条石脑油管线上的 4 处缺陷点进行了现场开挖验证工作。经过现场测量和确认：4 处开挖点的里程定位、周向位置、腐蚀程度均与检测数据报告结果相符。

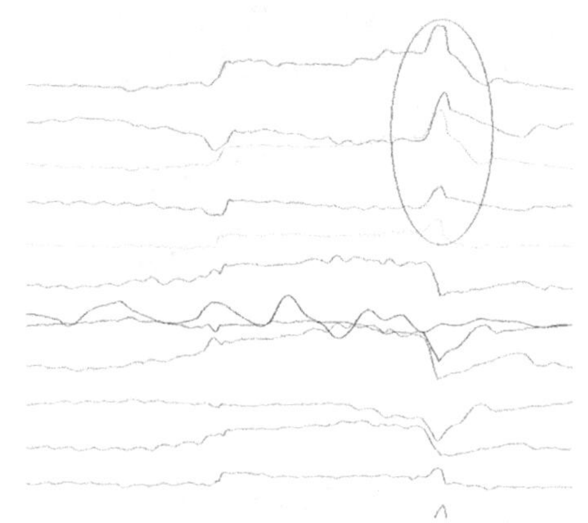

图 3-31　弯头上的错边、斜接

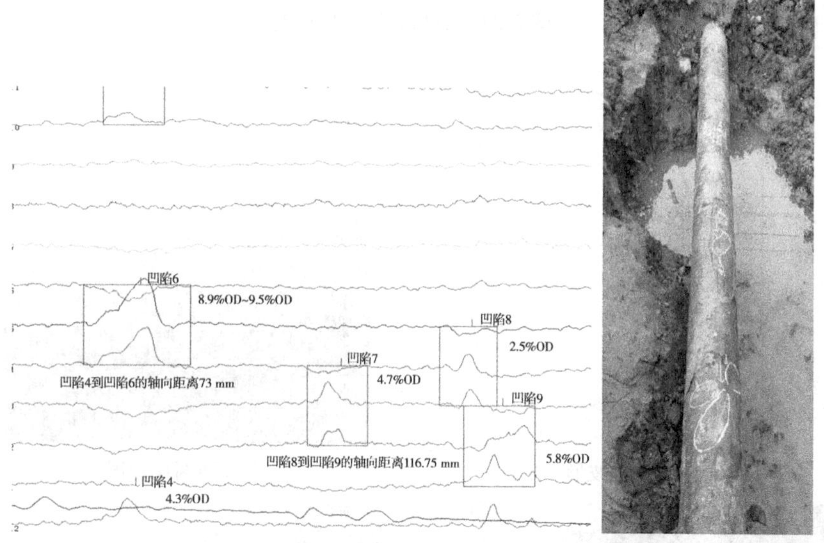

图 3-32　缺陷开挖比对

在现场使用 Pit Gage 测深尺与超声波测厚仪分别对 4 个开挖点及附近管体的剩余壁厚进行了详细的测量。4 个开挖点所在管体外表面 06:00—08:00(沿介质流向)之间均存在大面积的黄色锈迹,防腐层易于剥离,如图 3-34、图 3-35 所示。

3.3.2　案例二:小径管漏磁检测

某石化公司渣油加氢脱硫装置现场操作人员在晚间巡检时发现,压缩机北侧平衡管压力表引压管的焊接接头与压力表阀体联接短管之间焊口出现裂纹,大量氢气泄漏,焊口裂纹长度大约 1.5 cm,渣油加氢装置紧急停工。

2019 年 4 月,利用短接小径管漏磁检测仪,对其各车间约 2 000 根小径管进行了检测(见图 3-36)。

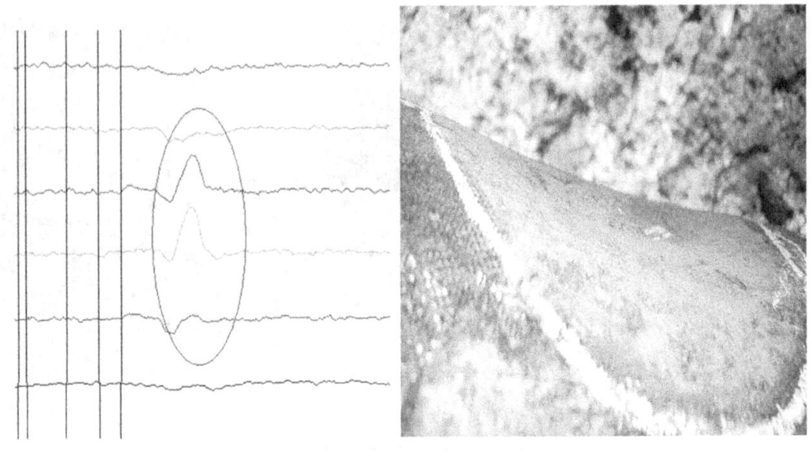

图 3-33　凹陷缺陷开挖比对

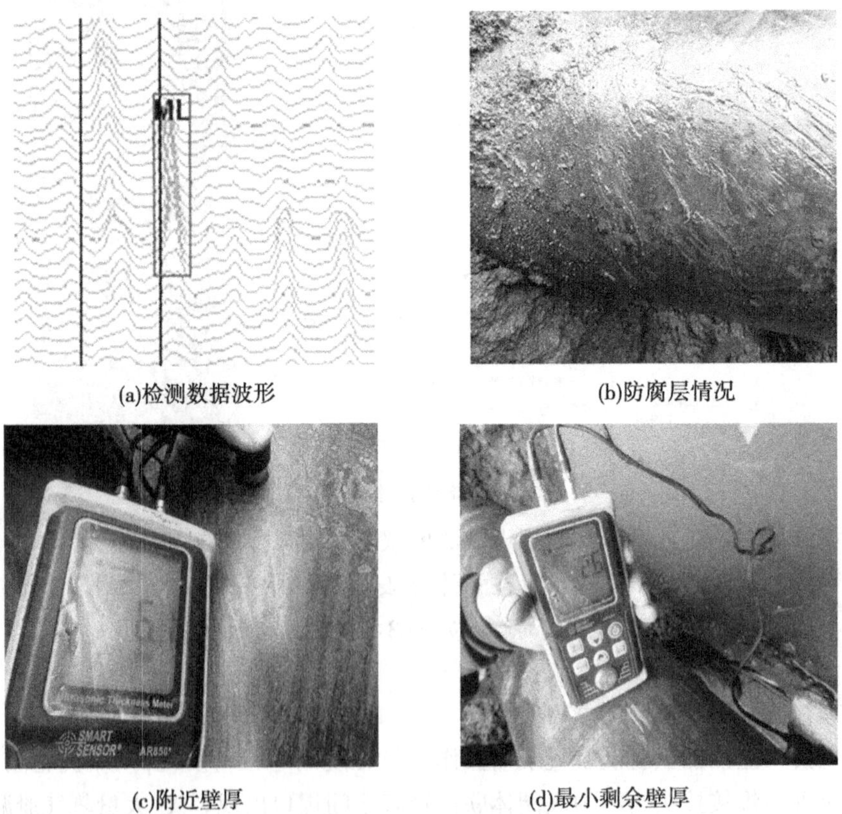

(a)检测数据波形　(b)防腐层情况

(c)附近壁厚　(d)最小剩余壁厚

图 3-34　腐蚀检测开挖验证

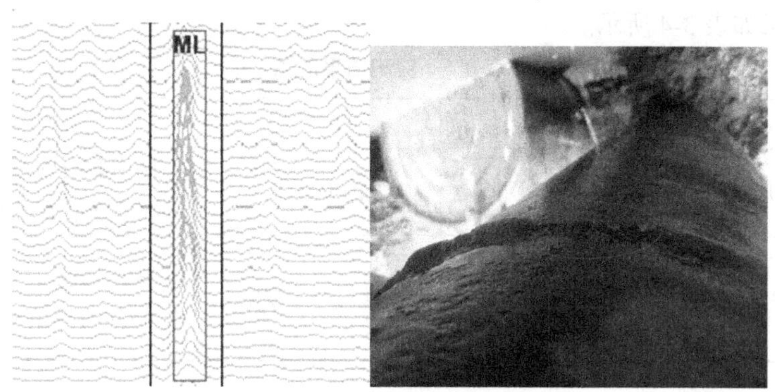

图 3-35　环焊缝余高不足验证

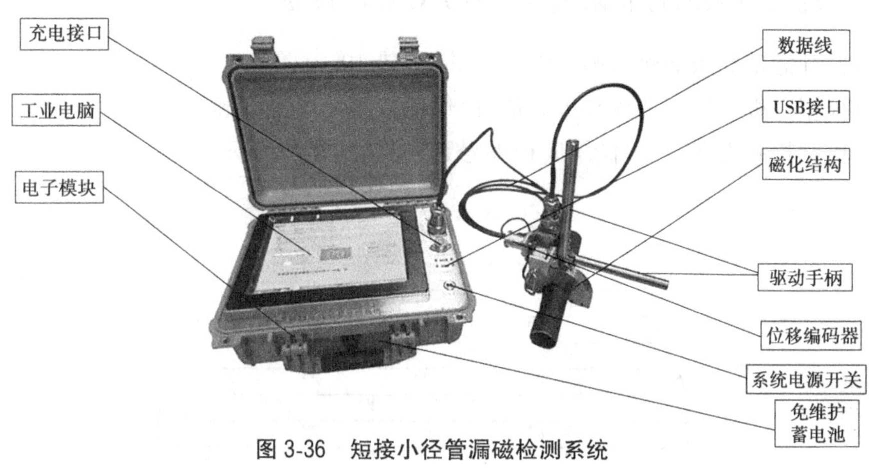

图 3-36　短接小径管漏磁检测系统

具体参数如表 3-3 所示。

表 3-3　漏磁检测系统具体参数

磁化头名称	DN10	DN15	DN20	DN25	DN40	DN50
检测原理	漏磁	漏磁	漏磁	漏磁	漏磁	漏磁
磁化方式	永磁铁磁化	永磁铁磁化	永磁铁磁化	永磁铁磁化	永磁铁磁化	永磁铁磁化
通道数	6	6	8	10	12	16
驱动方式	手推(拉)	手推(拉)	手推(拉)	手推(拉)	手推(拉)	手推(拉)
检测速度	可变，最大 0. 5 m/s	可变，最大 0. 5 m/s	可变，最大 0. 5 m/s	可变，最大 0. 5 m/s	可变，最大 0. 5 m/s	可变，最大 0. 5 m/s
管壁厚范围	3 mm	4 mm	5 mm	6 mm	7 mm	8 mm
工作电压	12 V	12 V	12 V	12 V	12 V	12 V
灵敏度	内壁 10%	内壁 10%	内壁 10%	内壁 10%	内壁 10%	内壁 10%
磁化节数	1 节	1 节	1 节	1 节	1 节	1 节
扫描宽度	180°	180°	180°	180°	180°	180°
穿透最大涂层厚度	2 mm 非磁性材料	2 mm 非磁性材料	2 mm 非磁性材料	2 mm 非磁性材料	2 mm 非磁性材料	2 mm 非磁性材料

检测结果如表 3-4 所示。

表 3-4 检测结果汇总

检测方法	缺陷数量	缺陷类型	缺陷评估
漏磁+测厚	78	内壁腐蚀	最小剩余壁厚 2 mm,评定最大缺陷严重程度为 60%
PAUT+渗透	136	裂纹、原始缺陷	焊缝裂纹 13 道;气孔/未融合/咬边等原始缺陷

3.3.3 案例三:某沥青有限公司 T4101C 储罐漏磁检测

(1)打开储罐底板漏磁检测仪电源开关,预热 10 min。

(2)根据底板厚度调节探头提离值,以保证检测结果的准确性。

(3)根据检测方案,建立储罐底板编号系统,如图 3-37 所示。

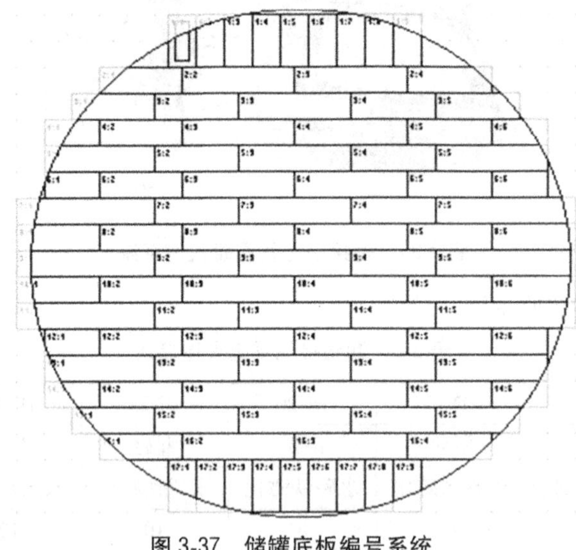

图 3-37 储罐底板编号系统

(4)检测时一般应使仪器沿底板的长轴方向进行扫查,并在长轴两端距底板边沿等于磁场探头宽度的端部区域沿底板短轴方向进行一次扫查,如有必要,也可对整个底板进行短轴方向扫查。

(5)确定扫描模式,进行检测。

①扫描检测中应确认相邻扫描带之间的有效重叠,确保不引起漏检,从而影响检测结果。

②检测时应根据用户的要求确定需报警的缺陷当量深度,在探测到超过此深度的缺陷信号时,仪器应报警;对于出现报警的部位,应在垂直原扫查方向 90°的方向或其他多

个方向进行再扫查验证，以确认是否为真实缺陷；若确定为真实缺陷，检测人员则应将发现的缺陷位置在底板和图纸上分别做出标识。

(6) 检测结果汇总图如图 3-38 所示。

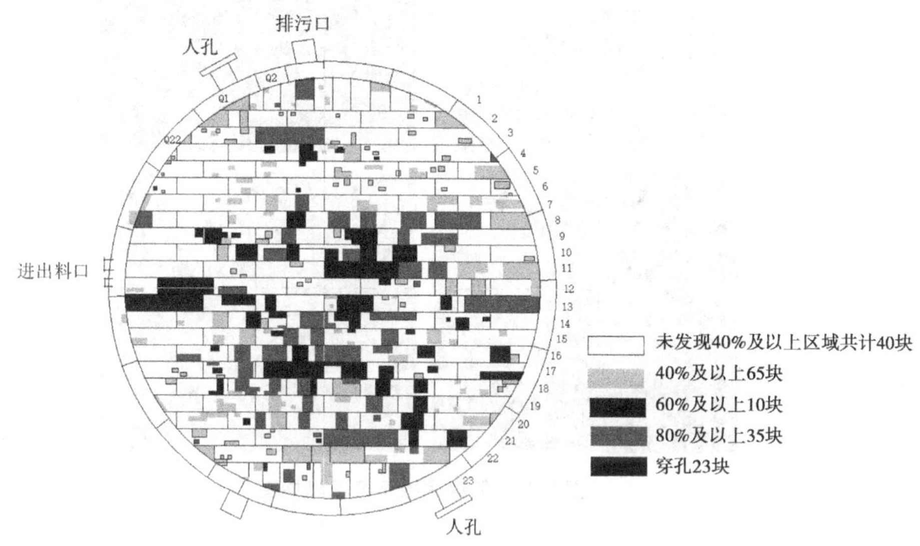

图 3-38　检测结果汇总

22 块边缘板，有两块有超过板厚 40% 缺陷；151 块中幅板，有 23 块穿孔；80% 缺陷 35 块。

储罐底板局部防腐脱落，储罐表面肉眼可见大量腐蚀坑，如图 3-39 所示。

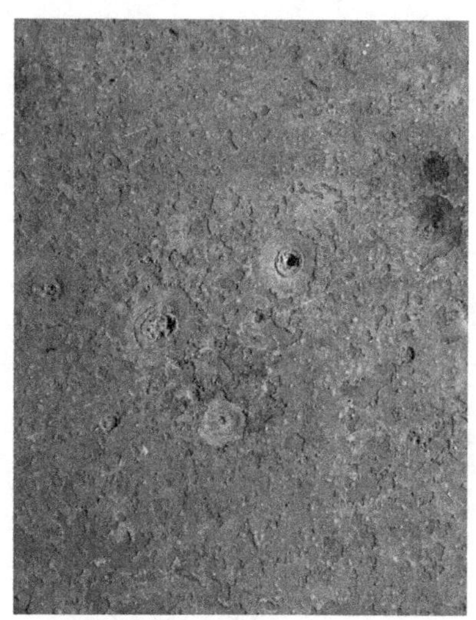

图 3-39　储罐表面腐蚀坑

储罐底板普遍存在严重下表面腐蚀，如图 3-40 所示。

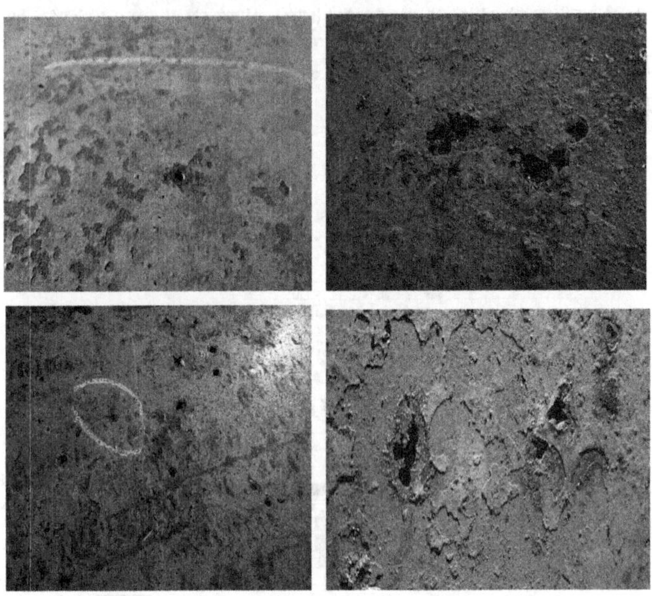

图 3-40　储罐底板下表面腐蚀图

第 4 章　射线数字成像检测技术应用及案例

4.1　射线数字成像检测技术研究进展历程

4.1.1　射线检测原理

4.1.1.1　X 射线和 γ 射线

X 射线和 γ 射线与无线电波、红外线、可见光、紫外线等属于同一范畴，都是电磁波。

X 射线和 γ 射线波长比可见光短，能量比可见光高，穿透能力强，可以穿透金属工件，对其进行检测。

4.1.1.2　X(γ) 射线的性质

(1) 在真空中以光速直线传播。

(2) 不带电，不受电场、磁场的影响。

(3) 在媒质界面只能发生漫反射，而不是可见光那样的镜面反射，折射方向几乎不改变。

(4) 可以发生干涉和衍射现象（在铝合金和不锈钢中产生衍射斑纹）。

(5) 不可见，能穿透不透明的物质。

(6) 穿透物体时会与物质发生复杂的物理和化学作用，如电离等。

(7) 具有辐射生物效应，杀死杀伤生物细胞。

4.1.1.3　X 射线的产生

X 射线在 X 射线管中产生，X 射线管是一个具有阴极和阳极的真空管，在阴极和阳极间加上很高的电压，阴极发射电子，在阴、阳极的高压电场中获得动能高速飞向阳极，阳极阻挡电子使电子骤然间失去动能，失去的动能大多数转为热能，少数转为 X 光子向外辐射，称为初致辐射或停速辐射。

4.1.1.4　X 射线用于检测的特点

(1) 能量高，穿透能力强。

(2) 穿透工件时与工件作用，发生吸收和散射。

(3) 可以使胶片感光，或被 IP 板和阵列探测器接收，得到数字图像。

4.1.1.5　射线与物质的作用

射线穿过物体时，一部分直接穿透物体，一部分被物体吸收，还有一部分改变原有方向继续传播（散射），主要的作用有四大效应：光电效应、电子对效应、瑞利散射和康普顿效应。其中，光电效应和电子对效应是吸收，瑞利散射和康普顿效应是散射。

4.1.1.6　射线检测原理

射线在穿透物体过程中会与物质发生相互作用，因吸收和散射而使其强度减弱，强度减弱度相关于物质的衰减系数和射线在物质中穿过的厚度,如果被透照物体的局部存在缺陷,且构成缺陷的物质的衰减系数又不同于物体的衰减系数。该局部区域的透过射线强度就会与周围产生差异。

数字射线成像检测技术与传统射线胶片照相技术的区别,主要体现在射线的接收器件和显示方式上。

胶片照相技术:以胶片为射线的接收器件,把胶片放在适当位置,使其在透过射线的作用下感光,暗室处理后得到底片,通过观片灯对底片进行观察和测量,底片上各点的黑化程度(黑度)相关于射线照射剂量(射线强度和照射时间的乘积)。

数字射线成像检测技术:以 IP 板或数字阵列探测器(线阵列或面阵列)作为射线接收器件,直接(线阵列或面阵列)或间接(对 IP 板进行扫描)得到数字图像,在计算机屏幕上对图像进行观察和测量,图像上的各点灰度值相关于射线照射剂量(射线强度和照射时间的乘积)。

4.1.2 射线数字成像检测发展历程

4.1.2.1 常见的射线检测技术

(1)射线胶片照相技术(底片数字化技术)。

(2)实时成像技术。

(3)计算机辅助成像技术。

(4)数字阵列检测技术。

(5)计算机层析成像技术。

(6)康普顿背散射技术。

4.1.2.2 射线检测数字化

(1)检测速度快,DDA 可即时显示结果。

(2)所需剂量小,信比高。

(3)后期处理空间大,显示更多样、更直观,评价更准确。

(4)传递、存储、查询方便,保存期长。

(5)动态范围、宽容度大,更容易选择工作参数,重复性好,可以显示更多细节。

4.1.2.3 射线数字成像检测发展历程

德国物理学家威廉伦琴,在 1895 年发现的 X 射线,被认为是 19 世纪的重大发现之一,这种“新光线”首先被应用于检查骨折和确定枪伤中子弹的位置。尽管 X 射线最初被医学使用,但该新技术的理论也被应用到无损检测领域。例如,早期锌板的 X 射线,就预示了应用于焊接质量控制的可能性。

射线数字成像检验技术几乎与胶片射线照相技术同时发展,主要发展过程如图 4-1 所示。早期主要是荧光屏实时成像系统,目前应用的射线实时成像检验系统有多种,主要是图像增强器实时成像检验系统,我国一些工业部门从 20 世纪 70 年代开始引入图像增强器射线实时成像检验系统,目前主要应用于轮胎铸造汽车轮,蒸汽锅炉过热器、省煤器及水冷壁系统等的小管径对接焊缝检验,对液化气钢瓶对接焊缝的图像增强器射线实时成像检验与胶片射线照相检验做了大量对比和总结,形成了气瓶对接焊缝的图像增强器射线实时成像检验技术,并制定了相应的国家标准。高能射线实时成像检验系统可用于大厚度工件的检验。

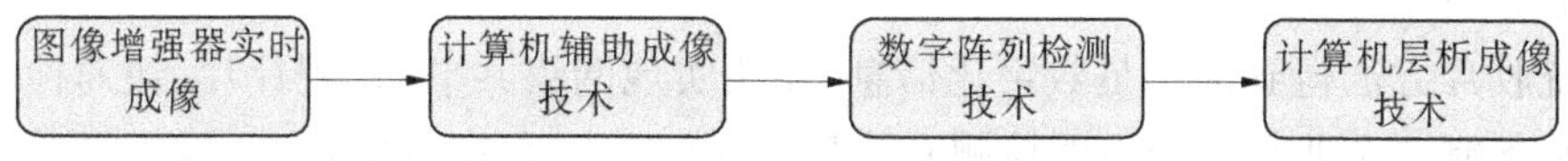

图 4-1　射线数字成像检测发展历程

20 世纪 80 年代引入了计算机辅助成像技术(CR),X 射线成像发生了巨大的变化。CR 提供了有益的计算机辅助和图像辨别、存储和数字化传输,剔除了胶片的处理过程,节省了由此产生的费用和环境污染。

在 20 世纪 90 年代后期,X 射线数字阵列检测技术出现,该技术与胶片或 CR 的处理过程不同,采用 X 射线图像数字读出技术,真正实现了 X 射线无损检测技术的自动化。除不能进行分割和弯曲外,数字探测器能够与胶片和 CR 有同样的应用范围,可以被放置在机械或传送带位置,检测通过的零件,也可以采用多配置进行多视域的检测。在两次照射期间,不必更换胶片和存储荧光板,仅仅需要几秒钟的数据采集,就可以观察到图像,与胶片和 CR 的生产能力相比,有了巨大的提高。

1995 年,CMOS 活性像元探头诞生, CMOS (complementary metal oxide silicon)是互补金属氧化硅半导体,由许多集成的记忆芯片构成,由美国 NASA 宇航中心加利福尼亚技术研究所喷气推进实验室的三名工程师发明。2000 年, CMOS 射线探测器诞生。

工业 CT 技术是工业计算机断层扫描成像(industrial computed tomog raphy)技术的简称,1917 年由 Randon J. 提出,但直到 1970 年中后期才开始大量应用于无损检测。近年来,随着计算机科学的进步及探测器技术的发展,工业 CT 的性能逐年提高,目前工业 CT 作为一种实用化的无损检测手段,正逐渐从满足一般工业应用的低能工业 CT,向满足大型复杂结构件检测需求的高能工业 CT 技术发展。广泛应用于航空航天、核能、军事等多种领域,以及在制造业的无损测绘与分层设计制造等方面。20 世纪 80 年代我国已开展了 CT(计算机层析成像)技术的理论和试验研究工作。

4.1.3　射线数字成像检测的定义和分类

4.1.3.1　射线数字成像检测的定义

射线透照物体,衰减后的射线光子由成像器件接收,把射线光子转换成电信号,经过一系列的转换变成数字信号;再经过放大和 A/D 转换等,通过计算机处理,以数字图像的形式输出在显示器上;泛指用数字探测器(DDA)或成像板(IP)代替传统胶片接收穿过工件后的射线,以数字信号显示图像的技术。

射线数字成像检测在透照的原理上(与工件的作用),与胶片照相一致,不同的是:

(1)接收射线的器件与胶片照相法不同。

(2)对接收到的射线信息处理技术不同。

胶片照相技术:胶片感光—潜影—暗室处理—观片灯观察。

数字成像检测:DDA(IP)接收光子—计算机处理—数字图像—显示器观察。

4.1.3.2 射线数字成像检测技术分类

常用的数字成像技术分为以下五类。

1. 底片数字化技术

传统胶片方法得到的不是数字化信息,无法实现网络共享(远程评片、快速检索等)。一般的装备制造企业每年产生的检测底片数以 10 万计,存在着保存难、成本高等一系列问题,底片数字化技术可以对传统胶片进行扫描,获得数字化的检测图像,有利于存储、检索、查询及流转。主要有三种方法:

(1)激光点扫描方法。

(2)线阵 CCD 扫描方法。

(3)面阵 CCD 扫描方法。

表 4-1 为部分底片扫描仪的技术参数。

表 4-1 国外典型工业底片扫描仪主要技术参数

项目	柯达数字化系统	GE fs50b	Array 2905
图像位数	12	12	12
照明系统	氦氖激光	氦氖激光	氦氖激光
底片规格类型	宽度 14 in	宽度 2.4 in 至 14 in	宽度 364 mm,长度无限制,支持多张混合尺寸扫描
可透扫底片黑度	0.03 到 0.85	0.05 到 4.7	0.00 到 4.00
扫描速率	75 线/s	(14×17 in 底片) 7 s 速度模式 200 μm 120 s 质量模式 50 μm	(14×17 in 底片) 6 s,点距 200 μm
分辨率	最大 5 LP/mm	50~150 μm,按 1 μm 步进	50~150 μm,1 μm 可调

注:1 in=2.54 cm。

底片数字化扫描系统工作方式类似于普通扫描仪,其特殊之处在于:

(1)底片扫描不采用反射式扫描而都采用透射式扫描。

(2)由于底片黑度高,扫描光源必须保证有足够透过光亮度。

(3)传输系统必须保证足够的精度。

(4)扫描得到的数字图像必须保证足够的空间分辨率和灰度分辨。

2. 计算机辅助成像技术

CR(computed radiography)技术是数字射线照相技术中一种新的非胶片射线照相技术。诞生于 20 世纪 80 年代,采用存储荧光成像代替胶片完成射线检测,使用了一个与胶片暗盒相似的存储荧光板代替了胶片,采用激光扫描仪扫描替代暗室处理,实现了真正的数字化检验缺陷识别、数字化传输和存储。

1)计算机辅助成像原理

CR 图像存储板基光物质具有保留潜在图像信息的能力。曝光后,存储板隐藏了射线能量的图像,将存储板移至读出器上,当存储板被激光扫描,以与曝光量相等的比例释放光线,光电二极管阵列采集光线并转化成数字值,经过优化处理,以图像显示在计算机的屏幕上。存储在板上的图像可以删除,因此该存储板能够被重复使用几千次,如图 4-2 所示。

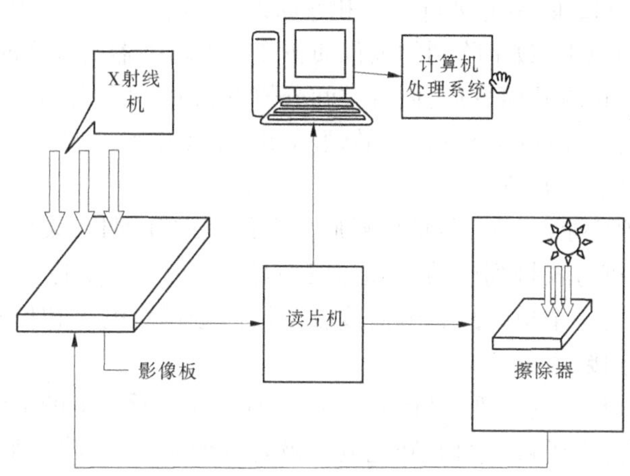

图 4-2　计算机辅助成像技术

2)计算机辅助成像设备

除与胶片照相同样的设备(如射线源)外,还包括:

(1)成像板(IP)。

(2)扫描装置(包括进片机械驱动)。

(3)擦除装置成像控制显示单元(计算机及其软件)。

(4)存储单元。

其关键部件是成像板(IP)和扫描仪。

扫描仪原理:将 IP 板置入 CR 读出设备内用激光束扫描该板,在激光激发下(激光能量释放被俘获的电子),光激发荧光中心的电子将返回它们的初始能级,并产生可见光发射(蓝色的光)。激发出的蓝色可见光被自动跟踪的集光器(光电接收器)收集,再经光电转换器转换成电信号,放大后经模拟/数字转换器(A/D)转换成数字化影像信息,送入计算机进行处理,最终形成射线照相的数字图像,并通过显示器荧光屏显示出人眼可见的灰阶图像供观察分析。

3)计算机辅助成像(CR)的特点

(1)除后续图像处理过程和方法与胶片照相法不同,其他相同。

(2)由成像板(IP)代替了胶片,免去暗室处理过程,无环境污染。

(3)图像灵敏度高(动态范围、信噪比)。

(4)检测效率高。

(5)成像板(IP)可反复使用。

(6)图像分辨力略低。

(7)一次性投入较高。

3. 数字阵列检测技术

数字阵列检测技术(Director Digital Panel Radigraphy)是近些年才发展起来的全新的数字化成像技术,数字阵列技术与胶片或 CR 的处理过程不同,在两次照射期间,不必更换胶片和存储荧光板,仅需要几秒钟的数据采集,就可以观察到图像,检测速度和效率大大高于胶片和 CR 技术。除不能进行分割和弯曲外,数字阵列技术与胶片和 CR 具有几乎相同的适应性和应用范围,数字阵列的成像质量比图像增强器射线实时成像系统好很多,不仅成像区均匀没有边缘几何变形,而且空间分辨率和灵敏度要高很多。

数字阵列技术有非晶硅(a-Si)和非晶硒(a-Se)和 CMOS 三种。

1)数字阵列检测技术原理

(1)非晶硅数字阵列结构如下:玻璃衬底的非结晶硅阵列板,表面涂有闪烁层——碘化铯,其下方是按阵列方式排列的薄膜晶体管电路(TFT)。TFT 像单元的大小直接影响图像的空间分辨率,每一个单元具有电荷接收电极信号存储电容和信号传输器。通过数据网线和扫描电路连接。

光子首先撞击其板上的闪烁层(碘化铯),该闪烁层以所撞击的射线能量成正比的关系发出光电子,这些光电子被下面的硅光电二极管阵列采集到,将它们转化成电荷,再将这些电荷转换为每个像素的数字值。扫描控制器读取电路将光电信号转换为数字信号,数据经处理后获得的数字化图像在显示器上显示。由于转换 X 射线为光线的中间媒体是闪烁层,因此被称为间接图像方法。

非晶硅间接转换平板探测器的空间分辨率较高(≥4.5 LP/mm),目前有能力将像素间距点制作的足够小,从而来提高系统分辨率,但由于受射线能量的限制,多数平板探测器的像素间距为 0.1~0.2 mm;像素个数一般在 100 万或以上,帧频可达到实时显示;动态范围≥12 bit,目前可达 16 bit(灰度级为 216=65 536 级)。因采用数字传输和接收,噪声比较低,受环境因素的影响小,可在恶劣的环境条件下正常工作;器件老化速度慢,因此使用寿命较长;体积小、质量轻,很容易集成到系统中,但价格较高。

闪烁体材料:钨酸镉 $CdWO_4$、碘化铯 CsI、硫氧化钆 Gd_2O_2S。

(2)非晶硒(a-Se)成像原理:非晶硒数字阵列结构和非晶硅有所不同,其表面不用碘化铯闪烁层,而直接用硒涂层。

光子撞击硒层,硒层直接将 X 射线转化成电荷,然后将电荷转化为每个像素的数字值,故该技术也叫直接图像法,扫描控制器读取电路将光电信号转换为数字信号,数据经处理后获得的数字化图像在显示器上显示。

非晶硒和非晶硅的主要区别在于没有使用闪烁体,而是通过非晶硒材料直接将 X 射线转变为电信号,减少了中间环节,因此图像没有几何失真,大大提高了图像质量。转换效率高,动态范围广,空间分辨率高,锐利度好。但其也有些缺憾,如对环境要求高[温度范围小,容易造成不可逆的损坏,存在疵点(区域)等],另外由于探测器暴露在 X 射线下,其抗射线损坏的能力相对较差。此外,在提高 DDR 的响应时间时需要克服一定的技术障碍,而且成本较高。

半导体转换材料:非晶硒 a-Se、碲化镉 CdTe。

(3)CMOS 成像原理。

当 X 射线穿过被照体时，形成强弱不同的 X 射线束，该 X 射线束入射到探测器荧光层，产生与入射 X 射线束相对应的荧光。由光学系统将这些荧光耦合到 CMOS 芯片上。再由 CMOS 芯片光信号转换成电信号，并将这些电信号储存起来，从而捕获到所需要的图像信息，所捕获到的图像信息经放大与读出电路读出并送到图像处理系统进行处理。CMOS 平板探测器具有寿命长、温度范围大、填充系数高、灵敏度高等优点，由于目前 CMOS 的像素尺寸可以做到 96 mm 或 48 mm，因此相对于上面两种，其分辨率要好很多，可以达到 101 p/mm，但容易出现杂点且成像速度慢。

2）数字阵列检测技术设备器材

除使用阵列探测器代替胶片（IP）外，增加了检测用传动设备（工装）。

3）数字阵列检测技术特点

（1）由数字探测器代替胶片（IP），减少环境污染（提高检测效率）。

（2）图像灵敏度高（动态范围、对比度、宽容度）。

（3）检测效率很高，容易实现自动化。

（4）图像分辨力低。

（5）探测器无法弯曲。

（6）一次投入大。

4. 计算机层析成像技术（CT）

射线照相技术可以使人们了解物体内部的大部分信息。但由于照相技术提供的只是二维图像，该图像等同于将物体内部信息沿射线透照方向叠加而成的图像，如图 4-3 所示。

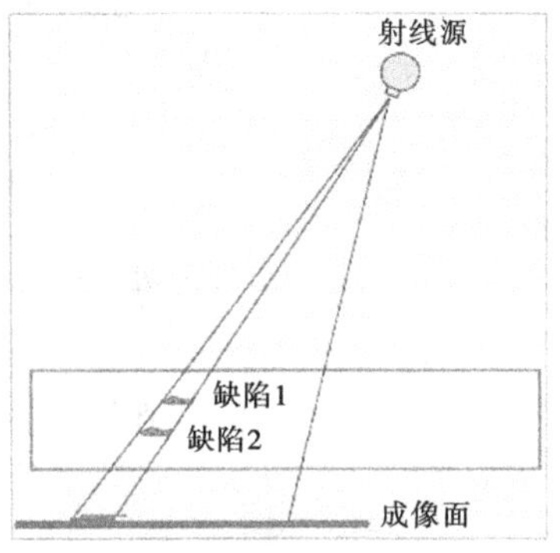

图 4-3　射线成像原理

1）计算机层析成像技术原理

计算机层析成像技术（CT）的核心任务，是完成物体横截面射线衰减系数二维分布函数的一次 Radon 正、逆变换。Radon 正变换是为了得到某一函数的投影，Radon 逆变换则是利用投影再现该函数，射线工业 CT 技术正是基于此原理。它将被检试件介质射线衰减系数分布作为待再现的函数，以 X 射线源、探测器及旋转检台等装置组成的物理系统扫描被检试件实现 Radon 正变换，以计算机数字系统利用一定的重建算法实现 Radon 逆变换。

计算机层析成像技术的主要目的有两个：一是得到被检工件衰减的数字投影序列，二是由投影序列再现射线衰减分布的图像。

3D-CT 使用锥束射线对工件进行一次扫描，可以获得三维重建图像，真实地全息再现工件内部信息，如图 4-4 所示。

2）计算机层析成像技术设备器材

CT 系统由射线源、扫描机架、数据采集系统、计算机控制部分、操作台、显示与记录系统等组成。可选的有滤波装置、准直器等，如图 4-5 所示。

3）计算机层析成像技术的特点

（1）更精确地检测出材料和工件内部的细微变化，精确定位定量。

（2）消除了射线照相可能导致的失真和重叠。

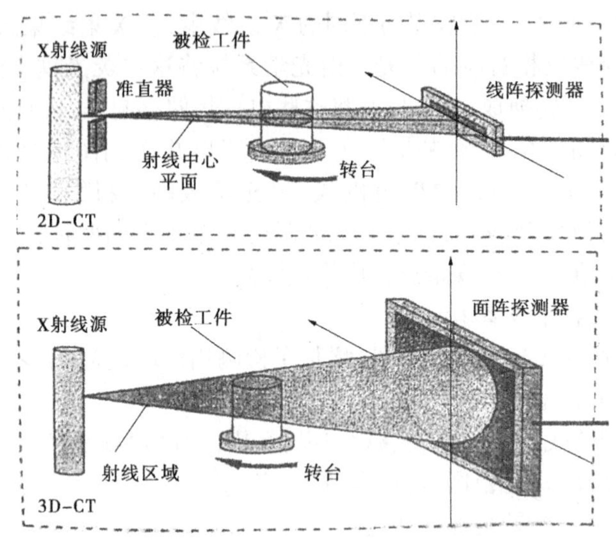

图 4-4　3D-CT 层析成像技术

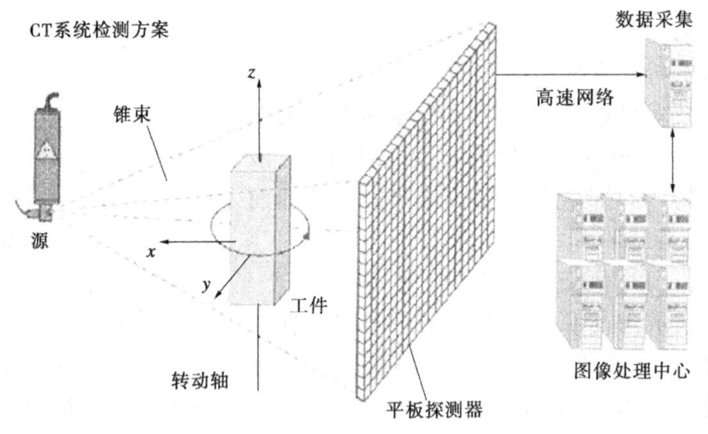

图 4-5　CT 系统

(3)大大提高了缺陷识别率。

(4)图像质量不仅与透照参数有关,还与扫描方式,重建算法、坐标原点修正算法、校正算法有关。

(5)对控制系统精度、稳定性要求高。

5. 康普顿背散射技术(CBS)

1)康普顿背散射技术(CBS)原理

康普顿背散射技术(CBS)(见图 4-6)是一种反射式 CT,散射线强度随着辐射的能量增大或散射体原子序数的减小而增大,对原子序数较低及低密度材料的检测可获得比透射成像更高的图像对比度。

射线源与探测器位于工件的同侧,解决透射式 CT 的一些问题(例如被检物体结构限制无法进行透射成像),如图 4-7 所示。

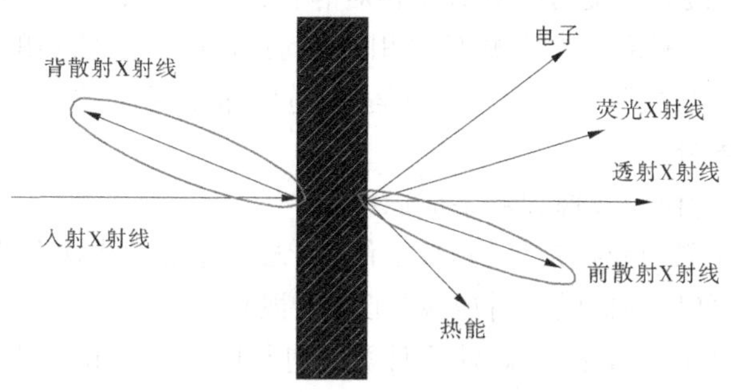

图 4-6　康普顿背散射技术

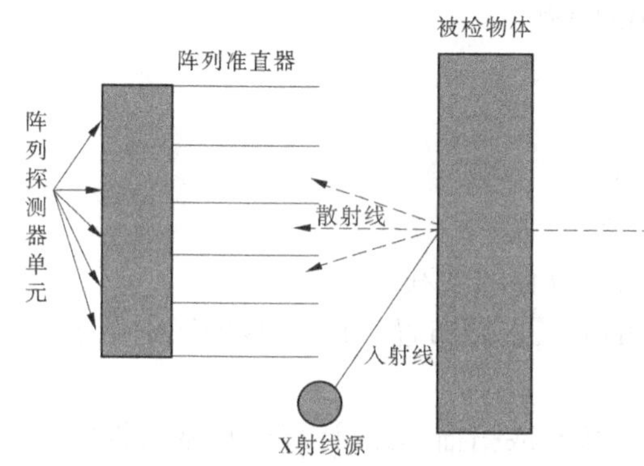

图 4-7　X 射线源与探测器位于工件同侧

2）康普顿背散射技术（CBS）的特点

（1）背散射信号微弱，检测困难，效率低。

（2）可检测大工件。

（3）低原子序数（吸收系材料检测灵敏度高）。

（4）测量密度和厚度的绝对值。

（5）快速扫描检测大缺陷，慢速扫描检测小缺陷。

（6）扫描速度一定时，可通过调节空间分辨率来提高深度分辨率。

与常规 CT 技术相比：

（1）可提供多层深度信息，直接三维成像，不需要数据重构。

（2）整体工件三维扫描时间长，效率低。

（3）要求具有高效率的准直器和高精度的几何单元。

4.1.4　射线数字成像的特点

射线检测的成像可进行如下分类。

4.1.4.1　按检测系统与工件的相对运动状态分

按检测系统与工件的相对运动状态分为静态成像和动态成像两类。

(1)静态成像:指检测系统与检测对象相对静止,如胶片照相、CR、DDA(步进成像)。

(2)动态成像:指检测系统与检测对象相对运动,且以一定帧频的采集速率,实现连续透照成像,检测系统与检测对象相对连续运动,连续采集成像,如 DDA、CT。

4.1.4.2　按成像结果分

按成像结果可分为模拟成像和数字成像两类。

模拟成像:检测结果为模拟信号,非数字信号,无法直接用计算机进行后续处理,包括胶片照相法和基于图像增强器的实时成像(工业电视)。

数字成像:检测结果为数字图像,使用计算机进行图像采集和后续处理,包括:

(1)直接数字成像技术:CCD、CMOS、非晶硅和非晶硒等。

(2)间接数字成像技术:CR 技术(IP+扫描仪)。

(3)后数字化成像技术:底片数字化。

4.1.4.3　射线数字成像的特点

数字成像的特点是:

(1)无环境污染。

(2)实时性好,效率高。

(3)后续处理手段丰富。

(4)数字图像的交互性、存储的便利性好。

数字成像与胶片照相相比,透照布置一致,组成的区别在于:

(1)成像器件不同。

(2)增加了硬件(机械传动或扫描单元、计算器和显示器)。

(3)增加了检测系统(计算机图像采集、显示、处理及硬件控制)。

(4)减少了暗室处理环节。

(5)用显示器代替观片灯进行观察。

其成像的效果也有区别,数字成像技术相比于胶片照相:

(1)图像对比度,倍噪比大大提高。

(2)宽容度大,动态范围大。

(3)后期处理手段丰富,空间大。

(4)(DDA 技术)曝光时间短,效率高。

(5)交互性好,查询、检索、储存方便。

数字成像技术中常见的 CR 技术相比于 DDA 技术,有以下不同:

(1)CR 技术 IP 板可弯曲,相比刚性的 DDA 更容易紧贴工件,检测效果更好。

(2)分辨率接近胶片,高于 DDA 技术。

(3)IP 板可重复使用,但相比 DDA 技术增加了扫描环节,效率相对较低。

(4)扫描仪性能(和 IP 板的结构噪声)是影响 CR 系统的主要因素。

数字成像技术中常见的 DDA 技术相比于 CR 技术,有以下不同:

(1)DDA 不可弯曲,且有一定厚度,在役检测时受现场环境和工况限制。

(2)像素尺寸限制了系统的分辨率,以及可承受的射线剂量。

(3)像素影响成像,需要校正。

(4)探测器的不一致性,需要校正。

4.2　检测技术基本理论

射线数字成像技术采用线阵列或面阵列数字探测器、IP、激光扫描仪等,利用计算机技术,把穿透被检工件的射线光子转化为数字图像,实现检测影像的数字化。其中涉及的数字成像检测基础理论是理解数字射线成像与检测技术的基础,同时采用数字图像处理技术实现缺陷的定位、测量和评判。

4.2.1　成像过程基本理论

4.2.1.1　成像过程

数字成像系统的成像过程(见图4-8)一般可概括为:成像系统(包括成像设备、器材和技术)对输入做出响应、给出输出的过程。即检测对象实物作为成像系统的输入,数字图像作为成像系统的输出。

图4-8　成像基本过程

实际射线检测中,射线源不是点源,系统成像是被检工件经过非点源的射线投影系统后的输出。射线数字成像系统同其他成像系统一样,系统输出的图像是被检工件原始信息经过系统点扩展函数或调制传递函数调制之后形成数字图像。

点扩展函数(Point Spread Function,PSF):描述了一个成像系统对一个点光源(物体)的响应,是光学系统对点源解析能力的函数。点源在经过任何光学系统后都会由于衍射而形成一个扩大的像点,通过测量系统的点扩展函数,能够更准确地提取图像信息。

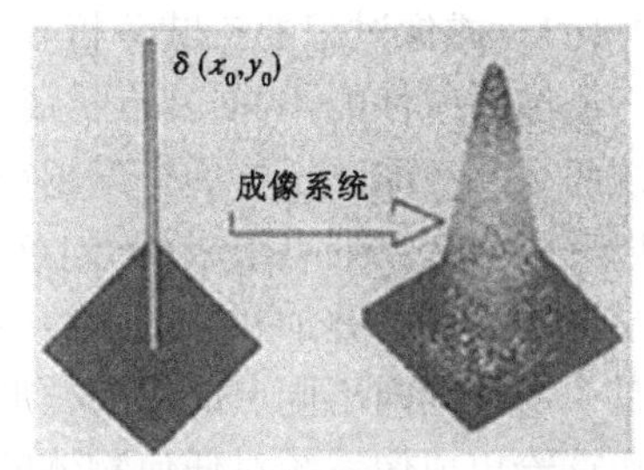

图4-9　成像系统的点扩展函数PSF

图4-9是对一个无穷小的点目标成像所获得的图像。

调制传递函数(Modulation Transfer Function,MTF):一般通过光学系统输出像的对比度总比输入像的对比度小,这个对比度的变化空间频率特性有着密切的关系,把输出像与输入像的对比度之比称为调制传递函数,MTF=输出图像的对比度/输入图像的对比度,因为输出图像的对比度总小于输入图像的对比度,所以MTF值介于0~1。图4-10给出了F曲线的样式。

X 射线数字成像系统同其他成像系统一样,系统输出的图像是被检工件原始信息经过系统点扩展函数或调制传递函数调制之后的图像。

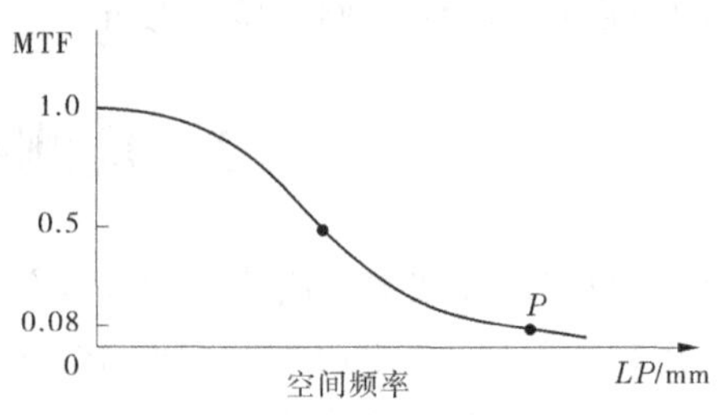

图 4-10　调制传递函数曲线样式

PSF 揭示了系统结构及参数与成像质量(如图像对比度、空间分辨率等性能指标)的内在联系即任何一个成像系统都可由它的二维点扩展函数完全确定,也是对检测系统设计分析和成像性能评定的基础。在线性系统中,任何一个成像系统可有效地看作一个空间频率滤波器,它的成像特性和像质评价,能以物像之间的频率之比来表示。这种频率对比特性,就是 MTF。MTF 是空间频率的函数,是对线性成像系统或其环节空间频率传输特性的描述,综合反映了成像的对比度和空间分辨率情况,可用作单纯图像所包含信息量的评价指标。

4.2.1.2　线性移不变系统

不同成像系统,由于设备、器材和技术等的差异,使成像系统具有不同特性,成像过程具有不同特点。线性移不变系统是最常用的系统,也称为线性空间不变系统。

线性移不变系统的输出响应与输入信号之间呈线性关系,满足叠加性与齐次性。线性移不变系统具有的基本特征是:

(1)两个或两个以上输入信号的总输出等于该系统分别对其中各个输入信号的输出之和(即叠加性,线性)。

(2)当输入信号做坐标平移时,输出信号形式不变,仅是同时平移一定坐标(即齐次性,移不变)。

很多成像系统都是线性移不变系统,或至少在局部成像区域内可视为这样的系统。这样的系统的特性易于用数学表达,输入信号与输出信号之间存在简单的运算关系,便于实现许多信号处理功能。

4.2.1.3　成像过程的空域分析

成像系统性能不同,其点扩展函数不同,点扩展函数的形状和扩展的宽度表征了成像系统的基本性能。点扩展宽度越小,分布形状越尖锐,系统成像质量越好。任何物体,都可以看成由一系列点组成(不同点具有不同的强度分布),因此线性系统对某物体成像时应是各个点像的叠加和。图 4-11 为两个分开的点成像的情况,这时图像上的任一点,实际是一定范围内不同点成像的叠加效果。只要掌握了成像系统的点扩展函数,就可以通过运算给出成像系统对任何物体的输出图像,从而确定成像系统对任意物体的成像情况。

4.2.1.4　成像过程的频域分析

观察灰度分布来描述一幅图像称为空间域,观察图像变化的频率被称为频域。

任何一个波形都可以分解成多个正弦波,每个正弦波各自具有不同的频率和振幅。一个波形信号可以视为由多个不同频率和振幅的正弦波集合。以空间频率为自变量描述图像的特征可以将一幅图像像元值在空间上的变化分解为具有不同振幅、不同空间频率和相位的简振函数的线性叠加,图像中各种空间频率成分的组成和分布称为空间频谱。

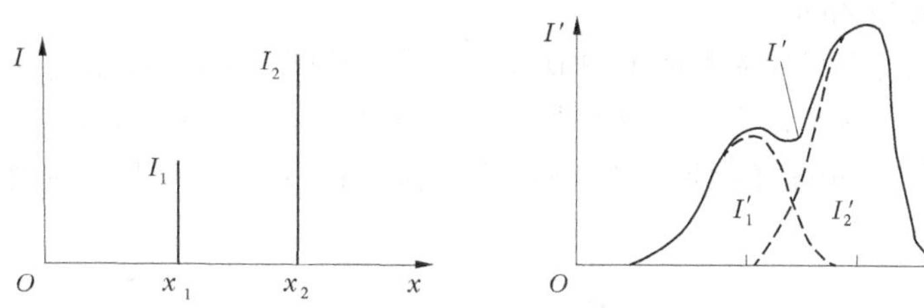

图 4-11　两物点成像的相互影响

这种对图像的空间频率特征进行分解、处理和分析称为空间频率域处理。图像的频率域是图像像元的灰度值随位置变化的空间频率,以谱表示信息分布特征,通过傅立叶变换能把数字图像从空间域变换到只包含不同频率信息的频率域。

空域分析成像系统的成像过程是一个复杂的运算过程,在频域中利用 MTF 分析系统的成像过程则更简便、有效。

空间频率是空间频域的一个基本概念,其意义是一个细节在空间区域的重复频率。

图 4-12 给出了在空间按一定规律分布的线条,涂黑部分为线条实体,线条实体的宽度为 P,两线条间空隙的宽度等于线条宽度 p,这是物体在空间的一种周期重复分布情况。如果用光照射该组线条,理想情况下可得到图 4-12(a)所示的光强分布,是在空间周期分布的信号。

将图 4-12(a)转化为图 4-12(b)描述,空间分布信号的重复间距 $2p$ 称为空间周期,单位一般用毫米(mm)表示。单位距离所含的周期数称为空间频率,单位一般用“线对/毫米(LP/mm)”表示。空间频率可理解为单位距离内所含的线条与空隙对数,即“线对”数。空间频率若记为 f,则其与空间周期的关系为:

$$f=\frac{1}{2p}$$

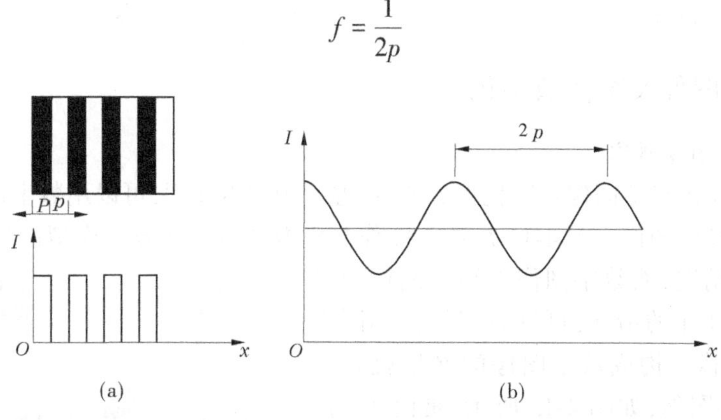

图 4-12　空间频率概念

在射线检测技术中,在空间按周期重复分布的典型细节为丝(或线条)。丝与丝(线条)间的空隙组成线对,空隙的宽度等于丝的直径(线条宽度)。这时,空间频率 f 为单位距离内所含线对数量,即线对数。对于像素尺寸为 P(mm)的数字图像,其空间频率 f 为:

$$f=1/2p \tag{4-1}$$

例如,当一幅数字图像的像素尺寸 p 为 0.2 mm 时,该数字图像的空间频率为 $f=1/2p=$

1/(2×0.2)= 2.5(LP/mm)。

在数字图像中,空间频率表征了细节特征在单位长度上的重复次数,反映了图像灰度值变化的剧烈程度,图 4-13 是图像中不同空间频率的频谱,频率从低频部分的 2、4 到 32 的高频,可以看到,低频图像背景平坦、灰度大范围缓慢变化,高频图像更细小、灰度变化也更剧烈。

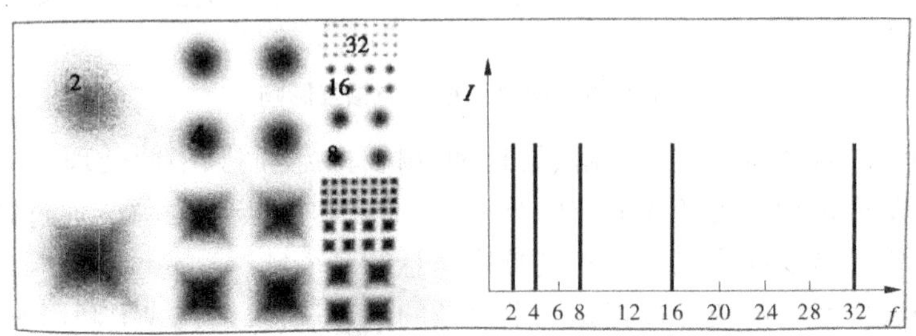

图 4-13　图像中频率的频谱

从空间频率的概念考虑,任何物体都可理解为包含着不同空间频率的组成部分。物体的轮廓、物体中的不同结构、物体中的细节(如存在的缺陷)等,按照它们的尺寸,可对应不同空间频率。一般来说,物体的轮廓(大面积区块)形成空间频率的低频部分,物体的不同结构部分形成空间频率的中频部分,物体的细节(线条突变,如细节、边缘、缺陷等)形成空间频率的高频部分。

调制传函体给出了成像系统对不同空间频率成像后调度改变的情况,细节尺寸越小,对应的空间频率越小,MTF 输出值越低。图 4-10 显示了 MF 输出值随空间频率的增大而减小的趋势,由于任何成像器件存在可识别的调制度阈值,因此成像系统存在可识别的最高空间频率,也即存在可识别的细节最小尺寸。由此可理解,对任何检测技术,都存在可检测缺陷的最小尺寸。

4.2.2　数字图像及图像数字化

4.2.2.1　数字图像概念

数字图像是由模拟图像数字化得到的,以像素为基本元素,可以用数字计算机或数字电路存储和处理的图像。图 4-14 是数字图像与模拟图像的比较。模拟图像给出的是物体连续变化的情况,而数字图像以矩形网格给出物体特性阶跃变化的情况,可见数字图像不同于常规的模拟图像。构成数字图像的网格就是像素,对二维数字图像,如图 4-15 所示,是由 M 行、N 列(MN)个像素构成的一个矩阵,其位置和强度都是离散的。每个像素是图像的一个尺寸大小固定的小区间,在该区间内具有单一的幅值,这是数字图像的基本特点。

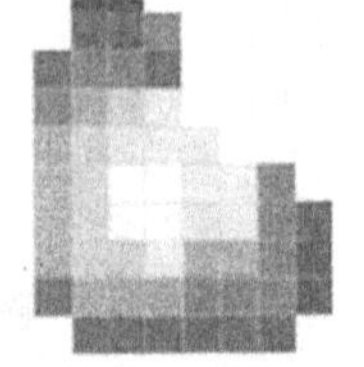

(a)数字图像

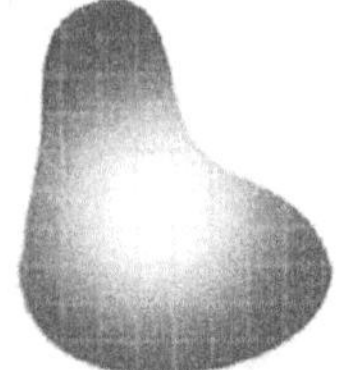

(b)模拟图像

图 4-14　数字图像与模拟图像的比较

1. 像素(pixel)

像素是数字图像的基本单元,是在模拟图像数字化时对连续空间进行离散化得到的每个像素尺寸大小固定、具有整数行和列的位置坐标[x,y],同时每个像素都具有整数灰度值或颜色值。

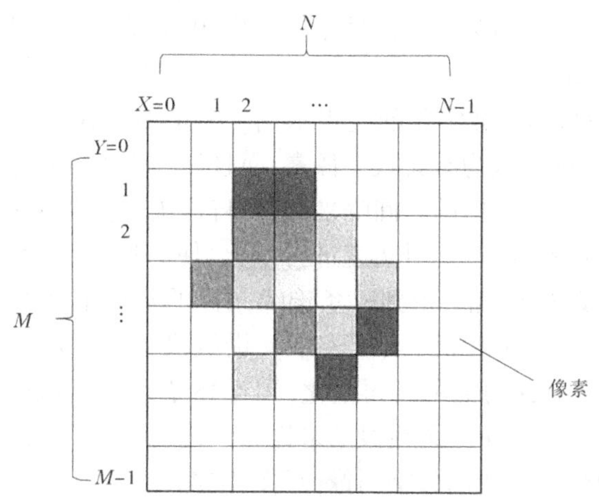

图 4-15　数字图像和像素

在完成图像信息数字化后,整个数字图像的输入、处理和输出过程都可以在计算机中完成,它们具有电子数据文件的所有特性。

2. 灰度(gray value)

射线数字成像技术得到的图像一般是灰度图像。灰度实际就是亮度,是人眼对亮度的反映。灰度图像与黑白图像不同,在计算机图像领域中,黑白图像只有黑色与白色两种颜色,而灰度图像则在黑色与白色之间还有多级的颜色深度。

灰度以黑色为基准色,不同饱和度的黑色为灰度。白色为 0%,黑色为 100%,白色与黑色之间的分级,为不同数值的灰度值。图 4-16 是不同的灰度分级示意图,图 4-17 是黑白图像与不同灰度分级的图像对比,可以看到,灰度图像比黑白图像提供更多的图像层次,灰度分级越多,图像的细节越清晰。

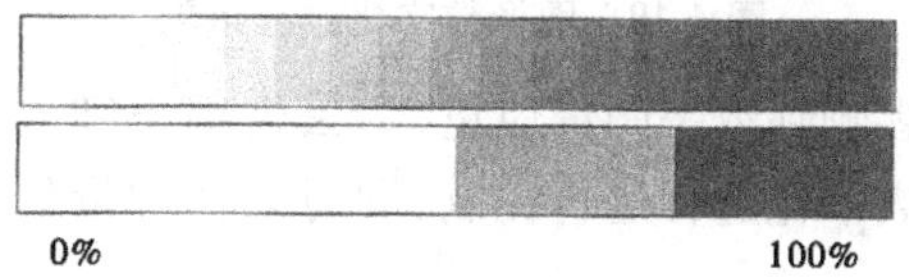

图 4-16　不同的灰度分级示意图(n)黑白图像

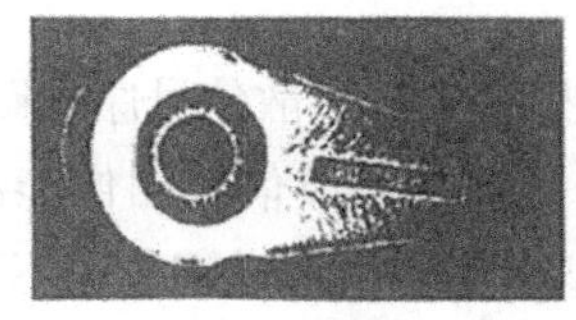

(a)黑白图像

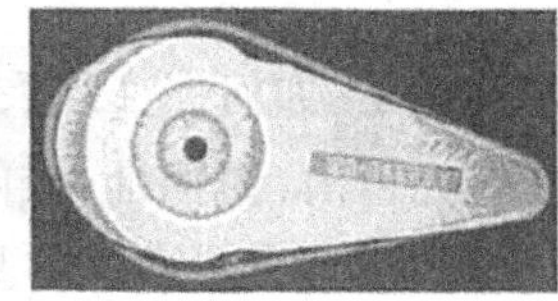

(b)16级灰度图像

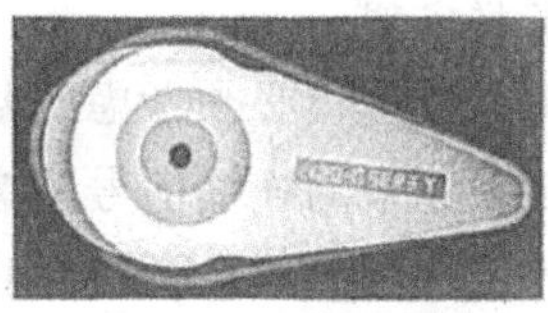

(c)256级灰度图像

图 4-17　黑白图像与不同灰度分级图像的对比

4.2.2.2　图像数字化概述

从模拟图像转变为数字图像需要经过图像数字化过程。图像数字化过程主要是采样和量化两个过程。

采样过程是图像分布离散化过程，对连续信号以一定的采样孔径和一定的间距对图像信号抽样，将图像位号转换为离散信号序列，得到由离散信号组成的图像。即以有限个信号值表示连续信号图像。

图 4-18 是一幅模拟图像数字化的过程示例。模拟图像在水平方向和垂直方向上的灰度变化都是连续的，都可认为有无数个像素，而且任一点上的取值都可以有无限个可能值，通过沿水平方向和垂直方向的等间隔采样，可将这幅模拟图像分解为有限个像素。每个像素的取值代表该像素的灰度，对灰度进行量化，使其取值变为有限个可能值。如，在模拟图像中沿 *AB* 线段进行扫描，得到一条连续图像的灰度值曲线（图 4-18 右上），取白色值最大，黑色值最小。先采样（图 4-18 左下），沿线段 *AB* 等间隔进行采样，这采样点的值（y 轴）在灰度值上是连续分布的。再量化（图 4-18 右下），连续的灰度值再按照不同的分级分别进行量化。通过对每一条线段的采样和量化，实现对整幅图像的数字化，所得到的数字化图像即为由像素组成的数字图像（见图 4-14）。

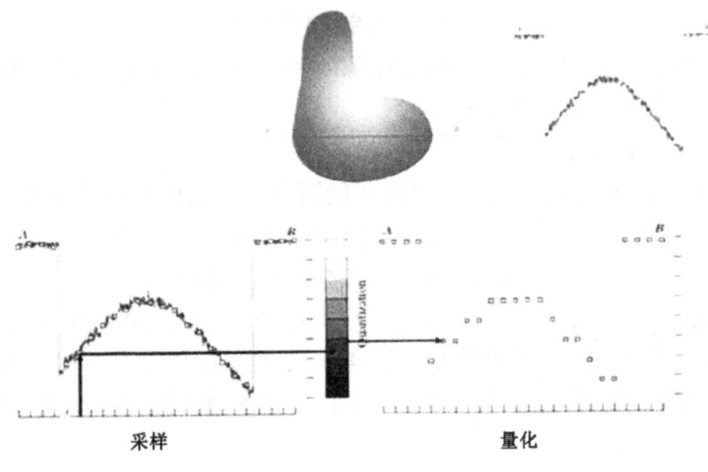

图 4-18　图像数字化过程示例

采样、量化过程都会影响到数字图像质量，会丢失细小细节，模糊、改变一些细节，在实际检测中，必须对图像数字化过程进行控制，即对采样和量化过程进行控制，以确保检测的信息不丢失。

4.2.2.3　图像采样

1. 采样定理

图像采样过程必须考虑的基本问题是，如何保证从采样得到的离散信号序列图像，能准确地反映原来的连续信号图像。研究指出，为保证采样得到的离散信号图像能准确恢复原来连续图像的信息，采样间隔应足够小，需要满足的基本条件是采样频率应不小于信号最高频率的 2 倍，这称为采样定理。采样定理说明采样频率与信号频率之间的关系，是连续信号离散化的基本依据。

对于一维图像信号，如果其包含的最高空间频率为 f_m，采样频率为 f_s，则采样定理可写为：

$$f_s \geqslant 2f_m \tag{4-2}$$

采样定理又称为奈奎斯特(Nequist)定理,它由奈奎斯特(Nequist)于 1928 年提出。对于空间采样,如果采样间隔(像素尺寸)为 p(mm),则对应的空间采样频率为:

$$f_s = 1/2p \tag{4-3}$$

图 4-19 显示的是,用同一个采样频率,对不同频率的信号分别进行采样的情况。从上到下采样频率依次为信号频率的 10 倍、3.3 倍和 0.9 倍。其中 $f_s=0.9f_m$ 不满足采样定理,它的输出信号(虚线)与原图有明显的失真。当采样频率不满足采样定理时($f_s<2f_m$),采样信号不能正确再现原始信号的信息,这称为出现“混叠”现象。

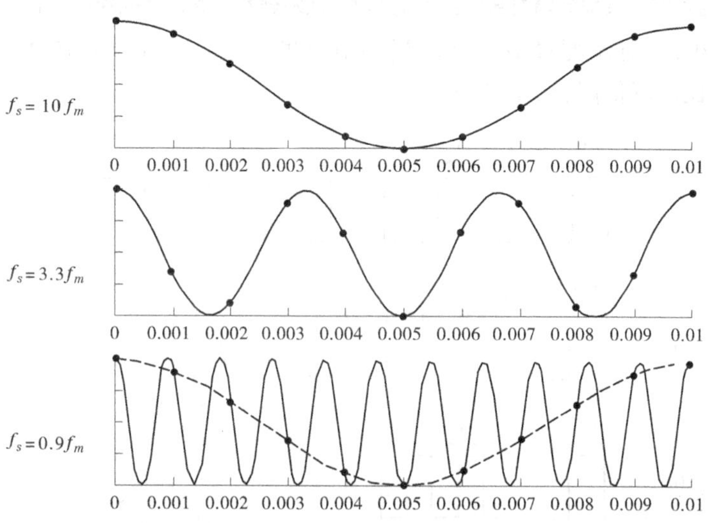

图 4-19　采样间隔与混叠

两个采样点中心的间距构成“采样间隔”,也就是数字图像中的像尺寸。数字化采样过程可以采用不同的采样方式,因此在不同的方向可能具有不同的像素尺寸。但通常采用等间隔的方式,即像素一般为正方形。

对于二维图像,同样要考虑采样定理,在两个方向(x、y 方向)都要考虑采样间隔必须满足采样定理,否则会造成虚假信号,不能正确地再现原始信息。

2. 采样间隔对图像质量的影响

采样间隔(像素尺寸)对得到的数字图像质量有重要影响,数字成像的最小采样单元是像素,像素尺寸越小,越接近模拟的射线透照图像。像素的多少取决于采样频率,以空间变化的图像信号为主,是指单位长度(mm)内采样点的数目,采样频率越高,采样点越多,同样范围内采样点之间的间隔就越小,得到的图像就越逼真,图像的质量越高。图 4-20 显示了同一幅图像在同样量化级别下,以不同的采样间隔(像素尺寸)获得的数字图像的比较。可见,随着像素尺寸的增大,数字图像显示的细节减少。

采样间隔直接决定了检测图像的分辨率,同时影响细节灵敏度。

图 4-21 显示的是检测图像不清晰度(BW)对检测图像分辨率和细节图像灵敏度的影响。从图 4-21 中可见,当细节宽度不小于不清晰度时[图 4-21(a)、(b)],细节可分辨,且对比度峰值不降低。当细节宽度小于不清晰度但大于不清晰度的 1/2 时[见图 4-21

图 4-20 采样间隔对数字图像的影响(从左到右像素尺寸依次增大)

(c)],细节可分辨,但对比度峰值降低。当细节宽度等于或小于不清晰度的 1/2 时[见图 4-21(d)],对比度峰值降低,细节不可分辨。

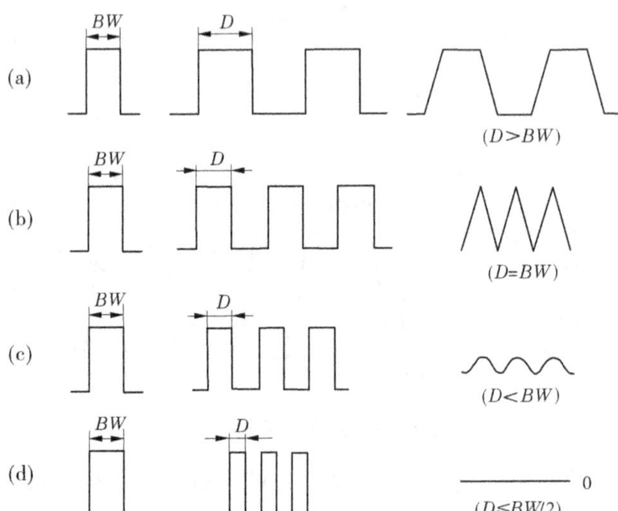

图 4-21 不清晰度对细节图像的影响

通过上述分析,为保证图像质量,采样频率的选取应与图像本身的细节要求一致,而图像细节的丰富程度用空间频率来描述:图像中的边缘和线条的突变、剧烈起伏的噪声、图像的细节,空间频率较高,图像中大范围缓慢变化、图像背景平坦,空间频率较低。采样频率决定了采样后图像能真实地反映原图像的程度。原图像越复杂,或要求检出的缺陷尺寸越小,意味着要求的空间频率应越高,相应地采样频率的选取也应该越高。

4.2.2.4 图像量化

量化的基本方法是:如果信号的最大幅值为 K,量化幅值为 Δ,则离散的个数 G 为:

$$G = \frac{K}{\Delta} \tag{4-4}$$

一般采用比特(bit)单位表示量化后的离散值个数:

$$m = \log_2 G = \log_2 \frac{K}{\Delta} \tag{4-5}$$

G 用 m 值(bit)表示,称为幅值数字化的位数,也称为量化精度。

例如,幅值数字化为 12 bit(12 位),则是以最大幅值的 $2^{12}=4\ 096$ 分之一为量化幅值,即该幅图像的离散值个数为 4 096。

对数字射线成像技术得到的灰度图像,量化就是给出各个像素的灰度值(灰阶)。图 4-22 显示了灰度图像将白到黑量化为 256 级灰度的示意图。

量化得到的灰阶数就是离散值的个数 G,同样采用 2 的整数幂表示,即 $G=2^m$,常用 m 值来表示灰阶数 G,其单位就是比特(bit)。例如,某图像的灰阶为 8 bit(8 位),它的灰阶数目为 $2^8=256$,即该系统得到的灰度图像将白到黑划分的级数为 256 级。

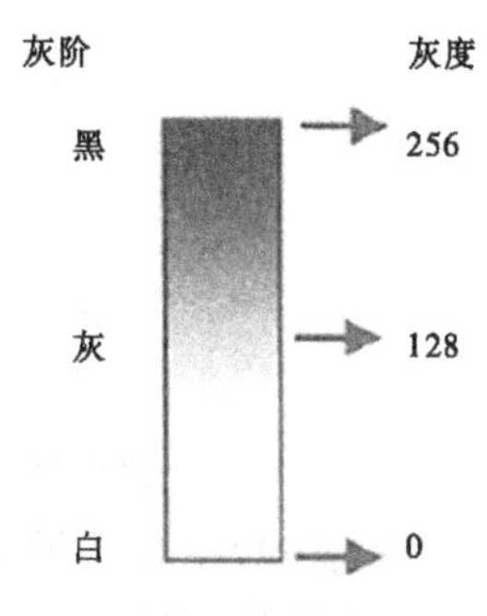

图 4-22　256 级灰度示意图

量化级数越多,量化的相对误差就会越小。量化的级数越多,则表示图像的灰阶层次越多,其区分不同对比度的能力越高,图像质量越好,相应地与其对应的数字编码位数也就越长,在射线数字成像技术中,如果幅值数字化精度低,则小对比度细节信息在量化中将被丢失。为了更好地表示原来的模拟信号,希望量化幅值尽可能小,以给出尽量多的数字化离散值。图 4-23 显示的是对同一幅图像,在相同采样间隔(像素尺寸)下,不同量化级别获得的数字图像。随着量化级别的减小,图像显示的细节也减少,层次感越来越差。

(a)8 bit

(b)4 bit

(c)黑白二值图

图 4-23　量化级数对数字图像显示细节的影响

人眼约有 60 个灰度值的有限容量,由于人眼视觉对灰度分辨能力的限制,一般认为灰度图像采用 8 bit 量化精度(256 个灰度),就可获得眼睛认为清晰的图像。为了获得更多的细节信息,射线数字成像图像要求灰度值至少有 4 096 个,通过射线数字成像技术所获得的原始图像的灰度值并不能完全在显示器上显示。此时,可以从 4 096(甚至 65 536)个灰度值中选择 256 个灰度段,以便在显示器上呈现一定范围的工件壁厚,如图 4-24 所示,可以使原始图像中人眼无法观察到的细节图像,通过灰度的调节显现出来,被人眼观察,相当于提高了图像的对比度。

4.2.2.5　图像数字化控制理论

在射线数字成像技术中,通过图像数字化技术获得数字图像。数字化技术是保证数字图像质量的重要技术环节,如果不加控制,检测质量将会受到很大影响。

按照图像数字化采集过程,控制包括两个方面:一是图像数字化的采样间隔(采样频

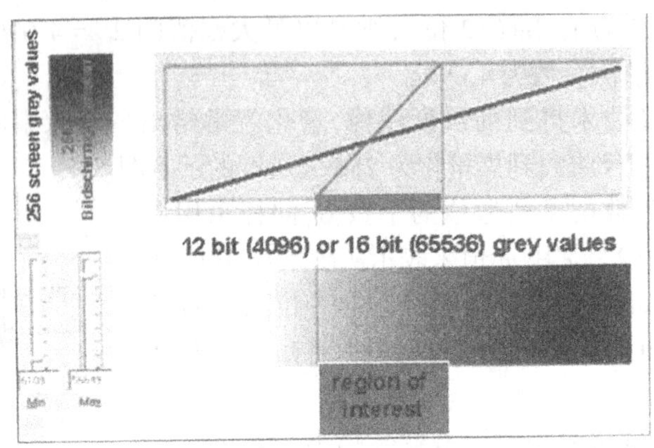

图 4-24　12 位或 16 位的原始图像在 8 位的显示器上显示

率),二是图像数字化的量化位数。采样间隔决定了检测图像的分辨率,同时影响细节灵敏度。量化位数直接决定了检测图像的对比度。

1. 采样间隔控制

采样间隔控制应符合采样定理。就射线数字成像技术而言,图像数字化的采样间隔由探测器的有效像素尺寸决定。对于实际工作,可按检测技术要求的图像不清晰度处理。检测图像不清晰度 U_{im} 为:

$$U_{im} = \frac{1}{M}\sqrt[3]{[d(M-1)]^3 + (2P_e)^3} \tag{4-6}$$

式中:M 为系统放大倍数;P_e 为有效像素尺寸。

根据以上关系式,可按照射线源焦点尺寸、放大倍数,确定针对某一检测技术所需的探测器(系统)像素尺寸。

2. 量化位数控制

量化位数由图像数字化的 A/D 转换位数决定。由于量化位数决定了检测图像的对比度、灵敏度,因此采用的数字化系统的 A/D 转换位数必须满足射线检测技术的要求。

量化位数的基本要求是保证信号不失真,即保证量化分辨率小于最小输入信号,量化最大值大于最大输入信号,量化动态范围不小于输入信号的动态范围(dB)值。因此,最小 A/D 转换位数可由检测信号的动态范围决定,即 A/D 的转换位数应不小于检测信号的动态范围。

由于 A/D 转换器的动态范围为:

$$20\lg\left(\frac{2V_m}{\Delta}\right) = 20\lg(2^m) = 6m \tag{4-7}$$

式中:V_m 为最大输入信号($-V_m \sim V_m$);Δ 为量化间隔。

因此,要求量化的动态范围应不小于检测输入信号的动态范围,即:$6m \geqslant$ 检测输入信号的动态范围。

例如:当检测信号的变化范围达到 $10^4:1$ 时,因有动态范围 $= 20\lg(10^4) = 80$(dB),则 A/D 转换位数 m 为:$6m \geqslant 80$ dB

计算得到:$m \geqslant 80/6 = 13.3$(bit),实际的 A/D 转换位数应大于 13.3 bit,取为 14 bit。

4.2.3　图像质量评价指标

射线数字成像技术获得的图像质量决定了对细节的识别与分辨能力,也就是决定了对缺陷的检测能力。

射线检测中,在保证检测图像明暗程度满足要求的前提下,图像质量的评价指标主要包括图像灵敏度、图像分辨率和图像信噪比,即在图像信噪比满足要求的前提下,测定图像灵敏度和图像分辨率是否满足相关标准的要求。图像质量是上述指标的综合体现。

表 4-2 给出了射线胶片照相技术和射线数字成像技术的图像质量评价指标。其中灵敏度表征了图像对比度,分辨率表征了图像清晰度,信噪比表征了图像噪声。

表 4-2　射线检测图像评价指标

射线检测方法	明暗程度	灵敏度	分辨率	信噪比
胶片照相	黑度	对比度	不清晰度	颗粒度
数字成像	灰度	对比度	不清晰度	信噪比

数字成像图像质量评价,需分别测量并评价以上参数。胶片照相仅在保证底片黑度的前提下,利用线型像质计测量图像灵敏度,而不测量分辨率和信噪比,这是由胶片照相检测系统本身的特性决定的。具体体现在:

(1)不清晰度。底片的不清晰度包括固有不清晰度和几何不清晰度。影响固有不清晰度的主要原因是胶片颗粒和射线能量;影响几何不清晰度的主要因素是几何透照条件,也就是焦点尺寸(焦点到工件表面的距离和工件表面到胶片的距离),因胶片的颗粒在微米级,由其引起的不清晰度很小,在实际检测中,通过控制射线能量、最小焦距,选择合适的胶片类别等指标来控制,这些措施使得胶片照相的不清晰度已达到很小,实际图像质量评价时可以不做考虑。

(2)噪声。在胶片照相法中,无法和数字成像一样通过软件降低图像噪声,只有通过胶片工艺优化来控制噪声,如采取增加曝光量、选择信噪比高的胶片、降低射线能量等。因此,在对底片的质量评价时,不对噪声指标进行评价。

基于以上原因,提高底片的质量,是在透照前通过选择检测系统的硬件和优化透照参数,把不清晰度和噪声控制在最低的前提下,考虑如何提高底片对比度,来满足标准对实际检测的要求。

4.2.3.1　图像灵敏度

图像灵敏度是指检测系统所能发现的被检工件图像中最小细节的能力,是指在图像上人眼可以观察到的最小特征尺寸。图像灵敏度的高低由检测图像的对比度决定,用线型像质计测定。

对比度是指图像从暗到亮的黑白反差,是明暗对比和黑白色差的显示。对比度越大,图像反差越大,细节可识别性越好;对比度越小,图像反差越小,细节可识别性越差。

在射线数字检测技术中,数字图像的对比度和胶片照相对比度一样,是由于强度差引起的射线强度的变化,如图 4-25 所示,初始射线强度 I 在穿透不同厚度的工件过程中发生吸收和散射(当工件厚度差较小时,可忽略因厚度差引起的散射线强度差异),因厚度的不同,穿透工件的总强度(I_P+I_S)产生差异。在胶片照相中,射线强度差在底片上表现为黑度反差,在数字图像中,射线强度差则表现为灰度值的差异。

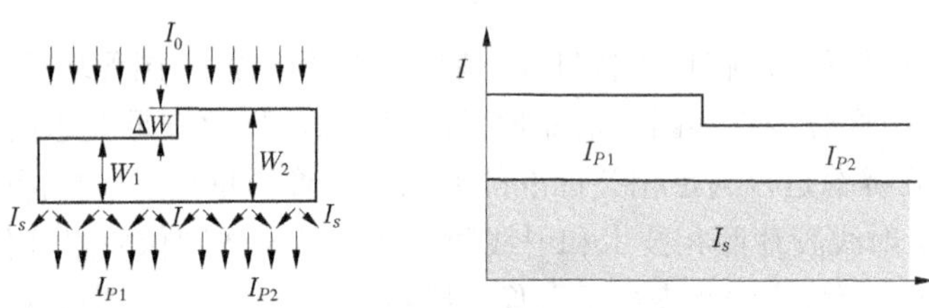

图 4-25　工件厚度差引起的射线强度差

根据射线检测技术的物理基础,射线检测技术获得的主因对比度为:

$$\frac{\Delta I}{I}=\frac{\mu\Delta T}{1+n} \tag{4-8}$$

式(4-8)基于以下三个假设:

(1)试件中缺陷厚度差相对于试件厚度来说很小,且缺陷中充满空气,其衰减系数忽略不计。

(2)缺陷的存在不影响到达探测器的散射线量。

(3)缺陷的存在不影响散射比。

在显示器屏上,图像亮度(灰度)与射线强度呈线性关系,即屏幕亮度 L 与射线强度 I 的关系可写为:$L=KI$。

因此,对由一小厚度差 ΔT 引起的图像亮度对比度(主因对比度)决定。

根据 4.2.2.4 图像量化的内容可知,由射线强度差所获得的灰度值差在图像数字化的过程中,会受到采样间隔和量化精度的影响,这与胶片照相法中,胶片类型对射线照相对比度的影响类似。

4.2.3.2　图像分辨率

分辨率是指单位长度上可分辨两个相邻细节间最小距离的能力,用 Lp/mm 表示。分辨率分为系统分辨率和图像分辨率。

系统分辨率是指在无被检工件的情况下,当透照几何放大倍数接近 1 时,检测系统所能分辨的单位长度上两个相邻细节间最小距离的能力。系统分辨率仅与检测系统有关,与检测对象无关,反映了检测系统本身的特性,也称为系统基本空间分辨率(SRB)。可由双线型像质计或分辨率测试卡(线对卡)测试,系统分辨率主要考核系统的固有不清晰度。

图像分辨是指检测系统所能分辨的被检工件图像中,单位长度上两个相邻细节间最小距离的能力。图像分辨率是检测系统针对特定检测对象的特定检测条件(采取或不采取几何放大),得到的检测图像的分辨率。图像分辨率作为评价图像质量的主要技术指标之一,主要考核图像的不清晰度。图像分辨率也是由双线型像质计或分辨率测试卡测试。

极限分辨率是指在无物理(几何)放大的条件下,检测系统的最大分辨率,是检测系统所能达到的最高分辨率。

1. 分辨率和分辨力

数字图像的分辨率(力),限定了图像所能分辨的、处于与射线束垂直平面内的相邻细节(缺陷)间的最小尺寸,即图像可以分辨的细节最小间距。

分辨率,是指单位长度上可分辨两个相邻细节间最小距离的能力,用 L/mm 表示。

分辨力,是指两个相邻细节间最小距离的分辨能力,用 mm 表示。分辨率与分辨力的主要区别在于分辨率是相对值,分辨力是绝对值。在进行不同系统的比对和对不同检测工件测试时,采用分辨率比较客观,具有可比性,但在具体指标(如归一化信噪比)计算时,需要根据公式的要求,以分辨力的值代入计算。

在有些标准和文献中,对分辨率和分辨力不做区分,统一使用长度单位(mm 或 μm)来描述,在使用中应加以分辨。

2. 不清晰度

射线数字成像技术中,不清晰度包括几何不清晰度 U_g 和成像系统固有不清晰度 U_c。总的不清晰度 U 由几何不清晰度和成像系统固有不清晰度共同决定,如图 4-26 所示,三者之间由立方关系表示:

$$U^3 = U_g^3 + U_c^3$$

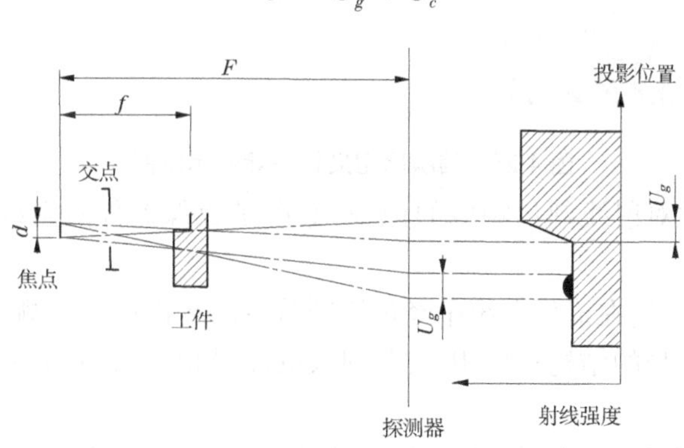

图 4-26　放大技术中的几何不清晰度

几何不清晰度的来源和计算公式与胶片照相技术一致,为:

$$U_g = \frac{dT}{F - T} = \frac{d(F - f)}{f} \tag{4-9}$$

当透照采用放大布置时,定义放大倍数为 M,则:

$$M = \frac{F}{f} \tag{4-10}$$

此时几何不清晰度和放大倍数的关系为:

$$U_g = d(M - 1) \tag{4-11}$$

则检测技术总的不清晰度为:

$$U = \sqrt[3]{[d(M-1)]^3 + (2SR_b)^3} \tag{4-12}$$

式中：SR_b 为分辨力。

从式(4-12)可知，射线数字成像技术总的不清晰度与成像系统固有不清晰度、射线源焦点尺寸和采用的放大倍数相关。

3. 图像不清晰度

当采用放大透照布置时，总的不清晰度 U 是工件处不清晰度 U_0 放大后得到的。对于被检工件来说，检测图像的不清晰度就是工件处的不清晰度。

4.2.3.3 图像信噪比

在信号分析和处理中，信噪比 SR(Signal Noise Rate)是信号和噪声的比值，是仪器设备性能的主要表现，而图像信噪比则是反映成像系统性和图像质量的主要指标。

1. 图像信噪比定义

图像信噪比是检测图像某区域平均灰度值与该区域的噪声统计标准差之比。图 4-27 给出了图像信噪比定义的示意图。

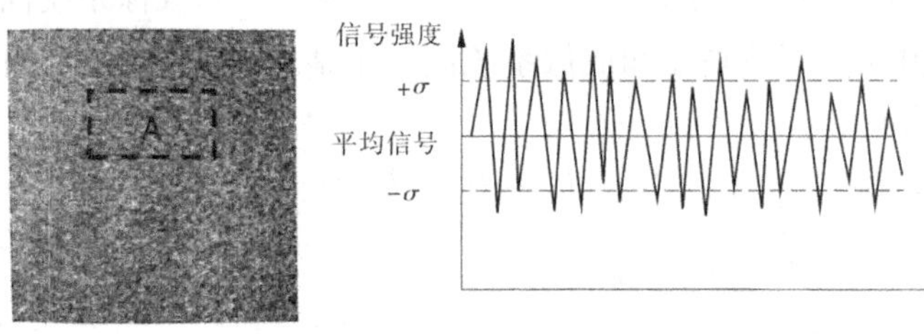

图 4-27　信噪比定义相关参数示意图

信号是成像器件对射线剂量响应的记录，噪声是成像器件对射线剂量响应变化(偏差)的记录。

透射的射线束信号，在成像系统中经过不同阶段的转换形成检测图像，这些转换过程的特性与成像器件本身的结构特性相关，与射线的能量相关，它们决定了检测图像的灰度值与噪声特点。

图 4-28 说明了信噪比对图像细节可见性的影响，当由凹槽深度产生的对比度比噪声(信号的标准差)小时，凹槽信号将淹没在背景中，无法被识别。

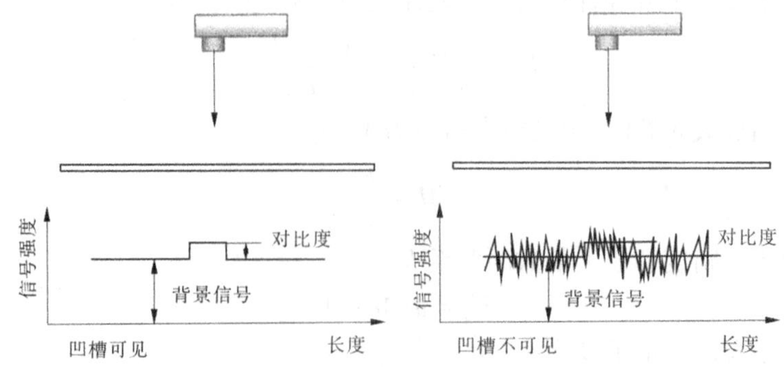

图 4-28　信噪比对图像细节可见性的影响

检测图像可达到的信噪比取决于所使用的成像系统性能采用的射线检测工艺参数，因此为达到希望的检测图像信噪比要求，必须选择合适的成像系统和检测工艺参数。

2. 归一化信噪比

信噪比高的系统缺陷检出率高，信噪比低的系统，即使透照参数达到最优，其缺陷检出率也无法和信噪比高的系统相比。因此，信噪比是保证图像质量和控制检测系统性能的关键指标。考虑到不同的检测系统由于成像器件和后续处理电路的不同，检测得到的信噪比不同，为了系统地分析被检工件的图像质量，保证缺陷的有效检出，需要统一对检测系统及检测图像的评判标准，由此提出了归一化信噪比，即规定了某一检测系统，针对不同的检测工件、在不同的透照电压下应达到的最小归一化信噪比要求。

对于胶片系统，胶片性能用信号参数和噪声参数描述（GB/T 19348.1—2014），信号由梯度表示，噪声由颗粒度表示，且给出了胶片系统黑度 $D=2.0$ 和 $D=4.0$ 时的梯度 G、颗粒度 σ_D、信噪比的最低指标参数。在测量底片颗粒度 σ_D 时，规定"采用的微密度计的圆形测量光圈直径规定为（100±5）μm，一个 88.6 μm×88.6 μm 的正方形光圈和一个直径为 100 μm 的光圈面积相同，它测得的颗粒度与直径 100 μm 的光圈测得的相同。"直径为 100 μm 的圆形与正方形面积等效公式见图 4-29 和式（4-13）。

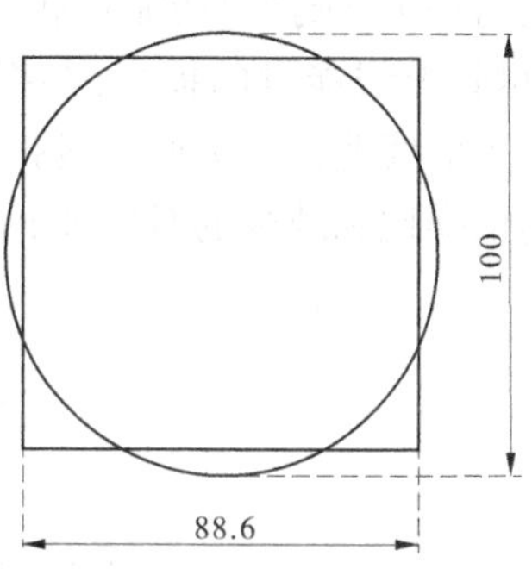

图 4-29　圆形与正方形等效面积示意图　（单位：μm）

$$\sqrt{\frac{100^2}{4} \times \pi} = 88.6 \tag{4-13}$$

在射线数字成像检测图像中，像素的形状为正方形，采用归一化信噪比将数字成像技术与胶片照相技术在图像信噪比测量方面进行等价处理，则数字图像的归一化信噪比为：

$$SNR_n = SNR_m \times \frac{88.6}{SR_b} \tag{4-14}$$

式中：SNR_m 为测量信噪比；SNR_n 为归一化信噪比；SR_b 为分辨力，μm。

测量信噪比应在均匀的图像区域进行。当检测对象是焊缝时，在检测的焊缝区找出均匀的区域比较困难，因此图像信噪比的测量可以在热影响区或接近热影响区的母材上进行，此时应注意标准中所给的最低归一化信噪比与测量区域有关，不同的区域要求达到的归一化信噪比数值也不同。

4.2.4　影响图像质量的因素分析

4.2.4.1　对比度影响因素

1. 对比度影响主要因素

根据 4.2.3.1 对图像对比度的分析，图像亮度对比度关系式为：

$$C = \frac{\Delta L}{L} = \frac{\mu \Delta T}{1 + n} \tag{4-15}$$

和胶片照相法一样，影响射线数字成像中图像亮度对比度的因素同样是透照厚度差 ΔT、线衰减系数 μ、散射比 n。

(1)透照厚度差 ΔT。与缺陷尺寸及透照方向有关。对于具有方向性的面积型缺陷，透照方向与 ΔT 的关系特别明显，为提高对比度，必须考虑选择适当的透照方向或控制一定的透照角度，以得到较大的 ΔT。

(2)线衰减系数 μ 。与工件材质和射线能量有关。在工件材质给定的情况下，射线能量低、衰减系数大，图像对比度好，细节的可检出及识别性好。因此，在保证射线能够穿透的前提下，选择射线能量较低的射线进行检测，有利于增大图像对比度，在 DDA 技术中，尽管射线能量的提高，会提高信噪比，但射线能量的提高仍然会减小对比度，图 4-30 说明了射线能量对透照射线强度差的影响。增加射线能量以获得最佳缺陷识别(综合提高的信噪比和减少的对比度)时应充分考虑这一影响，不能“越高越好”。

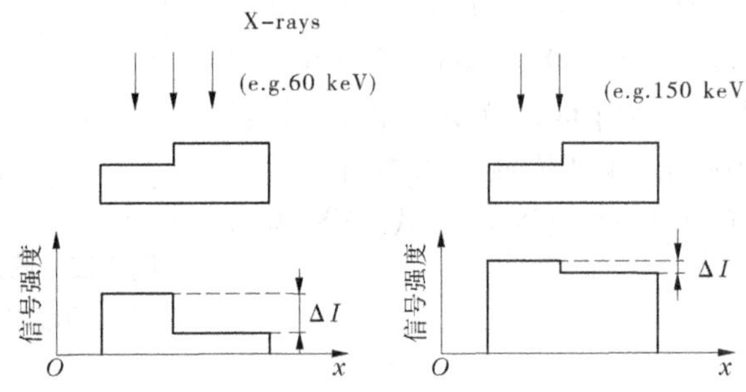

图 4-30 射线能量对透照射线强度差的影响

(3)散射比 n。减小散射比可以提高图像对比度，因此与胶片照相法相同，透照时应采取有效措施屏蔽和控制散射线。

2. 细小缺陷对比度影响的主要因素

对于细小缺陷，检测几何条件也会影响其图像对比度。所谓细小缺陷，是指垂直于射线束方向的尺寸(缺陷宽度)远小于射线源焦点尺寸的缺陷。

影响对比度的成像几何条件主要是射线源焦点尺寸 d、射源到工件的距离 f、工件到探测器的距离 $L_2 = F - f$。

正常情况下，检测所得的缺陷图像由本影和半影组成，如图 4-31(a)所示，随着 d 的增大、f 的减小或 L_a 的增大，缺陷图像的本影缩小，半影扩大。图 4-31(b)是临界状态，此时本影缩小为一个点。如果进一步增大 d、缩小 f 或增大 L_a，则导致如图 4-31(c)的情况，缺陷的本影消失，其图像只由半影构成，对比度明显下降。说明，几何放大倍数、射线机焦点尺寸、透照焦距对细小缺陷的对比度均有影响。

对于确定的射线数字成像系统，为了获得更高的图像对比度，必须严格控制射线透照几何参数。

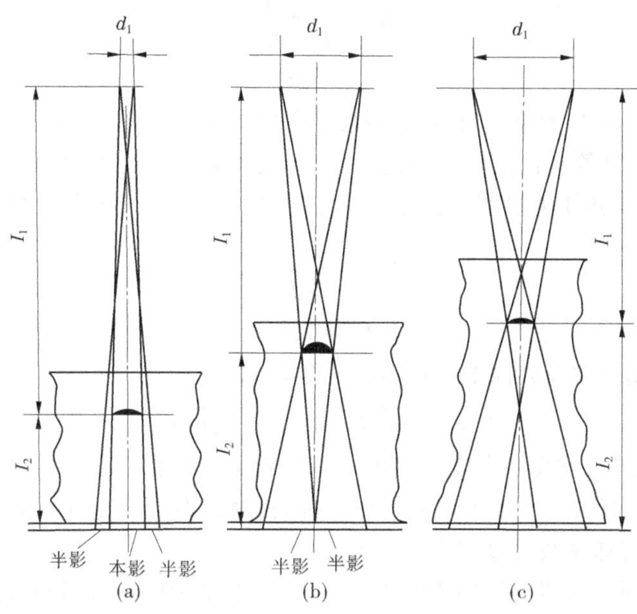

图 4-31　成像几何条件对细小缺陷图像对比度的影响

4.2.4.2　分辨率影响因素

根据检测图像的不清晰度的公式 $U_{im}=\dfrac{1}{M}\sqrt[3]{[d(M-1)]^3+(2SR_b)^3}$ 可知，影响分辨率的主要因素有：

(1)焦点尺寸 d：它和像素间决定了理论上的最小可分辨率。焦点尺寸所引起的几何不清晰度，使成像物体的边缘模糊，细节丢失。焦点尺寸增加，几何不清晰度增大，边缘模糊加剧，因此焦点尺寸越小，分辨率越高，通常情况，射线机的小焦点产生的射线强度更低，检测图像获得同样的灰度值需要增加管电压或曝光量。

(2)放大倍数 M：由射线源到工件和工件到探测器的距离决定，焦点尺寸和像素间距限制了最大放大倍数，为了获得最高分辨率，可以采用小焦点射线源，增大放大倍数。增加几何放大倍数，在放大细小物体成像的同时，也会使图像的边缘变宽，增大边缘的模糊，同时减少了一次透照范围。选择最优放大倍数是利用小焦点提高分辨率的关键。

(3)成像器件的像素大小(SR_b)：成像器件的像素单元尺寸越小，分辨率越高。但吸收的光子数量也相应减少，会导致图像对比度的降低。

对于数字成像系统，成像器件是由电子元器件组成的，成像系统的固有不清晰度决定于数字探测器对射线的转换过程和像素尺寸。转换过程的影响，是数字探测器对初始射线强度信号响应特点的影响，像素尺寸的影响，是图像数字化采样间隔产生的影响。

按照采样定理给出的关系式，如果数字探测器的像素尺寸(DDA 的像素尺寸或 CR 扫描的步进距离)为 P(mm)，即两个像素中心的间距为 P，采样间隔即为 P，在理想情况下，得到的系统分辨率 R 为：

$$R = \frac{1}{2P} = \frac{1}{U_c} \tag{4-16}$$

$$U_c = 2P \tag{4-17}$$

在实际检测应用中，成像系统输出的数字图像分辨率都低于简单的从数字探测器像素尺寸按采样定理计算得出的值。为此，引入有效像素尺寸的概念，它综合反映了射线检测过程、像素尺寸及各相关过程对检测图像分辨率的影响。若记有效像素尺寸为 P_e，则：

$$P_e = \frac{U_c}{2} \tag{4-18}$$

$$U_c = 2P_e \tag{4-19}$$

此时射线检测图像在成像处的总不清晰度 U 为：

$$U = \sqrt[3]{[d(M-1)]^3 + (2P_e)^3} \tag{4-20}$$

由式(4-20)可知，射线数字成像检测的不清晰度与像素尺寸大小、射线源的焦点尺寸和透照的放大倍数有关。而放大倍数与焦距有关，因此不清晰度也受焦距的影响。

1. DDA 技术闪烁体层对分辨率的影响

DDA 数字阵列探测器不同的成像单元尺寸、不同的闪烁体材料和厚度，都会对有效像素尺寸产生影响。

闪烁体材料大多是荧光物质，例如氧化钆(Gd_2O_2，产品名：由 Kodak 生产的 Lanex 或由 Kasei Optonics 生产的 DRZ)和碘化铯(CsI)。

图 4-32(a)是闪烁体材料为氧化钆的光电转换示意图。氧化钆压制成粉末状，入射光子闪烁体层中转换成多个可见光光子，这些转换后的光子在粉末状的闪烁体中要以向任何方向散射，导致固有不清晰度的产生。闪烁体层的厚度越大，转换光子的散射范围越大，引起的固有不清晰度也就越大。因此，应选择合适的闪烁体层厚度以适合探测器的分辨率(单个像素宽度)，以平衡最佳效率(低噪声)和最小可能的不清晰度。

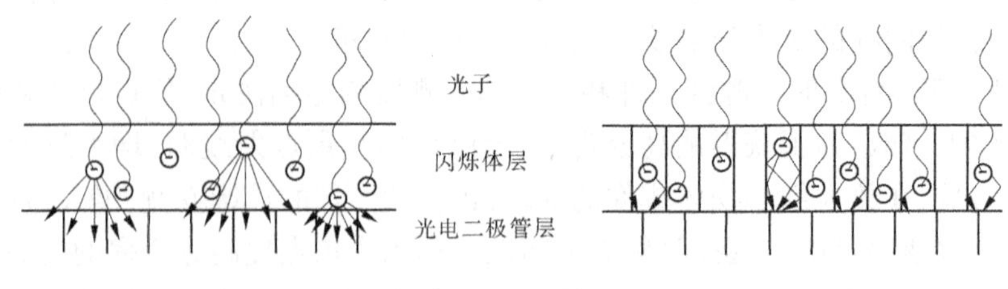

(a)氧化钆　　(b)碘化铯

图 4-32　具有闪烁体和光电二极管层的非晶硅 DDA

图 4-32(b)是闪烁体材料为碘化铯的光电转换示意图，由于碘化铯闪烁体为针状结构，入射光子在碘化铯中转换的可见光光子仅在针状结构内散射，可以将散射控制在很小的范围，因此能得到更好的分辨率。

2. CR 技术中 IP 板的荧光层、金属屏，CR 扫描仪对分辨率的影响

CR 技术中，IP 板的荧光层厚度和颗粒大小都会对分辨率造成影响。荧光层厚度越小、荧光晶体颗粒越小，分辨率越高；反之，荧光层越厚，颗粒越大，分辨率越低。标准板

(白板)的感光层比高清晰板(蓝板)更厚、颗粒更大,前者的清晰度低于后者。

CR 技术中,使用金属屏屏蔽散射线和增加感光,金属屏和 IP 板贴合不紧时,会增大不清晰度。金属屏发射出的电子在 IP 板的荧光层中有一定的射程,同样产生固有不清晰度。可以通过使用真空包装的 IP 板来控制屏和 IP 的距离。

CR 扫描仪对分辨率的影响,低的扫描速度引起的余辉,可以得到较好的分辨率;越小的扫描尺寸,能得到更好的分辨率。

3. 胶片照相、DDA、CR 三者分辨率的比较

射线照相检测所用的射线胶片主要组成是感光乳剂层,其溴化银颗粒尺寸为 0.5~10 μm。假设射线胶片照相放大倍数为 1,选用的射线源焦点尺寸为 3 mm,溴化银颗粒尺寸为 10 μm,分别代入下式:

$$U = \sqrt[3]{[d(M-1)]^3 + (2P_e)^3} = 2 \times 10 \times 10^{-3}\ \text{mm} = 0.02\ \text{mm}$$

可得分辨率为:

$$R = \frac{1}{U} = 50(\text{LP/mm})$$

DDA 的像素单元尺寸一般为 80~200 μm,实际检测中的有效像素尺寸通常略大于 DDA 探测器本身的像素单元尺寸。CR 扫描仪的扫描像素尺寸一般为 25~100 μm,采用不同的 CR 扫描像素尺寸(或扫描步进距离)配合不同的 IP 板类型,能得到不同的图像有效像素尺寸。

表 4-3 给出了在相同条件下,当放大倍数为 1、射线源焦点尺寸为 3 mm,胶片、DDA、CR 在不同有效像素时,其各自不同的分辨率。

表 4-3　不同的有效像素下的分辨率

射线技术	有效像素尺寸/μm	总不清晰度/mm	系统分辨率/(LP/mm)	双线型像质计丝号(丝径)/mm
胶片照相	10	0.020	50	D15(0.01)
CR	50	0.100	10	D13(0.05)
	100	0.200	5	D10(0.10)
DDA	83	0.166	6	D11(0.08)
	127	0.254	3.9	D9(0.13)
	200	0.400	2.5	D7(0.20)

注:放大倍数为 1、射线源焦点尺寸为 3 mm。

通过表 4-3 可知,数字成像选用的像素尺寸对分辨率有重要影响,射线数字成像技术与胶片照相法不同,不能单纯控制对比度,必须同时控制分辨率,这也是目前许多数字成像技术标准在规定图像质量指标时,总是将分辨率作为一项基本指标的原因。

4.2.4.3　信噪比影响因素

1. 噪声来源

噪声是影响图像质量的主要因素之一。在 X 射线成像检测系统中,图像噪声的产生

与 X 射线图像形成过程及传输通道有关,即与 X 射线源、散射线、光电转换单元、图像传输单元和图像显示单元有关。

固有噪声是成像器件固有的。DDA 探测器像素单元之间的性能差异、IP 板荧光层的不均匀、CR 激光扫描仪机构抖动等都会导致固有噪声,DDA 和 IP 的固有噪声取决于其制造过程,可以通过选择特定的探测器来控制,只有 DDA 的固有噪声可以通过探测器的校正技术来消除。

随机噪声包含量子噪声和电子噪声。

量子噪声是射线源所发出光子能量的不一致、射线光子在被检物体中的吸收和散射的不一致、探测器对射线光子的吸收和散射不一致等因素导致,是由量子起伏引起的噪声。电子噪声是电子热运动引起的探测器单元、电路部分的性能变化导致的噪声。量子噪声取决于曝光量,其噪声幅度与信号相关,且大于电子噪声,是数字成像中的主要噪声源,对图像质量有重要的影响。

2. 提高信噪比的方法

基于信噪比理论,降低噪声是提高信噪比的有效途径。实现高信噪比的方法,就是对成像曝光参数进行优化的同时抑制噪声的过程。提高信噪比的方法有以下几种:

(1)选择结构噪声更低的成像系统。

DDA 中,DDA 像素单元尺寸越大,感光元件的面积占比(填充率)越大(见图 4-33),每个时间周期内有更多的光子到达像素,由量子随机起伏引起的噪声就更小。如,127 μm 像素尺寸的探测器面积约为 0.016 1 mm^2,200 μm 像素尺寸的探测器面积约为 0.04 mm^2,后者的面积约是前者的 2.5 倍,这意味着在相同的时间内,后者的一个像素单元接收了前者一个像素单元近 2.5 倍的量子数量,由量子随机起伏引起的噪声就更小。因此,在满足分辨率的前提下,可选择像素单元尺寸较大的 DA 探测器,以得到更佳的信噪比。

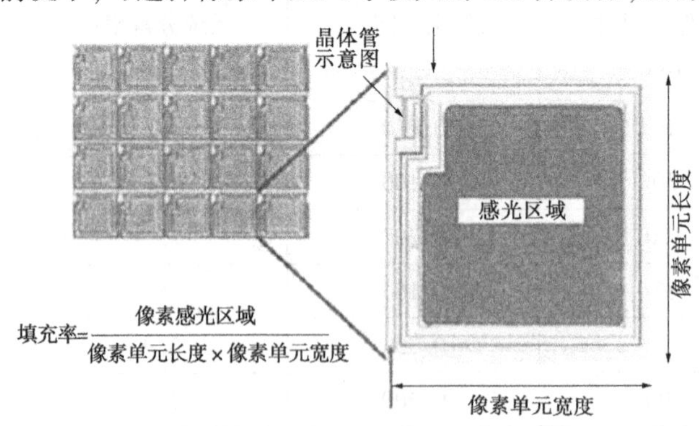

图 4-33　DDA 像素结构

对于 CR 技术,IP 板颗粒度的粗细导致的噪声不同,细粒的噪声较低,粗粒的噪声较高。因细粒 IP 板需要的曝光时间更长,在曝光时间可以接受的前提下,可选择更细粒的 IP 板以得到更佳的信噪比。在低剂量情况下,荧光层越厚的 IP 信噪比更高,是因为更厚的荧光层能吸收更多的光子数量。

（2）对 DDA 探测都进行校正，消除固有噪声。

DDA 探测器的每个像素单元，都可以准确地测量出元件的特性。在无试件的情况下，通过采集 DDA 的暗场图像的亮场图像，读出每个像素单元之间的差异，并进行校正，可以消除像素单元之间的响应不一致，以消除固有噪声。图 4-34 是 DDA 的校准示例。

(a)暗场图像

(b)亮场图像

(c)校准后图像

图 4-34　DDA 校准图像

（3）增加曝光量，减少量子噪声。

量子噪声取决于曝光量，曝光量越大，量子的随机起伏的影响越小，量子噪声也越小。不论是 DDA 还是 CR，通过增大曝光量的方法来减小噪声、提高信噪比都是有效的方法。

在 DDA 技术实际应用中，一些探测器可能在曝光过度或者电子噪声电平升高时变得饱和，这种饱和特性使得通过提高曝光量来提高信噪比的方法受到限制，此时应组合使用“提高曝光量+帧叠加技术”来实现最佳信噪比。

（4）DDA 技术中，适当提高射线能量，可以提高信噪比。

DDA 技术中，可以观察到，如果管电压增加，图像的质量在一定的范围内是增加的，相比于射线能量提高导致的图像对比度降低（线衰减系数 μ 减小），更高能量的光子提高了透过工件后的射线强度，从而增加了图像的信噪比 SNR，由于 SNR×μ_{eff} 控制了射线数字成像的对比度灵敏度，这种效应将取决于减小的 μ 与增加的 SNR 之间的比率，只有当射线能量的提高使得 SNR 的增加高于减小的 μ，这种提高信噪比的方法才是可行的。也就是说，用提高射线能量来提高信噪比的效果是有限的。

（5）采用多叠加技术，可以显著降低噪声。

DDA 技术中，可以采用多帧叠加技术，来显著降低噪声、提高信噪比。

4.2.5　数字图像处理技术

数字图像处理是将图像信号转换成数字信号，并利用计算机对其进行处理的过程。对数字图像处理的目的和作用有三个方面：

（1）提高图像的可视化效果，改善图像质量如对图像亮度、色彩进行变换，增强抑制某些成分，对图像进行几何变换等。

（2）提取图像中所包含的某些特征或特殊信息，为计算机分析图像提供便利，提取特征或信息的过程是模式识别或计算机视觉的预处理。提取的特征可以包括很多方面，如频域特征、灰度或颜色特征、边界特征、区域特征、纹理特征、形状特征和关系结构等。

（3）图像数据的变换、编码和压缩，以便于图像的存储和传输。

常用的数字图像处理方法有图像变换、图像的编码压缩、图像增强、图像分割和图像分类(识别)等技术。

(1)图像变换:由于图像阵列很大,直接在空间域中进行处理,涉及的计算量巨大。因此,往往采用各种图像变换方法(如傅立叶变换等),将空间域转换为频域处理,不仅可以减少计算量,而且可获得更有效的处理。

(2)图像的编码压缩:图像编码压缩技术可减少描述图像的数据量,以便节省图像传输、处理的时间和减少所占用的存储器容量。压缩可以在不失真的前提下获得,也可以在允许的失真条件下进行。编码是压缩技术中最重要的方法。

(3)图像增强:图像增强的目的是提高图像的质量,如去除噪声、提高图像清晰度等。突出图像中所感兴趣的部分,如强化图像的高频分量,可使图像中的物体轮廓清晰细节明显;如强化低频分量,可减少图像中的噪声影响。

(4)图像分割:图像分割是将图像中关注的特征部分提取出来,这是进一步进行图像识别、分析和理解的基础。

(5)图像分类(识别):图像经过某些预处理后,进行图像分割和特征提取,从而进行判决分类。

数字图像的基本属性有:

(1)灰度:是黑与白之间的明暗变化,常用0%~100%表示。

(2)对比度:是画面黑与白的比值,也就是从黑到白的渐变层次。比值越大,从黑到白的渐变层次越多,图像的表现力越丰富。

4.2.5.1 直方图

直方图以图形的方式显示图像或感兴趣的区域内灰度值的频率分布,是分析所获得图像的有价值的工具,图像在计算机中的存储形式,是由多点组成的矩阵,这些点按照行和列整齐排列,每个点的值就是图像的灰度值,直方图就是每种灰度在这个矩阵中出现的次数,反映图像中每种灰度出现的频率。图4-35所示为一个数字图像的灰度直方图。

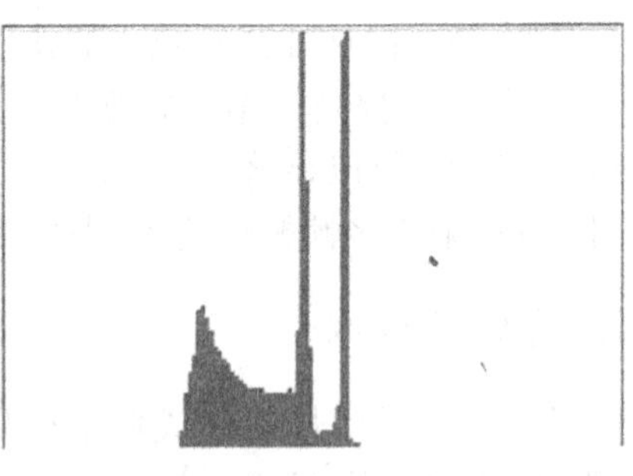

图4-35 数字图像及其灰度直方图

直方图的横坐标表示灰度值分布,左边灰度值低,右边灰度值高,纵坐标表示像素分布。直方图只反映不同灰度值的像素出现的次数,不反映像素所在的位置,一幅图像有唯一确定的直方图,但不同的图像可能有相同的直方图。

直方图拉伸是把原始图像的灰度值进行线性变换,去除灰度值过低和过高的值,使感兴趣的灰度值范围映射在较宽的范围内,从而达到图像对比度增强的目的。如图4-36所示,原始图像中焊缝区域的灰度值相差不大,人眼难以分辨其中的细节。通过直方图拉伸,把原始图像中有像素点分布的最小灰度值设置为 0,原始图像中有像素点分布的最大灰度值设置为满量程,变换成新的图像,使图像对比度得到了增强,焊缝及缺陷的细节被清晰地呈现。

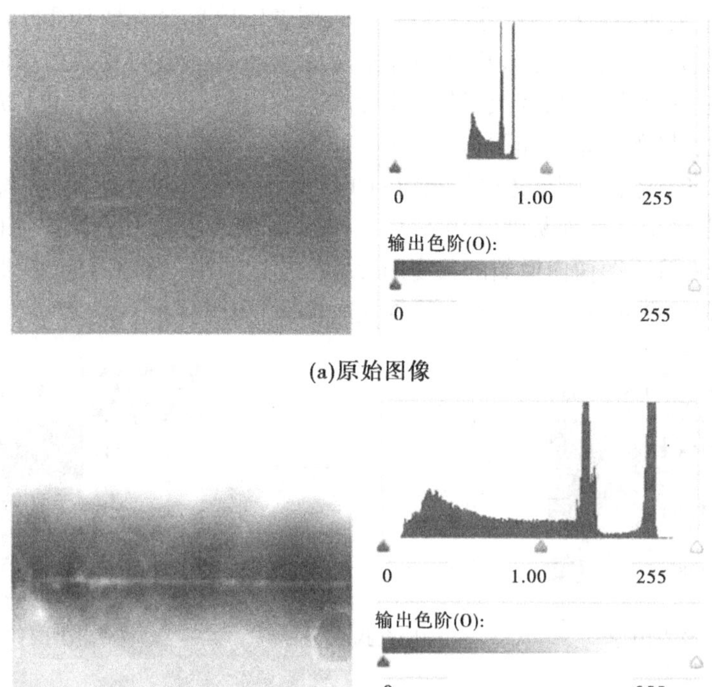

(a)原始图像

(b)拉伸后图像

图 4-36　直方图拉伸示例

直方图变换还有一种非线性的拉伸方法,是把原始图像的灰度直方图从比较集中的某个灰度区间变成全部灰度范围内的均匀分布,即对图像进行非线性拉伸,使一定灰度范围内的像素数量大致相同,变成一幅具有均匀灰度概率密度分布的新图像,以达到图像对比度增强的目的,这种方法叫直方图均衡。图 4-37 是数字图像直方图均衡的示例。

图 4-37　直方图均衡示例

直方图均衡的条件:原图各灰度级在变换后仍保持从黑到白(或从白到黑)的排列,不打乱原始图像的灰度排列次序。变换前后灰度值动态范围保持一致。

直方图均衡的缺点:变换后图像的灰度级减少,某些细节丢失;某些图像,如直方图有高峰，经处理后对比度显现不自然地过分增强。

4.2.5.2 查找表 LUT（Look Up Table）

查找表是以快速方式修改图像数据的灰度值所用的列表。在显示器上显示的数字图像被分配在图像处理系统的图像存储器中，如果图像原始数据需要不同的呈现，可以借助查找表来实现。查找表将实际采样到的像素灰度值经过一定的变换如阈值、反转、二值化、对比度调整、线性变换等，变成了另外一个与之对应的灰度值，这样可以起到突出图像的有用信息、改善图像质量的作用。

图 4-38 是将图像转换为二值图（黑白）的查找表操作示例。查找表将输入图像中所有小于 150 的灰度值转换为灰度值 0（黑色），输入图像中所有大于等于 150 的灰度值转换为 255（白色），输入图像由原始的灰度图变为黑白二值图。阈值 150 如果更改，输出图像也将随之变化。图 4-39 是一些不同的查找表示例。

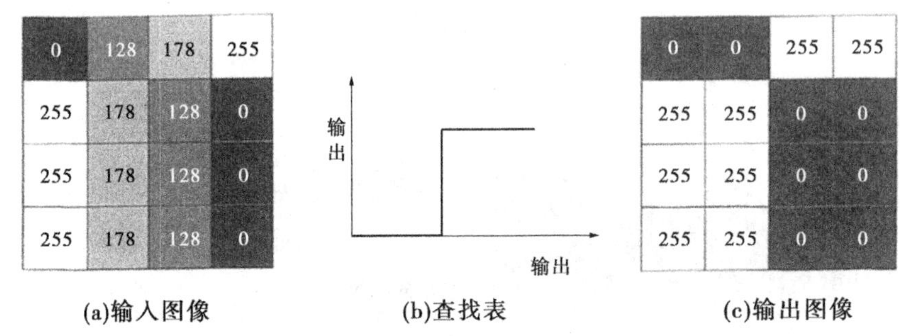

图 4-38　将灰度图像转换为二值图（黑白）的查找表操作

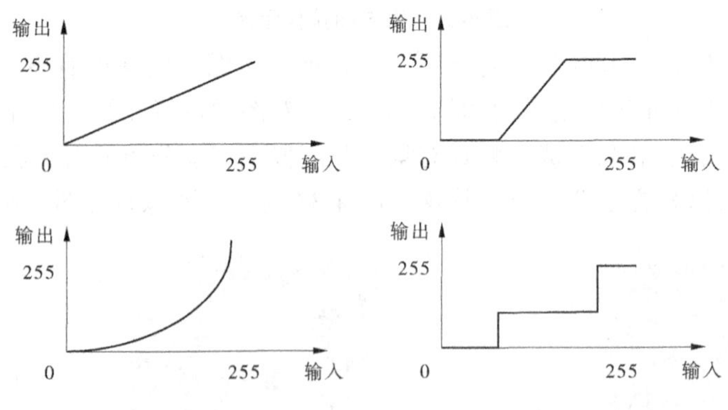

图 4-39　查找表示例

帧叠加技术是利用多帧图像进行运算降噪的方法，即在一定时间内采集多帧图像，利用随机噪声的性质，采用像素点对点的叠加平均，减小噪声的值，可以显著提高信噪比。图 4-40 是帧叠加技术的原理示意图，和帧叠加技术使用示例。在示例中可以看到，随着帧叠加数量的增加（M 值增大），图像的噪声明显减小。

帧叠加技术的优点是对静止图像能非常有效地滤去噪声，并且保持图像不模糊。

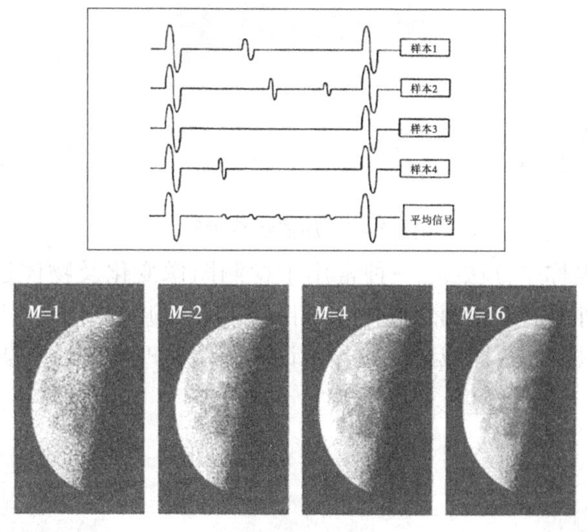

图 4-40　帧叠加技术的原理示意图和效果

图 4-41 显示了图像叠加的数量对提高信噪比的影响。根据计算,采取 n 帧叠加平均后,信号标准差由 σ 降为 $\frac{\sigma}{\sqrt{n}}$,经过 n 帧叠加平均后,图像的信噪比可以提高 $\sqrt{n}$ 倍。

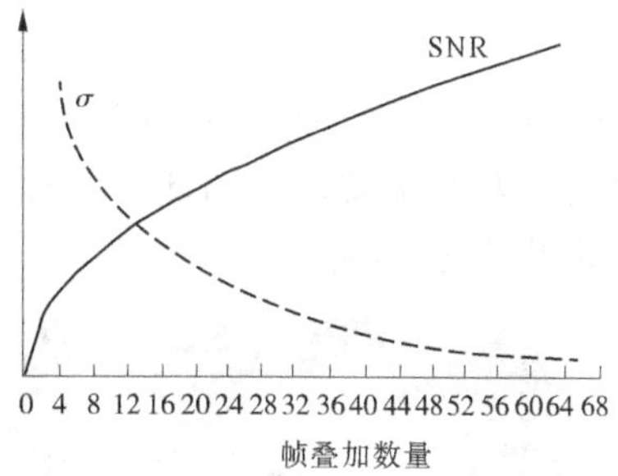

图 4-41　图像叠加的数量对提高信噪比的影响

4.2.5.3　**图像滤波**

在数字图像处理中,滤波起着重要的作用。通过抑制噪声,使潜在的或平滑微小的图像细节得到增强,提高人眼的可视化效果,提高特征与背景的对比度,滤波可以检测基本结构,例如物体的边缘、角或点,此外滤波也可以将图像转换成具有 3D 效果的立体图。焊缝和铸件缺陷的自动检测中也使用了某些滤波模型。

数字滤波是有意改变图像内容以实现细节的可见性,通过这种方式,可以在射线成像的数字图像中更清晰地看到工件缺陷,但也有可能处理成相反的效果,即掩盖掉一些缺陷。因此,当使用数字滤波时,必须深入了解各种滤波器的相互关系和影响。

1. 图像的点运算(代数运算)

图像的点运算是指对两幅图像进行点对点的加、减、乘、除运算而得到输出图像的运算,也叫代数运算。点运算可理解为图像内的操作,不考虑与其他相邻点之间的关系,仅是点与点本身。

(1)图像加法:一般用于对同一场景的多幅图像求平均,以便达到降低噪声的目的。如帧叠加技术就是先对多幅图像进行加法运算,再求平均来降低噪声提高信噪比。应用效果见图 4-42。

 +  = 

图 4-42　加法运算示例

(2)图像减法:也称差分法,是一种常用于检测图像变化及物体运动的处理方法,将同一场景的不同时间段拍摄的图像或同一幅图像的不同波段相减,可以用乘动态监测、图像背景消除及目标识别。图像减法可以作为许多图像处理工作的前期准备。应用效果见图 4-43。

 -  = 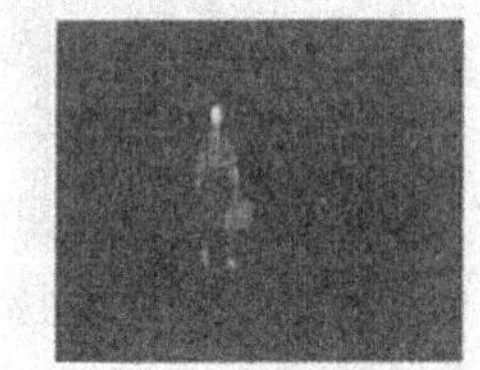

图 4-43　减法运算示例

(3)图像乘法:两幅图像进行乘法运算可用来屏蔽图像的某些部分。先将感兴趣的区域设置为 1,需要遮住的部分设置为 0,对这两幅图像做乘法就能得到所需部分的图像。应用效果见图 4-44。

 × 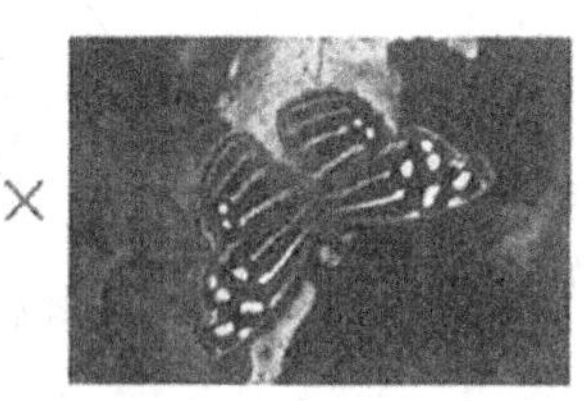 = 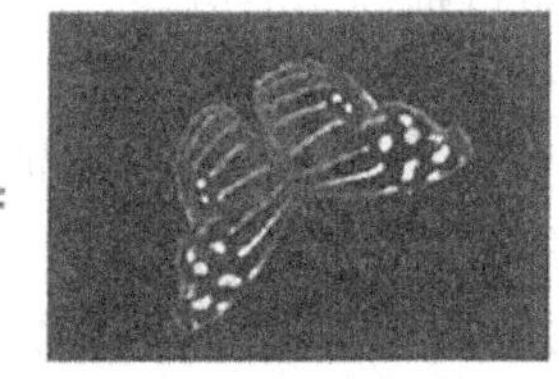

图 4-44　乘法运算示例

(4)图像除法:两幅图像进行除法运算可用于校正由于照明或者传感器非均匀性造成的图像灰度阴影,这在特殊形态的图像(如断层扫描等医学图像)处理中常常用到。图像除法也可以用来检测图像间的区别,但是除法操作给出的是相应像素值的变化率,而不是每个像素的绝对差异,因而图像除法也称比率变换。应用效果见图 4-45。

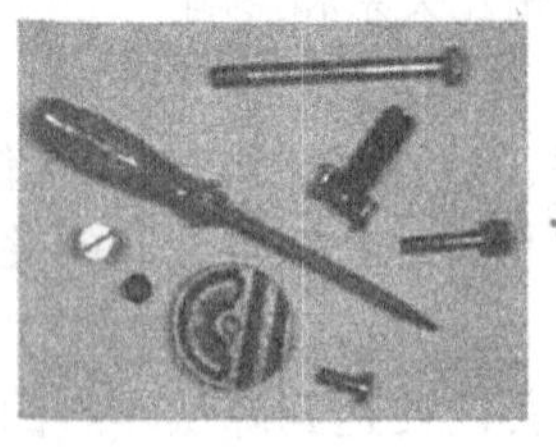 ÷ 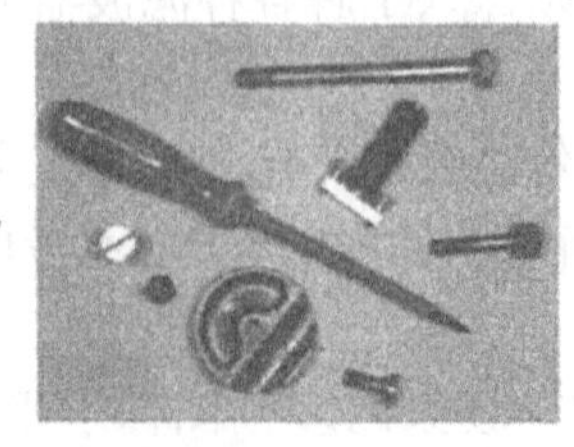 = 

图 4-45　除法运算示例

2. 图像的矩阵运算

数字图像是一个二维矩阵的离散信号,对数字图像进行矩阵运算,是先建立一个小的滤波器模型(小矩阵),用这个小的滤波器模型在输入图像上移动,每到一个位置就把模板和图像对应的点相乘再相加,把最后的结果代替被模型覆盖的中心点的值,得到新的图像的一点。滤波器模型在整张图像上移动,生成的全部新像素点组合在一起,就是被滤波后的图像。图 4-46 是图像矩阵运算的示例。

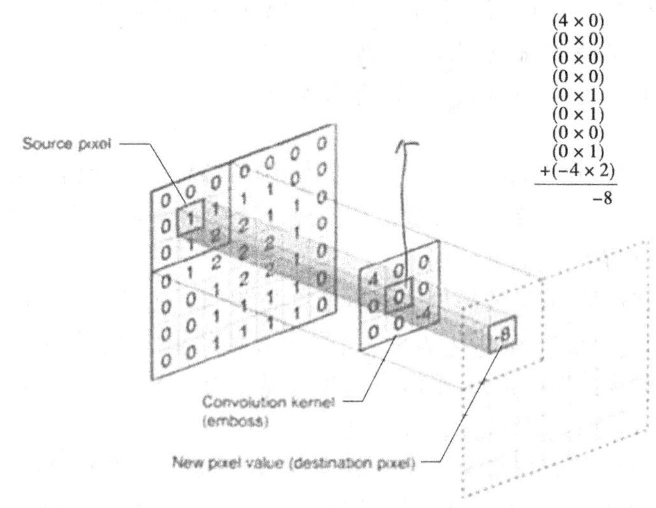

图 4-46　图像的矩阵运算

矩阵运算后的图像灰度值:不仅与原始图像该点位置的像素值有关,还与相邻点的像素值有关。不同的滤波器模型将会得到不同的滤波效果。

图 4-47 展示了一个一维图像的矩阵运算的示例。原图为 1×6 的数字阵列,滤波器模型为 1×3 的数字阵列。滤波的操作过程如下:

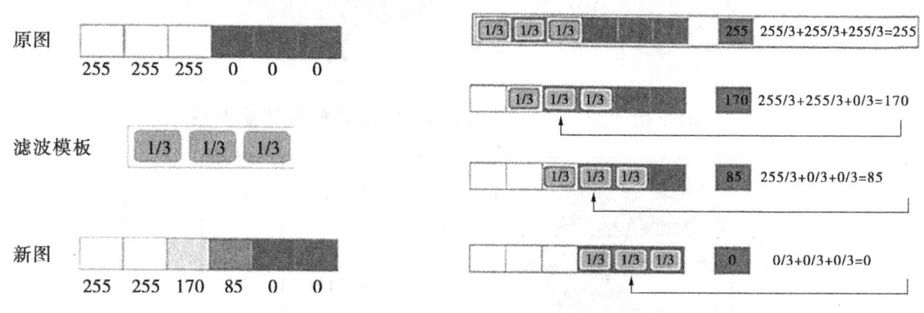

图 4-47　图像矩阵运算示例

(1)用滤波器模型覆盖原图的左边三个像素,原图的前三个像素值分别乘以滤波器模型的三个像素值,并相加,得到新的数值,这个数值分配给滤波器模型的中心位置,作为新图在该位置的像素值。

(2)滤波器模型向右移动一个像素位置,覆盖位置的原图像素值和模板像素值相乘、相加,得到新的值,分配给此时滤波模板所在的中心位置,即新图的第 3 个像素点。

(3)滤波器模型继续右移,依次得到之后的计算值。

(4)用这些矩阵计算后得到的值生成一幅新的图像。

通过这个操作,可以看到,原图显示的灰度差异(黑白跳跃)经滤波处理后开始有了过渡,图像变得平滑,锐利的边缘变得模糊。

3. 滤波器种类

滤波器模型的种类决定了滤波对图像的影响,常用的滤波器种类有:

(1)频域滤波:低通滤波、高通滤波、带通滤波。

(2)空域滤波:均值滤波、中值滤波、高斯滤波等。

1)低通滤波器

低通滤波器将图像中的高频部分(边缘、噪声、细节等)滤除,保留低频部分的滤波处理,作用是用来模糊和平滑图像。低通滤波器可用于去除或衰减图像上的噪声和假轮廓的同时,对图像细节也有一定衰减作用。

低通滤波器的特征是,其滤波模型上所有值都是正的。如果滤波器模型上所有数值相等,则所有相邻点的权重均衡,效果表现为平均灰度值的小变化,减小了噪声,但同时也模糊了图像细节。滤波器模型越大,平滑作用越明显。因为图像上的所有值都是在滤波器模型内平均,参与计算的数值越多,输出的值越平均。

图 4-48 是低通滤波器的滤波效果示例,图 4-48(c)采用了一个 9×9 的滤波器模型,图像平滑效果比图 4-48(b)采用 3×3 滤波器模型的更强。图 4-49 是各种用于抑制噪声滤波的低通滤波器。

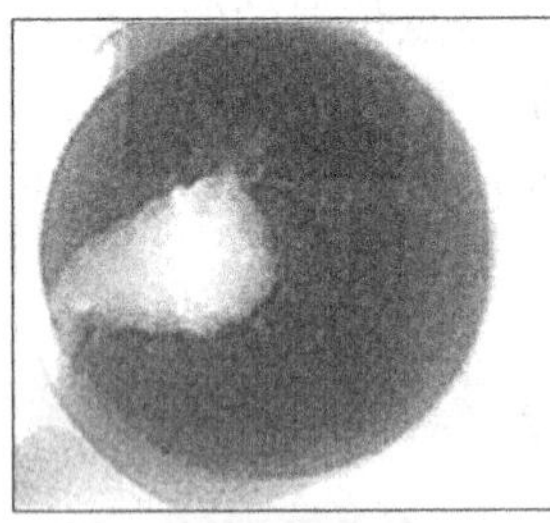

(a)原始图像

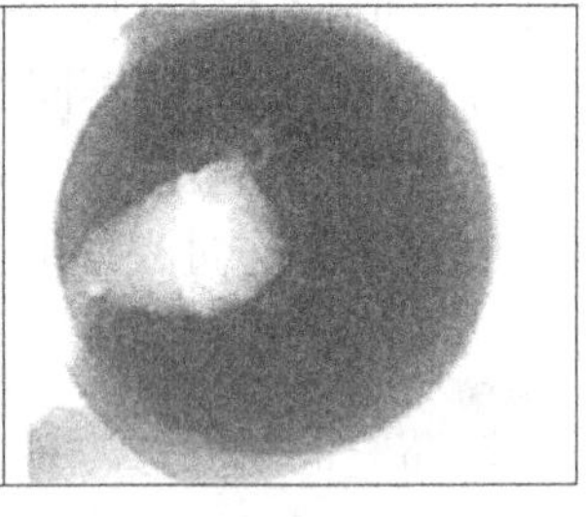

(b)3 × 3的低通滤波器滤波后

(c)9 × 9的低通滤波器滤波后

1/9	1/9	1/9
1/9	1/9	1/9
1/9	1/9	1/9

(d)3 × 3的低通滤波器

图 4-48　低通滤波器的滤波效果示例

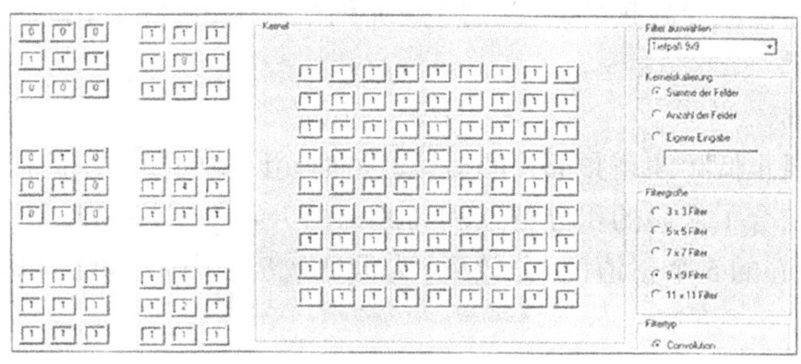

图 4-49　用于抑制噪声的各种低通滤波器

2) 高通滤波器

与低通滤波器相反，高通滤波器允许图像的高频部分通过，不允许低频部分通过。而高频部分对应图像的边缘、细节、噪声等区域，效果是提取边缘。

高通滤波器模型的特点是，在滤波器模型中出现负值，这将导致微分效果。如果图像的区域仅由相等的值组成，则通过滤波器运算后矩阵总和为 0，则微分滤波器将输出 0 值。当灰度发生变化时，滤波器将捕捉到灰度变化的突然性，并把它表现出来。

图 4-50 展示了一个一维图像的高通滤波器矩阵运算示例。通过示例可以看到，滤波后的图像仅在灰度变化的位置显示出不等于 0 的单个单信号。

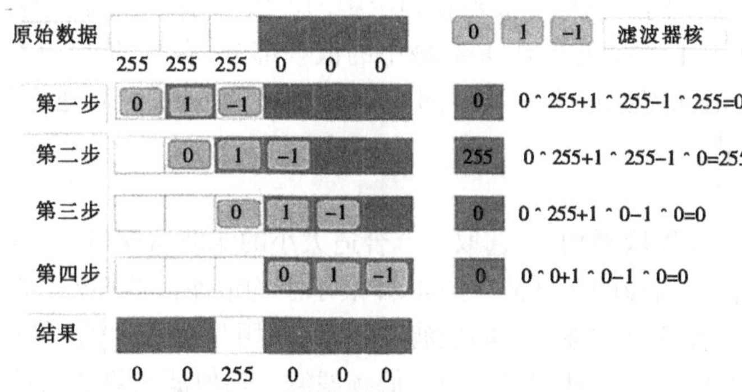

图 4-50　高通滤波器矩阵运算示例

图 4-51 是二维图像应用高通滤波器的效果示例。

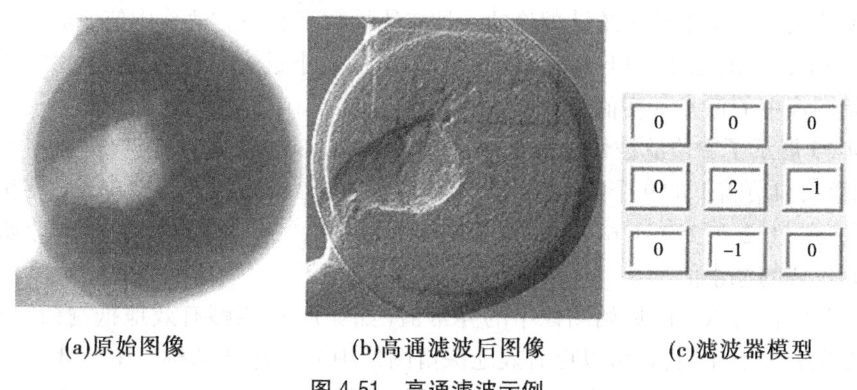

(a)原始图像　(b)高通滤波后图像　(c)滤波器模型

图 4-51　高通滤波示例

将高通滤波器提取的高频部分(边缘)叠加到原图上,可以强化图像的边缘信息,达到锐化图像的效果。

3)带通滤波器

带通滤波器阻止低频和高频部分的信号通过而允许中间段频率的信号通过。

带通滤波器结合了低通的积分特性和高通的微分特性。图 4-52 是带通滤波器的示例,滤波器模型中心的 5 个正值(积分效应)为低通效应,周围的负值(微分效应)为高通效应。

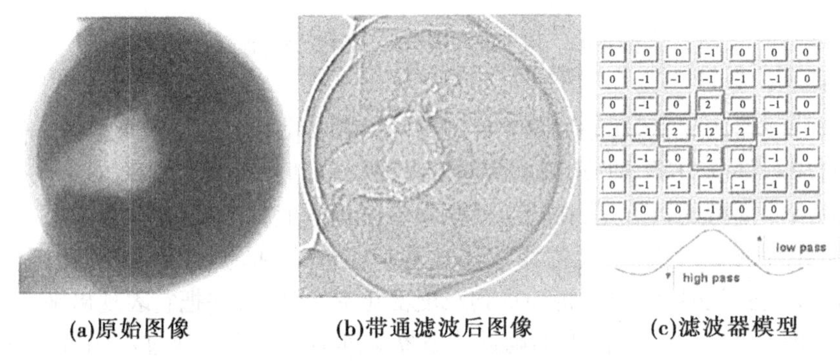

(a)原始图像　　(b)带通滤波后图像　　(c)滤波器模型

图 4-52　带通滤波器示例

图 4-53 展示了不同的图像滤波器在频域中的滤波效果。在频谱图中,左侧的 2 和 4 灰度变化缓慢,代表了大面积结构,是频域中的低频部分,右侧的 32 灰度变化快,是频域中的高频部分,中心频率标记为 8、16。图 4-53 分别展示了低通、高通、带通对不同频率成分区域的抑制效果。

4)均值滤波器

均值滤波主要为邻域平均法,选取一个合适大小的滤波器窗口,用窗口中所有像素的灰度平均值来替代原图像的灰度值。图 4-54 展示了均值滤波器操作过程。

均值滤波是一种低频增强的空间域滤波技术,作用是对图像的高频分量进行削弱或消除,增强图像的低频分量,其效果相当于低频滤波。均值滤波算法简单,计算速度快,能有效抑制噪声,但在降噪的同时使图像产生模糊,特别是物体的边缘和细节部分。

5)中值滤波器

中值滤波器是基于排序统计理论的一种非线性数字滤波方法。中值滤波的操作方法是,选取一个适当的滤波窗口,将窗口中所有的值按大小进行排序,选取序列中的中间值替代原始图像中的像素灰度值。

图 4-55 展示了中值滤波器操作过程:选取一个 3×3 的窗口,将窗口覆盖在原始图像上,得到该窗口覆盖下的 9 个数字,分别是“2,1,4,2,2,3,7,6,8”,将这 9 个数字按大小排序,得到序列“1,2,2,2,3,4,6,7,8”,位于中间的数字为“3”,将数值“3”替代原始图像中窗口中间位置的像素值。

中值滤波器可以去除原始图像中的异常值(如噪声),能够有效地抵制椒盐噪声,虽然对图像也有平滑作用,它可以更有效地保留图像中的边缘和结构。中值滤波特别适用于抑制 DDA 中可能出现的单个坏像素。图 4-56 分别展示了均值滤波器与中值滤波器的

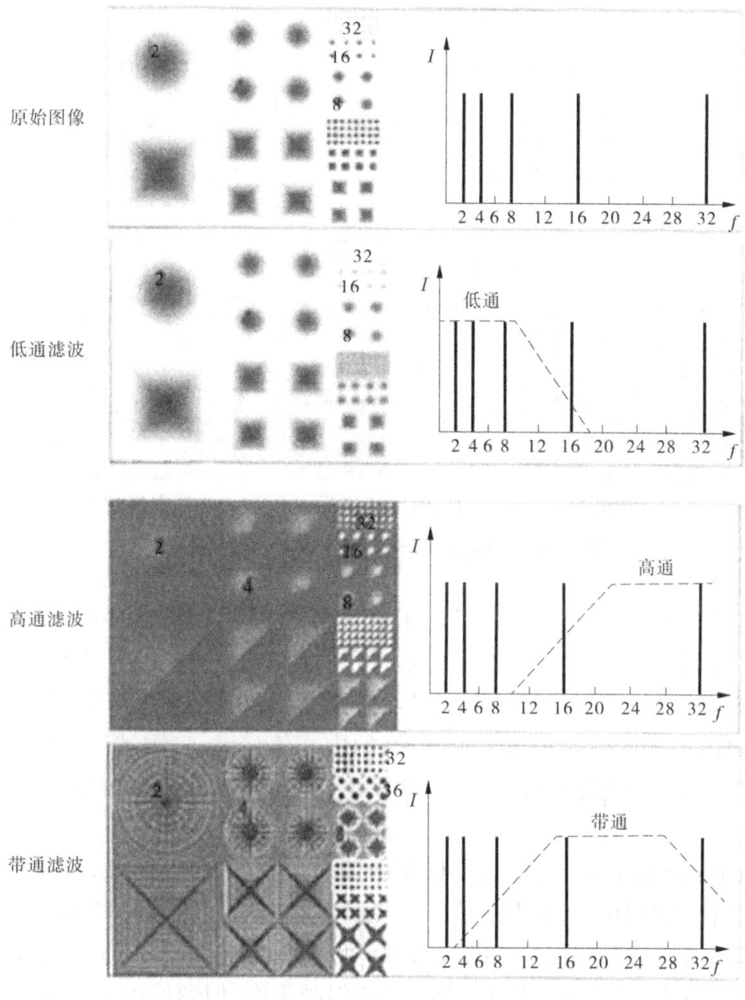

图 4-53　不同的图像滤波器在频域中的滤波效果

1	2	1	4	3
1	2	2	3	4
5	7	6	8	9
5	7	6	8	8
5	6	7	8	9

1	2	1	4	3
1	3	2	3	4
5	7	6	8	9
5	7	6	8	8
5	6	7	8	9

1	2	1	4	3
1	2	2	3	4
5	7	6	8	9
5	7	6	8	8
5	6	7	8	9

1	2	1	4	3
1	3	4	4	4
5	4	5	6	9
5	6	7	8	8
5	6	7	8	9

图 4-54　均值滤波器操作示例

滤波效果。

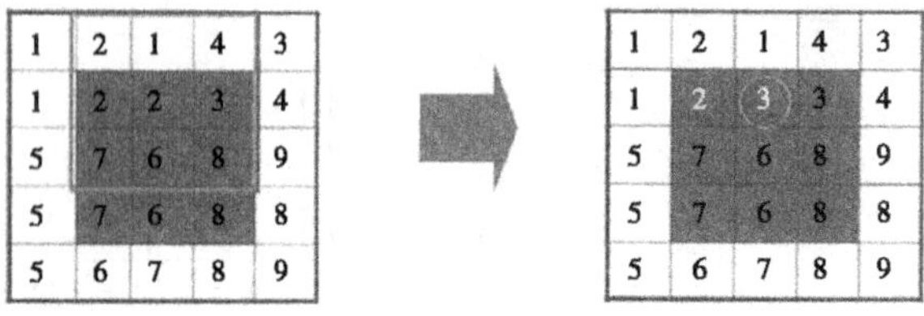

图 4-55　中值滤波器操作示例

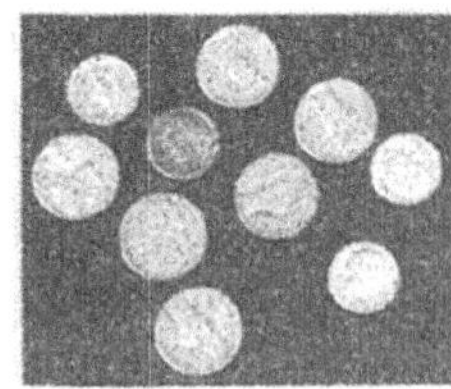

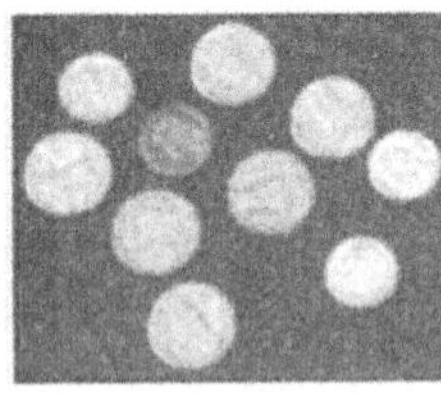
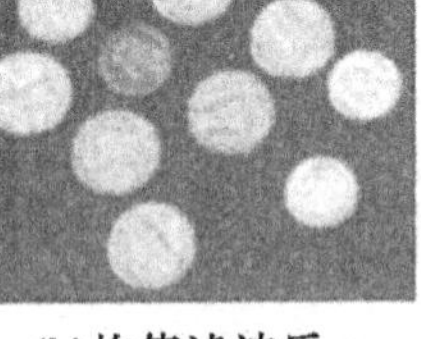
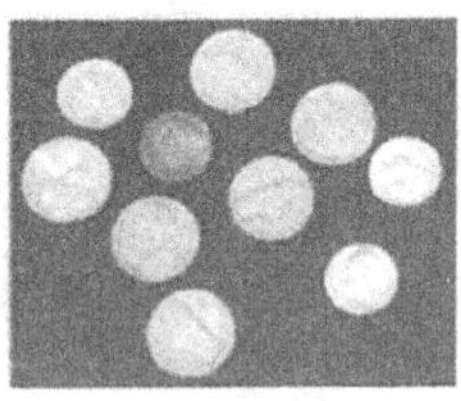

(a)原图　　(b)均值滤波后　　(c)中值滤波后

图 4-56　均值滤波器和中值滤波器效果示例

6)高斯滤波器

高斯滤波是一种线性平滑滤波,适用于消除高斯噪声,广泛应用于图像处理的减噪过程。通俗的讲,高斯滤波就是对整幅图像进行加权平均的过程,每一个像素点的值,都由其本身和邻域内的其他像素值经过加权平均后得到。高斯滤波是指用高斯函数作为滤波函数的滤波操作,高斯函数是正态分布,模型的中心值最大、权重越高,越往外值越小、权重越低,高斯模型就是按照高斯函数递减的模型,比均值滤波平滑效果更柔和,而且边缘保留得也更好。

高斯滤波的具体操作是,用滤波器模型中的每一个值与原图中被模型覆盖的像素分别加权平均,替代模型中心像素点的值。常见的整数模型如图 4-57 所示。

通过调节高斯滤波器加权平均的权系数,可以得到不同的滤波强度。滤波强度越小,噪声消除的效果越小,滤波强度越大,噪声消除得越干净,但图像细节也损失。

4. 用于结构增强的滤波器

强调结构(灰度值转换)的滤波器中通常包含负值,这些负值通过与正值的相互作用分别增强或强调灰度值的转换。

1)锐化滤波器

锐化是 X 射线数字成像技术中常用的一种滤波处理方法,目的是提高细小结构(缺陷)的可见度。图 4-58 是一幅焊缝图像的锐化滤波处理效果。

图中 3×3 锐化滤波器的模型,矩阵的中心值为正,周围的 4 个值为负,经矩阵运算后,原始图像该位置的强度增加 5 倍的同时再减去附近的值,从而增大了与周围位置的对比,相当于增大了灰度变化的梯度,把滤波器模型扩大至 5×5,更多的像素可用于梯度的确定,锐化的效果也更强。

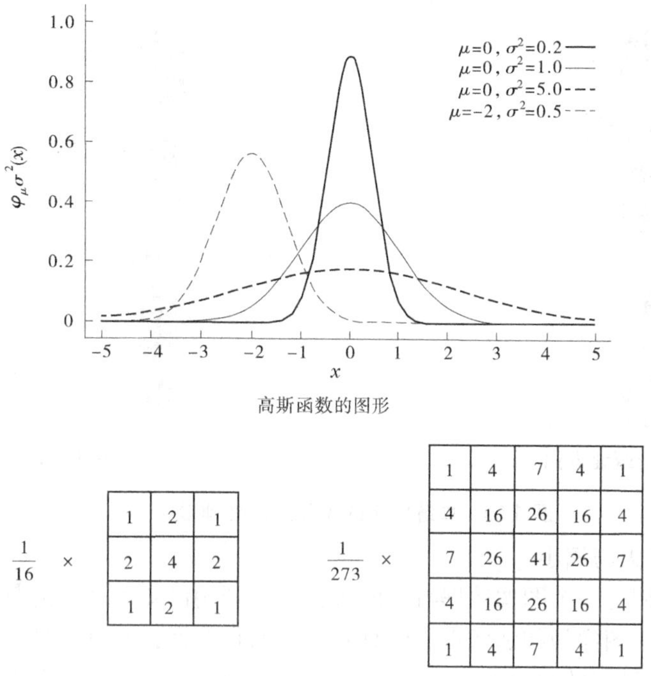

图 4-57　高斯滤波器模型示例

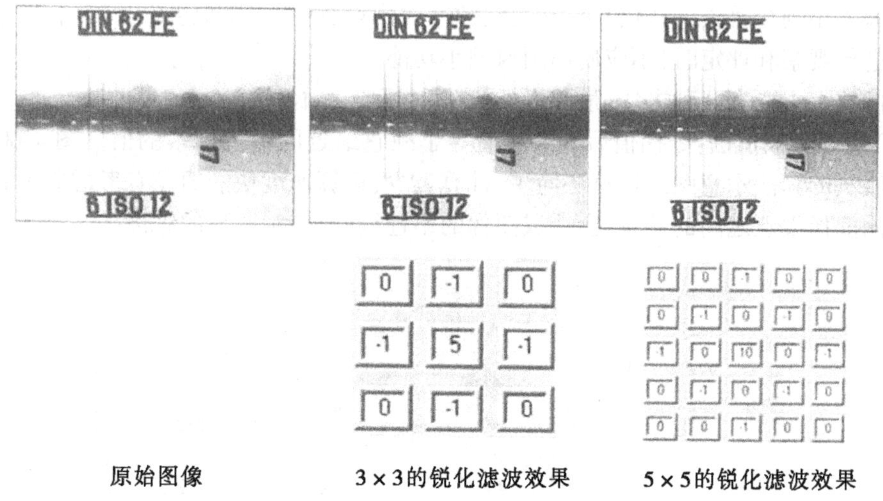

图 4-58　焊缝图像的锐化滤波处理效果示例

2) 结构仿真滤波器(3D 仿真,浮雕)

结构的进一步强调可以通过模拟光和阴影来实现,效果表现为三维影象,通过选取滤波器模型可以实现不同的取向,图 4-59 是结构仿真滤波示例,当矩阵的左上部分为正值、右下部分为负值时,效果表现为光线来自西北方向[见图 4-59(a)],当矩阵的右上部分为正值、左下部分为负值时,则表现为光线来自东北方向[见图 4-59(b)]。

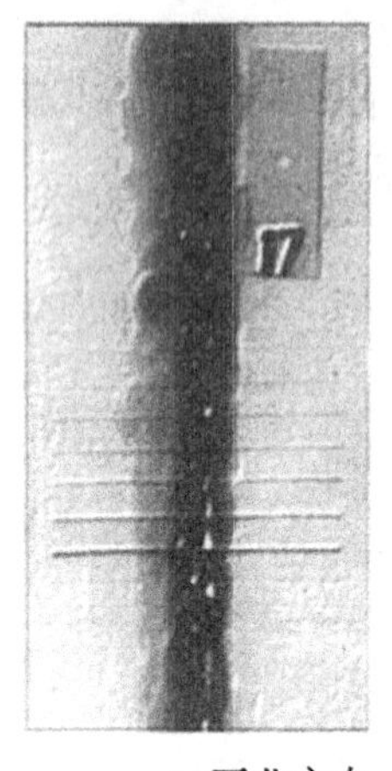

(a)西北方向

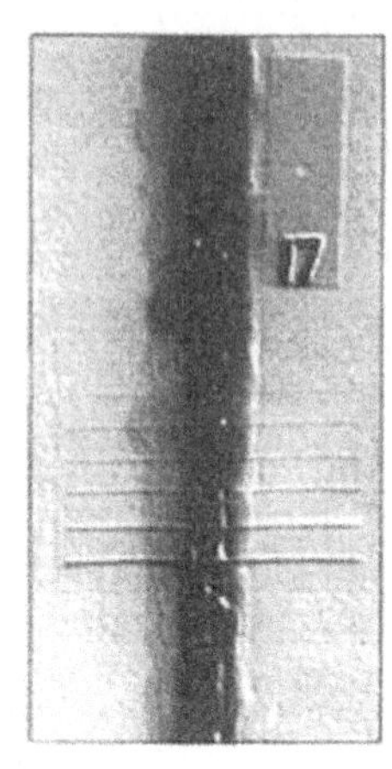

(b)东北方向

图 4-59 焊缝图像的锐化滤波处理效果示例

4.2.5.4 图像放大与缩小

图像放大过程是一个图像数据再生的过程——利用已知采样点的灰度值去估计未知采样点的灰度值。图像的相邻像素之间具有较强的相关性，为了使得放大后的图像清晰，失真少，达到使人满意的视觉效果，在图像插值的过程中需要保持插值点与其周围点的相关性。但必须注意，图像放大不会导致图像质量的改变。

图像缩小则会丢失一些信息。在射线数字成像检测中，为避免丢失检测信息，在对数字图像进行观察和评定时，不应使用图像缩小功能。

图像放大主要有两种方法：最邻近插值法和双线性插值法。

(1)最邻近插值法：令插值后的像素值等于距它最近的输入像素的值。图 4-60 为最邻近插值法的算法示意图。该算法简单、计算量少，运算速度快。但没有考虑周围其他像素点与插值像素点之间的关系，会造成图像的不连续性，产生明显的锯齿。

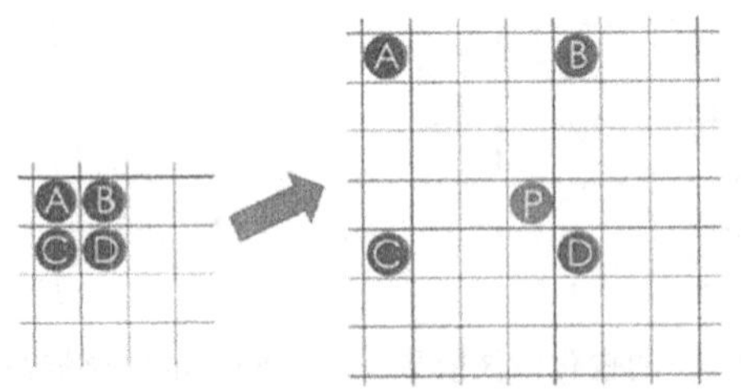

图 4-60 最邻近插值法的算法示意图

(2)双线性插值法：待插值点的值是原始图像中，与其相邻四个已知像素值的加权平均值，即用四个已知像素点对待插值位置进行线性插值计算，作为该位置的像素值。图 4-61 为双线性插值法的算法示意图。该算法比最邻近插值法复杂、计算量大，但没有灰度不连续的缺点，因插值算法中考虑到其他相邻点的相关性，极大程度消除了锯齿，但同时还造成一定的细节模糊，因为它具有低通滤波性质，使高频分量受损。

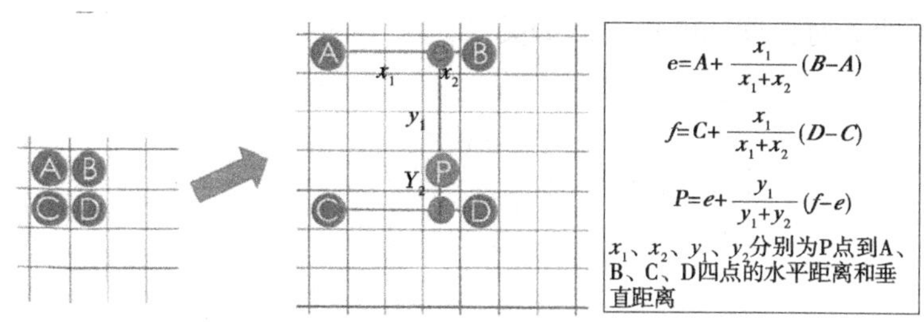

图 4-61　双线性插值法的算法示意图

4.2.5.5　其他图像处理功能

除前部分讲到的图像处理方法外，利用计算机对数字图像进行处理还有一些常用的功能，如图像求反、镜像、旋转等。

图像求反：将原图像的每个灰度值翻转（用满量程灰度减去原始灰度值），简单地说就是使白变黑，使黑变白。如射线数字图像中的正负片即为图像求反，如图 4-62 所示。

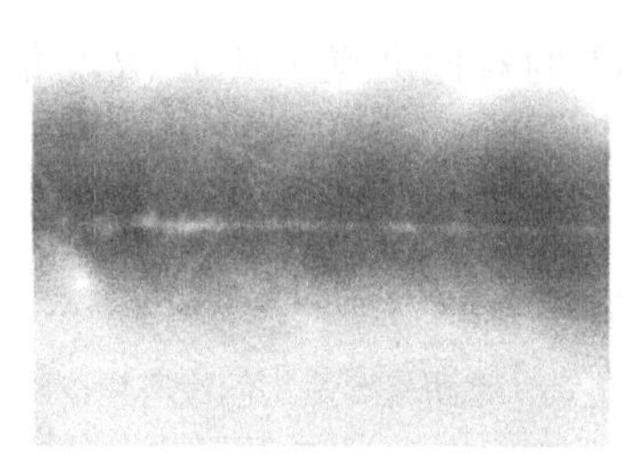
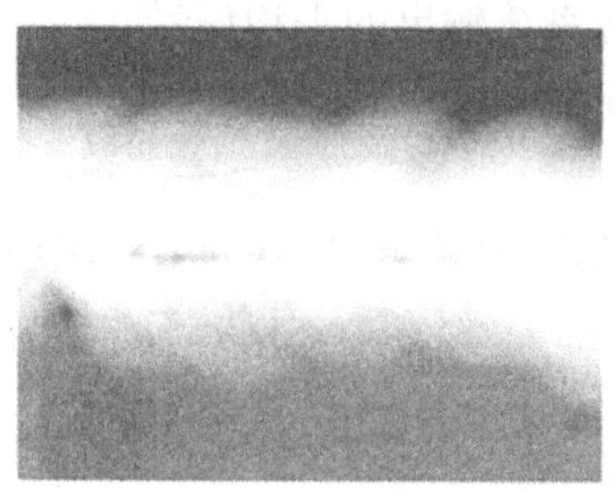

图 4-62　图像求反

图像镜像、图像旋转都不改变像素点的像素值和图像的形状，只是改变像素点位置且位置的改变与原图一一对应，图像镜像分为水平镜像与垂直镜像。水平镜像以图像的水平中轴线为中心，左右两部分对称变换；垂直镜像以图像的垂直中轴线为中心，上下两部分对称变换。

图像旋转以图像中心为原点，在同一平面直角坐标系内绕原点旋转。

4.2.6　图像质量对细小缺陷的识别与分辨的影响

4.2.6.1　对比度噪声比概念

图像噪声影响到图像细节的识别，如图 4-28 所示，当因缺陷产生的信号差（对比度）小于噪声时，该缺陷的信号将不能被识别。为讨论噪声与缺陷检出能力的关系，引入对比度信噪比的概念，这是射线数字成像技术定义的新概念。

对比度噪声比定义为成像系统输出的平均信号差值与信号的统计标准差之比，记为 CNR：

$$CNR = \frac{\Delta \overline{G}}{\sigma} \tag{4-21}$$

式中：$\Delta \overline{G}$ 为小厚度差 ΔT 产生的成像系统输出信号差；σ 为输出噪声。

图 4-63 说明了对比度和噪声之间的关系。

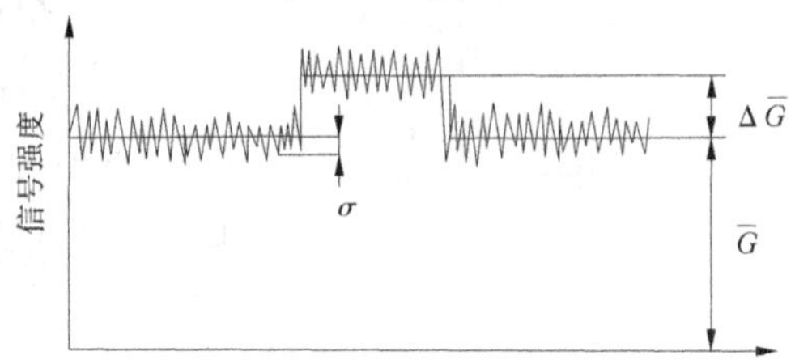

图 4-63　对比度、信噪比的关系

CNR 表征了成像系统对信号间差异即被检工件内部不连续的检出能力。

根据前面部分所了解的 *SNR* 的定义：

$$SNR = \frac{\overline{G}}{\sigma}$$

式中：$\overline{G}$ 为成像系统输出的平均信号。

从 *CNR* 与 *SNR* 的概念，建立某小厚度差 ΔT 的对比度噪声比 *CNR* 与信噪比 *SNR* 的关系。

对于射线数字成像系统，其响应输出信号与射线强度呈线性关系，则有：

$$\frac{CNR}{SNR} = \frac{\Delta\overline{G}}{\overline{G}} = \frac{\Delta I}{I} = \frac{\mu\Delta T}{1+n} \tag{4-22}$$

$$CNR = \frac{\mu\Delta T}{1+n} \times SNR \tag{4-23}$$

由式(4-23)可知：

(1)信噪比直接影响图像的细节对比度，一定的图像信噪比是形成图像细节对比度的基础。

(2)射线能量的提高将引起 μ 值的降低，但在 DDA 技术中，射线能量的提高又会提高信噪比，只有当 $\mu\times SNR$ 提高时，对比度噪声比才会提高。

(3)散射线会降低对比度噪声比，透照时应采取有效措施屏蔽和控制散射线。

归一化对比度噪声比为：

$$CNR_N = CNR \times \frac{88.6\mu m}{SR_b} \tag{4-24}$$

4.2.6.2　检测图像的对比度灵敏度

对比度灵敏度 CS 即是灵敏度，由线型像质计测定，它表征的是图像的对比度。图像的检测灵敏度是由对比度噪声比和信噪比决定的，这是与胶片照相法的显著差异(胶片照相法检测灵敏度由对比度和黑度决定)。

4.2.6.3　检测图像细节识别能力

细小缺陷和像质计的可识别性取决于对比度噪声比和缺陷的自身高度 ΔT。

在数字射线图像中，相同尺寸(高度)的缺陷和像质计的可识别性取决于归一化对比度噪声比。要想提高检测图像的细节识别能力，应设法提高归一化对比度噪声比，即尽量选择高的基本空间分辨率、高的信噪比,以及采取提高有效衰减系数的透照工艺参数。

在检测系统和被检工件已确定的情况下(SR_b 确定),若不能达到要求的归一化对比度信噪比,造成对比度或清晰度的不足,可以采取提高信噪比的方法,提高检测图像的细节识别能力。

缺陷和像质计的可识别性还取决于投影面积。操作人员可以在较低的 *CNR* 下识别较大面积的缺陷,因此也可以在较低的 *SNR* 下识别较大面积的缺陷。图 4-64 展示了在同一幅数字图像中,人眼对不同深度和直径的一组平底孔的识别能力,可以看到,在相同 *SNR* 和 *CNR* 的情况下,面积越大越容易识别。

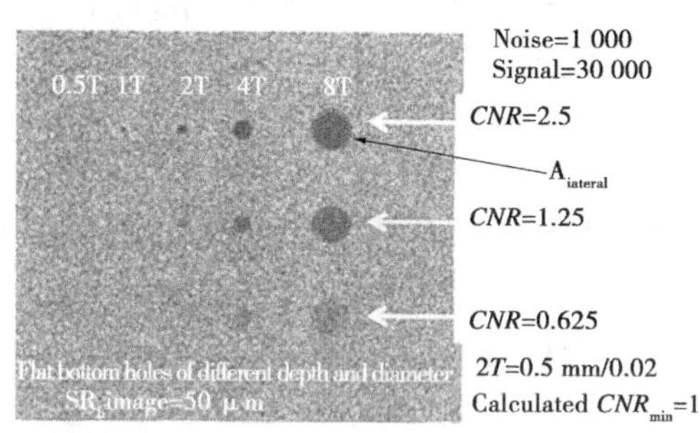

注:图中每列孔的直径相同,每行孔的深度相同。每行具有相同的*CNR*。2*T*孔直径为0.5 mm。

图 4-64　人眼对不同深度和面积的平底孔的识别

4.2.6.4　检测图像的细节分辨能力

检测图像不清晰度 U_{im} 对细节图像分辨的影响包括两方面:一是降低了图像小细节的对比度,二是扩展了图像细节投影的宽度。图 4-65 显示了图像不清晰度对宽度尺寸为 *D* 的细节投影图像在宽度方向上的影响情况,是使细节投影宽度在每侧增加 1/2 的 U_{im},这直接决定了检测图像对细小缺陷的分辨能力。

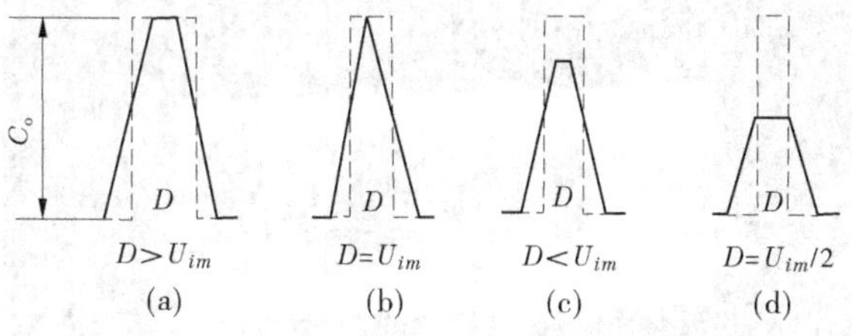

图 4-65　U_{im} 对细节图像宽度方向上的影响

图 4-66 显示了图像不清晰度对宽度尺寸为 *D* 的周期细节的影响。为了能分辨细小缺陷细节,常要求检测图像不清晰度不得大于细小缺陷的细节尺寸,即 $U_{im} \leq D$。

实际检测中,不清晰度曲线不是简单的直线,对细节对比度和细节尺寸的影响更为复杂,当 $D=1/2\ U_{im}$ 时,多个相邻的细小缺陷将不能分辨,从而变成一个大的缺陷。

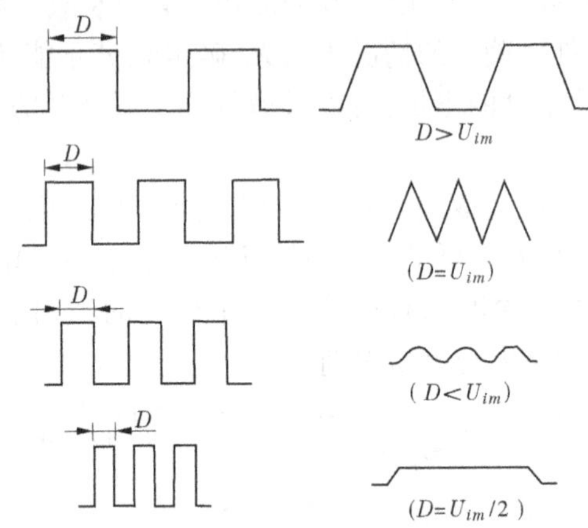

图 4-66 图像不清晰度对宽度尺寸为 D 的周期细节的影响

4.3 检测应用案例

4.3.1 DR 在压力管道检验中的应用

4.3.1.1 压力管道监督检验中的应用

1. 案例 1

检测工艺：材质：20#钢；规格：ϕ 60×3.5；焦距：600 mm；管电压：150 kV；管电流：3 mA；透照方式：双壁双影；帧数：3 帧；发现圆形缺陷（见图 4-67）。

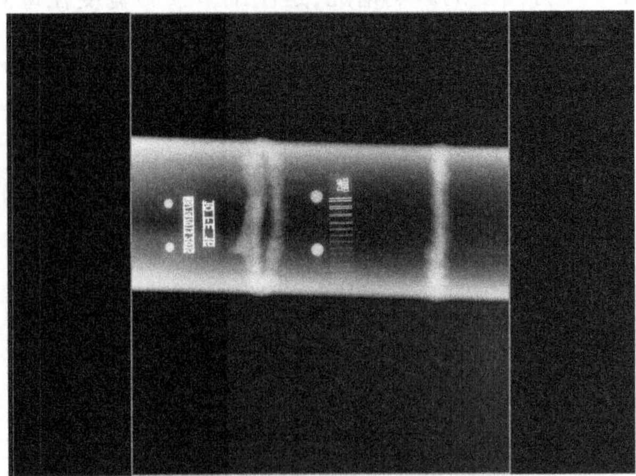

图 4-67 压力管道 DR 成像

2. 案例 2

现场检测情况如图 4-68 所示。

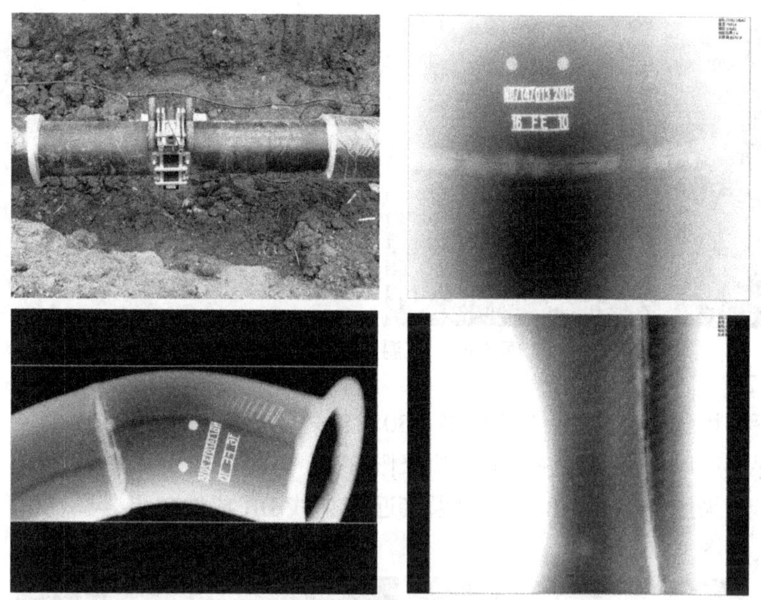

图4-68　现场检测情况

4.3.1.2　压力管道定检DR检测

在用工业管道胶片检测中需要拆除保温层,置换、排空介质后才能进行无损检测工作,费时费力、材料消耗大,停工时间长,拆除、恢复中出现的安全问题也屡见不鲜,生产企业也会因生产产品的经济价值的不同对停工检测造成30万~300万元/日的损失。

射线数字成像技术可以有效降低工业生产中的检测安全问题,不用重复以上的排空、置换工作,可以在不停机的情况下实现内部情况检测,实时、快速呈现检测结果,帮助客户提高生产效率和生产安全性,降低能耗和对环境的影响。

包覆层材料经过我们大量测试,保冷的发泡材料对DR检测的成像质量影响轻微,在此只讨论保温的岩棉等材料对DR检测的影响。

因为在用管道高空、环境复杂的特性,所以只讨论便携式射线机或者放射源在用管道DR检测的可行性,固定式射线机、直线加速器不考虑。保温材料对DR检测的影响主要是厚度,材料种类降低了射线的强度从而影响DR成像质量。

内部物料一般包括气态和液态两种形式,气态我们做过大量的测试,影响较小,在此不做讨论,影响成像的主要是液态。

液态的主要影响是因为密度、折射、衍射会降低射线的穿透能力,光子的转换数量不能达到成像的采样需求。

1. 案例1

工件名称:高温炉管。

工件介质:触媒。

检测效果:凸显DR成像的优势,不停机检测出裂纹数处,经济、社会效益巨大,针对性更换后保障安全生产、排除安全隐患,如图4-69所示。

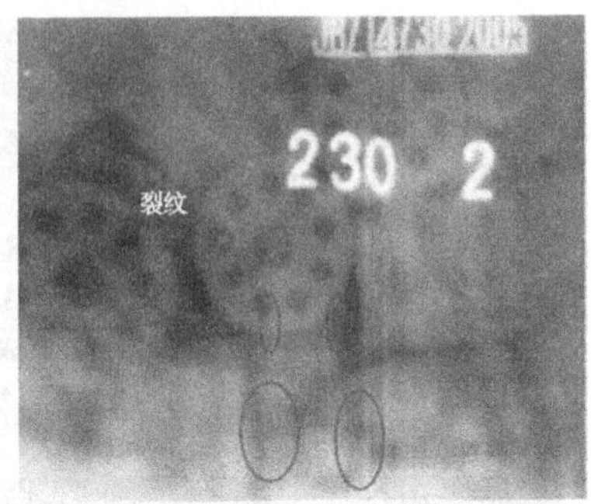

图 4-69　高温炉管 DR 检测

2. 案例 2

工件名称：炼化高温管道，工件规格：530×18，岩棉单层 250 mm×2。

难点：保温层厚度大高频 300 射线机极限穿透。

检测效果：采用 γ 射线 DR 成像效果接近 X 射线 DR 成像效果，灵敏度、信噪比、分辨率均有影响，如图 4-70 所示。

图 4-70　高温管道检测

3. 案例 3

带保温管道：带保温管道见图 4-71～图 4-74。

图 4-71　蒸汽管道检测

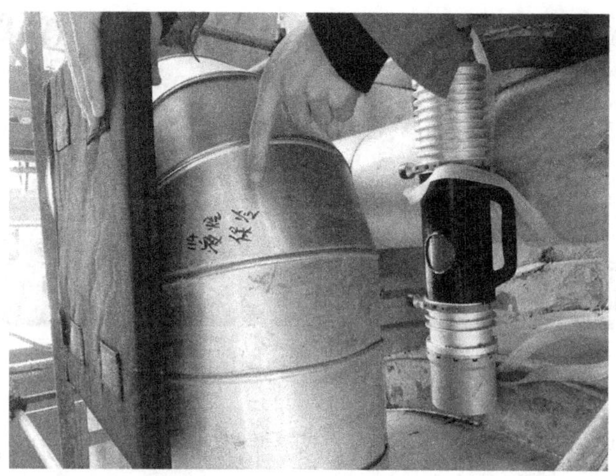

图 4-72　天然气管道检测

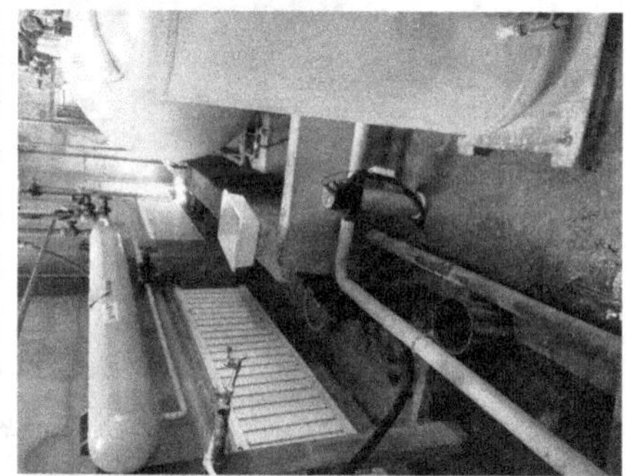

图 4-73　长输管道检测

图 4-74　管道安装现场检测

4.3.2　DR 在压力容器检验中的应用

案例 1：

检测工艺：材质：15CrMo；规格：$T=8$ mm；焦距：600 mm；管电压：150 kV；管电流：5 mA；透照方式：单壁透照；帧数：3 帧；发现裂纹，如图 4-75 所示。

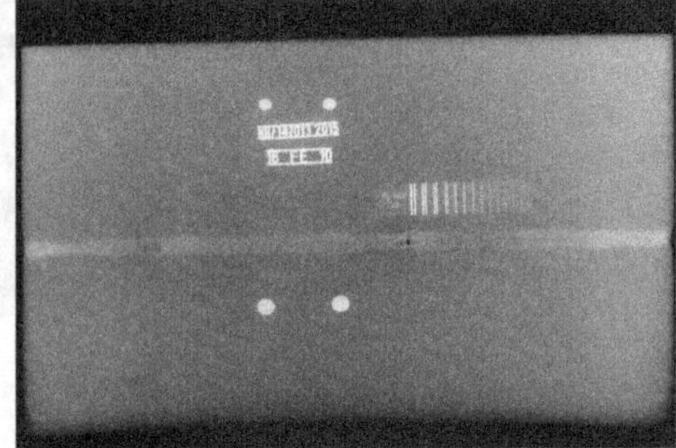

图 4-75　压力容器制造检测

案例 2：

检测工艺：材质：Q345；规格：T = 10 mm；焦距：600 mm；管电压：160 kV；管电流：5 mA；透照方式：单壁透照；帧数：3 帧；发现圆形缺陷、咬边、腐蚀，如图 4-76～图 4-78 所示。

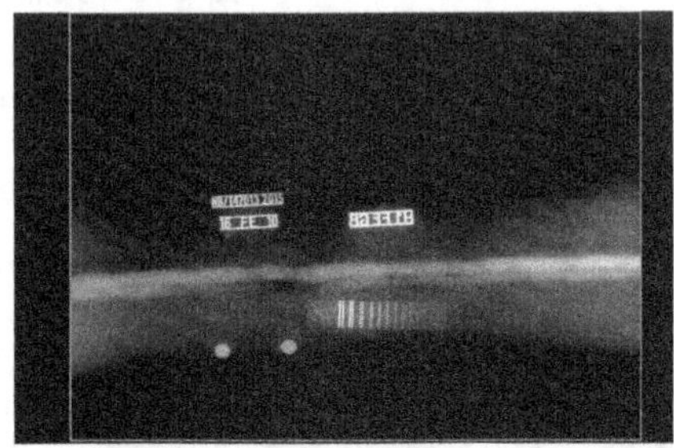

图 4-76　压力容器定期检验检测

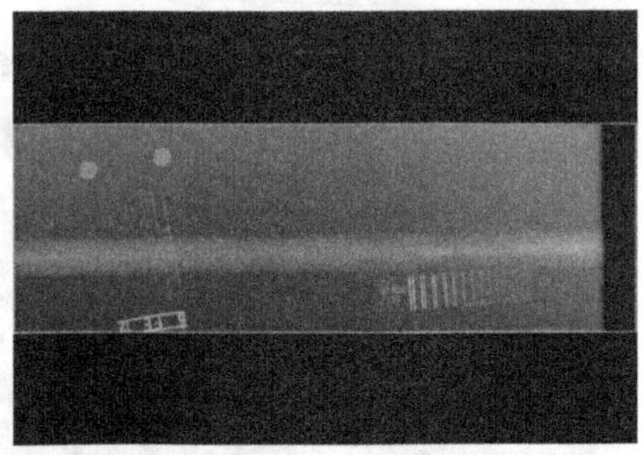

图 4-77　检测结果

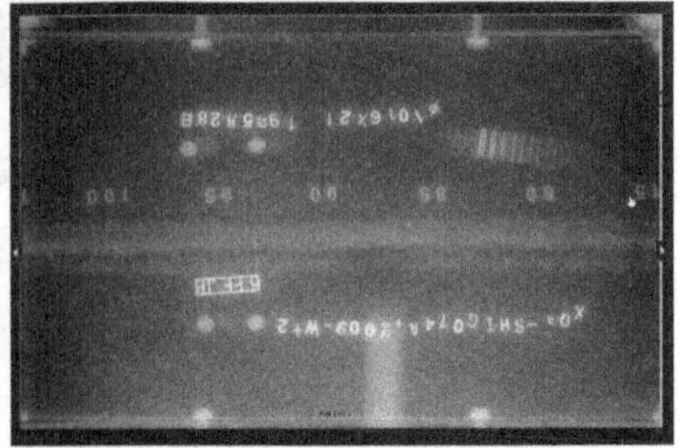

图 4-78　常压储罐检测

4.3.3　DR 在其他设备检验中的应用

4.3.3.1　锅炉过热器弯管 DR 检测

案例:某热电厂锅炉弯管氧化皮堆积物,如图 4-79、图 4-80 所示。

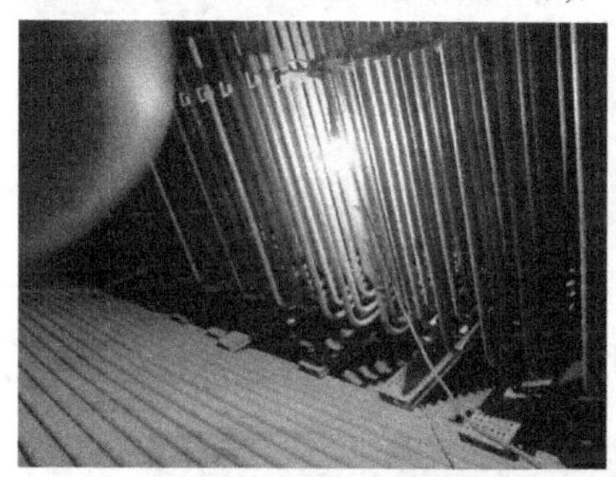

图 4-79　高温过热器弯管检测

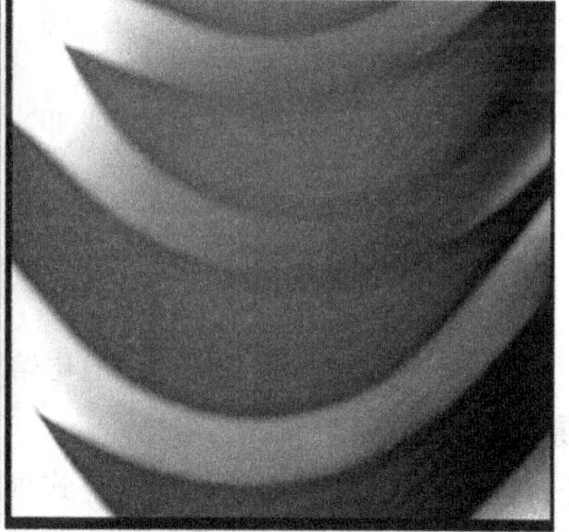

图 4-80　低温过热器弯管检测

4.3.3.2　PE 管道

案例 1:热熔接头,如图 4-81 所示。

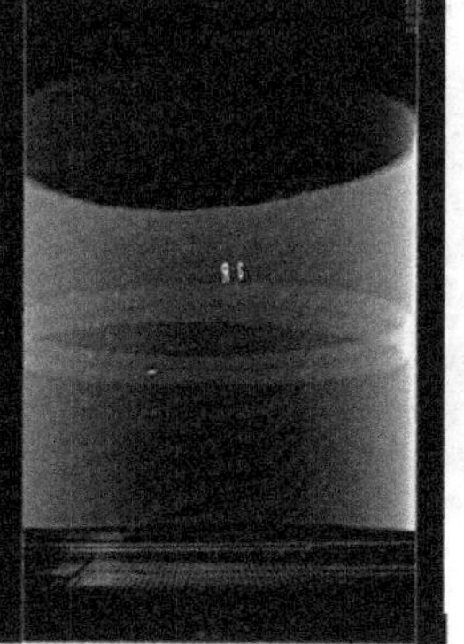

图 4-81　PE 管热熔焊接接头检测

案例 2:电熔接头,如图 4-82、图 4-83 所示。

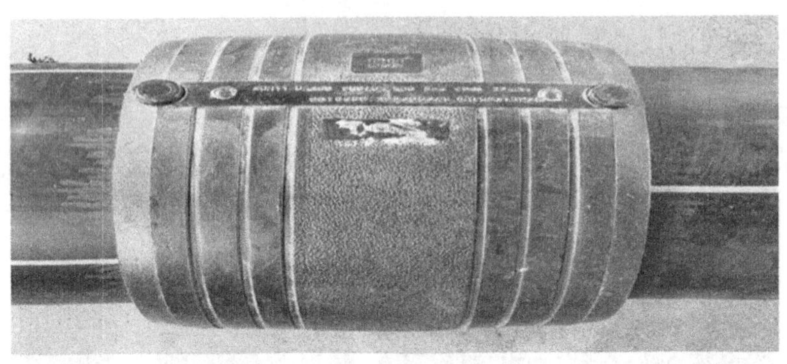

图 4-82　PE 管电熔焊接接头检测

图 4-83　PE 管电熔焊接接头 DR 影像

4.3.3.3　原材料的检测

主要是自动化成像检测系统，由固定式射线机、运动工装、平板探测器、计算机处理软件、射线屏蔽装置（铅房）组成，如图 4-84 所示，可以自动控制射线机、调节曝光参数、平板探测器自动响应射线成像、自动调节、设置工装位置等优点。软件处理结果迅速、智能辅助缺陷识别、自动上传数据至指定位置。

图 4-84　CT 操作机

案例 1：铸铝件，如图 4-85、图 4-86 所示。

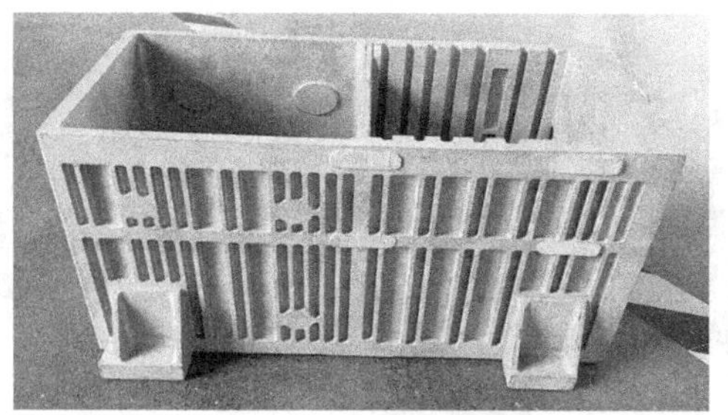

图 4-85　铸件检测试件

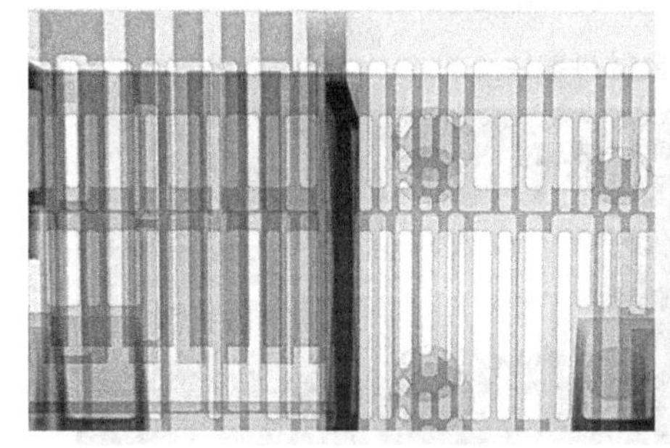

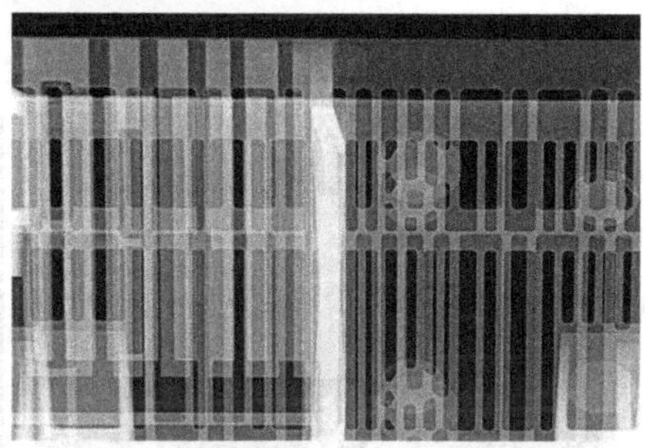

正像　　负像

图 4-86　铸件 DR 检测成像

案例 2：压铸件，如图 4-87、图 4-88 所示。

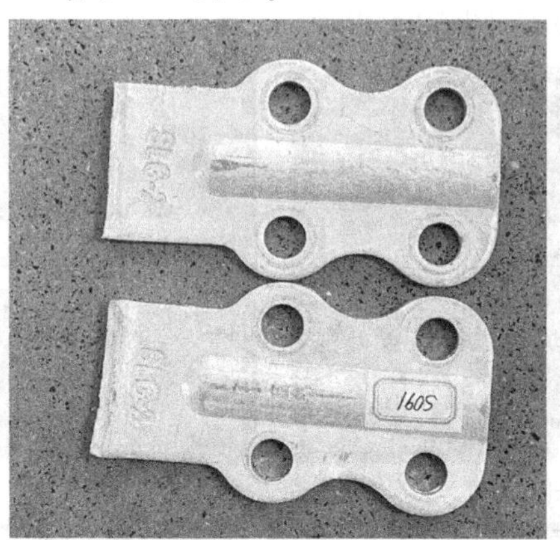

图 4-87　压铸零件

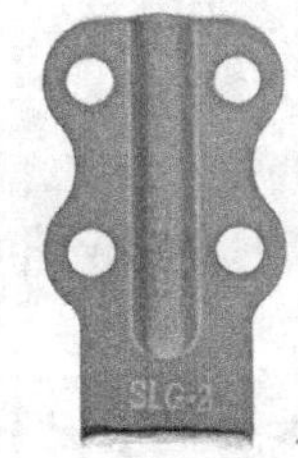

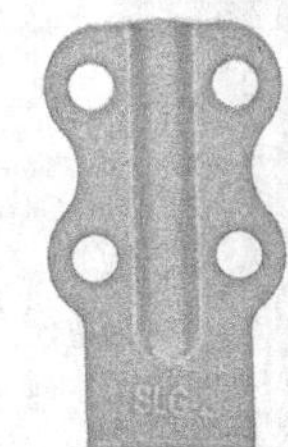

正像　　负像

图 4-88　压铸零件 DR 检测成像

案例 3：合金材料，如图 4-89、图 4-90 所示。

图 4-89　合金材料零件

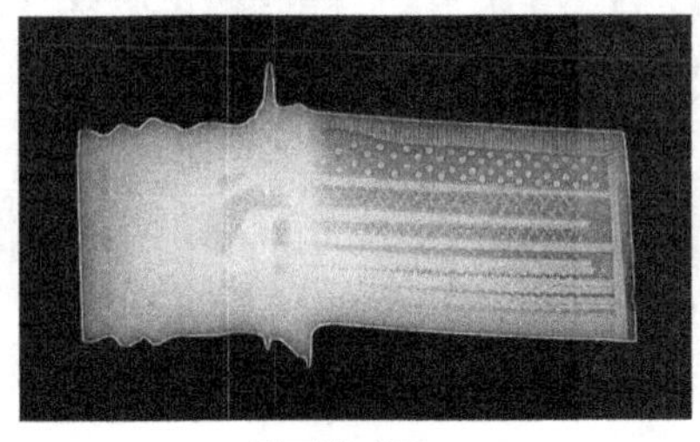

侧面负像

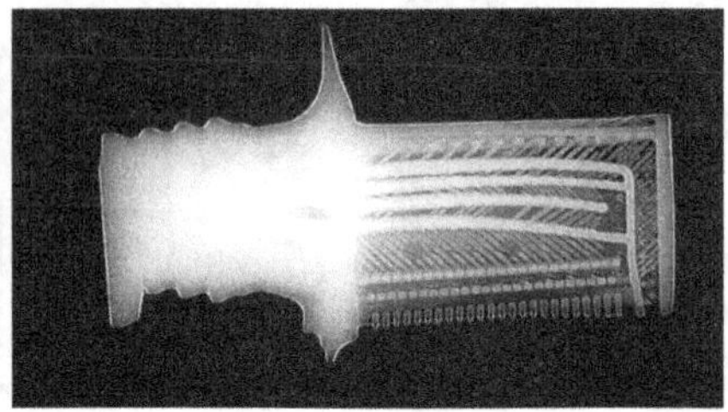

正面负像

图 4-90　合金材料零件 DR 检测成像

4.3.3.4　其他应用功能

其他应用功能如图 4-91～图 4-94 所示。

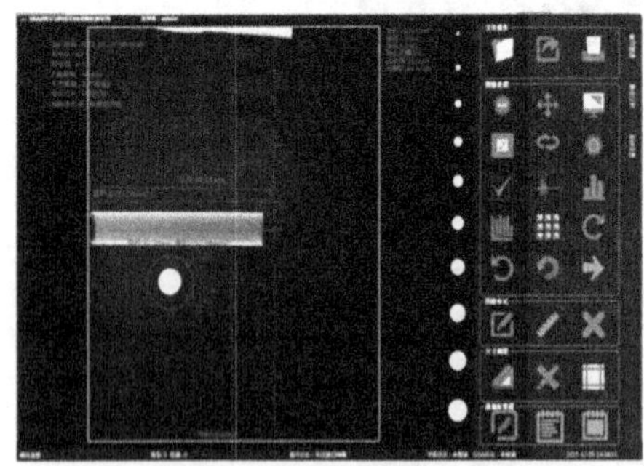

图 4-91　尺寸标定

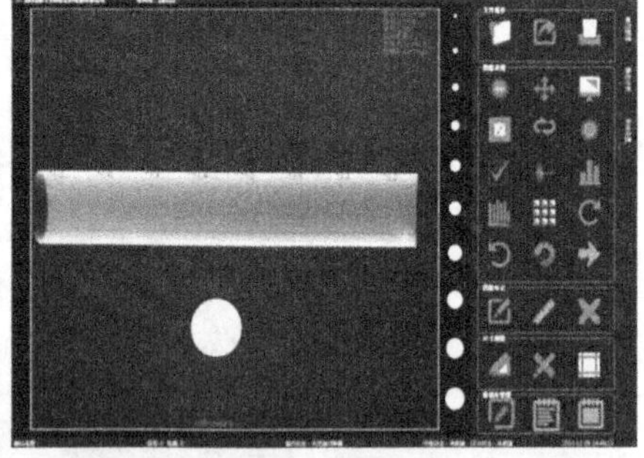

图 4-92　壁厚测定

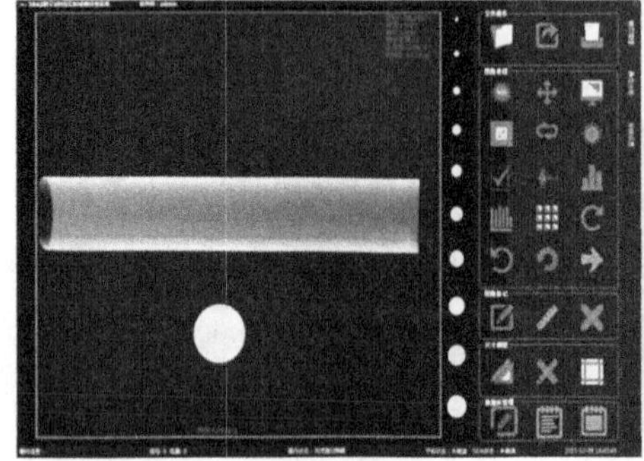

图 4-93　面积测量

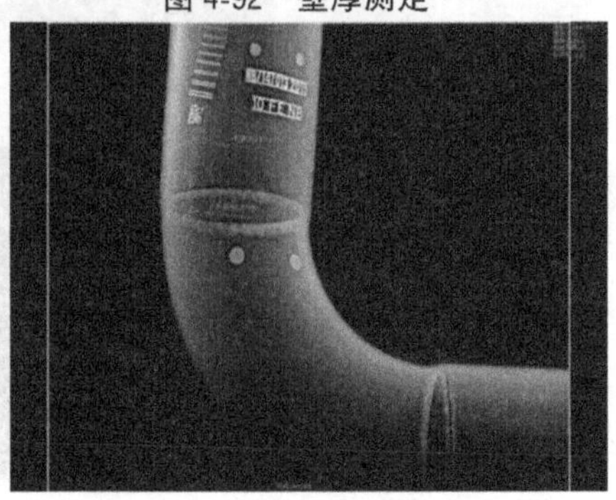

图 4-94　缺陷长度、管径测量

第 5 章　衍射时差法检测技术应用及案例

5.1　衍射时差法检测技术研究进展历程

5.1.1　衍射时差法(TOFD)的技术背景

TOFD 技术(衍射时差法超声检测技术)是 20 世纪 70 年代由英国国家无损检测中心的 Mauric Silk 博士提出的。但他没有识别出信号来源,因此与 TOFD 技术的发明失之交臂。关于衍射时差技术的详细发展,可以查找 Slik(1979,1982,1984),Slik 和 Lidington(1974,1975),以及 Silk, Lidington 和 Hammond(1980)的论著。TOFD 技术开发中大量工作主要是由 Silk 博士和他的合作者完成的,从 70 年代初期对实验室的一些现象产生好奇心开始,到创造出能够探测和确定缺陷尺寸的一整套检测方法,经过了大约 10 年时间。

随着衍射时差技术的发展,可以确定缺陷的延伸等级,也可以确定设备安全运行下危害的临界尺寸。由于确定缺陷的尺寸是非常保守的,因此造成对一些缺陷危害性不大的设备进行返修。

如果通过连续的超声检测证实了缺陷没有延伸,或者是缺陷的延伸速度比预期的要慢,这样的结果对于设备的操作者来说是非常重要的;如果缺陷是比较稳定的,并且是在临界尺寸之内,那么这个设备就能正常运行;如果缺陷的延伸速度不快,设备可以保持很长的使用寿命。同样的,如果能对缺陷的延伸速度进行精确测量,那么对设备的维修和更换也是非常有益的,这样可以节约设备使用者很大一笔费用,意外的设备停工和没有计划的抢修都是设备使用者所不愿意见到的事情。

为了测量裂纹的扩展速度,我们必须精确测定缺陷的尺寸,常规超声在缺陷定量方面是非常不充分的,而 TOFD 测量误差比较小,精确的测量尺寸有利于减少伪缺陷的数量,如果探测到了密集型的气孔,我们要精确地测量它们的尺寸,而常规的脉冲回波测量这样尺寸的能力是非常低的,原因是常规脉冲回波在尺寸定量上存在很大的误差,实际测量的尺寸比真实的尺寸要大,从而在报告中得到的尺寸是不真实的。当使用很高的检测频率获得缺陷的尺寸在我们所注意的尺寸之上,这样就夸大了很多良性的缺陷。

在原理上可以看出 TOFD 的定量是很准确的,因此可以降低检测的误判率。

5.1.2　TOFD 的发展历史

在 5.1.1 部分中描述了对于裂纹精确定量的重要性,尤其是在核工业方面,在这样的前提下,国际原子能中心的哈韦尔(原子能权威人士-UKAEA)要求史克 · 毛瑞斯努力发展比常规超声精确的缺陷定量技术。在 20 世纪 70 年代早期,史克博士发展了我们大家所知道的衍射时差技术(TOFD)。

TOFD 和常规的脉冲回波相比有两个最大的不同是：

(1)有很高的定量精度(绝对的误差是±1 mm，而监测的误差是±0.3 mm)，在检测的过程中对缺陷的角度不敏感，定量是基于衍射信号的时间而不是基于信号的波幅。

(2)使用 TOFD 的时候，对缺陷的定性有可能不被承认，原因是衍射信号的波幅不依赖于缺陷的尺寸，在保证全覆盖的前提下对所有的数据进行分析，因此进行 TOFD 的培训和经验是非常重要的。

多年以来，TOFD 一直作为试验的工具，在 20 世纪 80 年代早期，英国做了大量的试验证实了：对于反应堆的压力容器和主要部件来说，TOFD 作为超声检测是比较可行的技术，这时 TOFD 才被业界所公认。在 20 世纪 70 年代末期，这些试验是大家所知的缺陷探测试验(DDT)；这些试验也应用在国际的 PISC 系统。因此，美国机械工程师协会认可了 TOFD，在可靠性和精度方面，常规脉冲回波获得的结果是非常差的，而 TOFD 在定量方面是非常精确的，使用其他的技术做了许多不同的试验，这些试验用事实证明了 TOFD 在可靠性和精度方面都是非常好的技术。

由于数字化系统的相关部件很多，所以在野外检测是非常困难的。直到 1982 年，国际无损检测中心开发了一套便携式设备进行数据的采集和分析，这个系统就是 ZIPSCAN，并且被汤姆逊电子集团认可。在 1983 年，这套系统卖到了世界各地，如今，有大量的商业超声数字化系统可以进行 TOFD 检测。

TOFD 最初的发展仅是作为定量的工具，最初的想法是：使用常规技术探测到缺陷，然后使用 TOFD 进行精确的定量，目前可以监测在线设备裂纹的延展。

然而，TOFD 完全被接受是在 20 世纪 80 年代中期，尤其是在石油和天然气行业，因为它们在海上和陆地上都要进行检测，出于经济利益的考虑，对于一些良性的缺陷，不可能进行维修，只要定期进行检测观察它的延伸。使用一对 TOFD 探头沿着焊缝进行扫查就能发现所有的缺陷，把扫查数据组成一个视图(B 扫或者 D 扫)，对于判断复杂的几何外形和焊趾也很有帮助，这样比单纯看 A 扫更容易判断缺陷的尺寸和性质。一个非常好的例子是：使用 TOFD 在海上石油工业检测焊趾的腐蚀。

在许多研究机构的努力下，TOFD 技术一直在发展（举个例子，建立软件模型可以在复杂的几何形状上收集和分析数据)，检测公司研发出了许多不同的软件。

5.2 检测技术基本理论

5.2.1 检测原理

当超声波作用于一条长裂纹缺陷时，将从裂纹缝隙产生波纹衍射。另外，还会在裂纹表面产生超声波反射。在常规超声检测中，衍射波比镜面反射弱得多，但是在同一平板中各个方向的裂隙都可以产生衍射波。

衍射现象没有任何新的原理，任何波都可以产生衍射现象(见图 5-1)，比如光波和水波。当光波通过裂隙或经过边缘时，通过光学显微镜或其他光学仪器可以看到光波经过衍射后的波束。3 个世纪以前，Huygens 提出了一种假设，波通过缝隙后，前波沿每一个点都可以看作是一个新的波源。因此,为了解释这个假设,提出如图 5-1 所示的波从表面进行反射。表面上的每一个点(其范围比波长短)都可以作为反射点从而产生波。每个新产生的分离波对彼此进行干涉,正如 1802 年 Young 所提出的分离波各自的位移叠加可得一个总的位移,这样得到的是一个反射平波。但是,波从缝隙中通过后在表面边缘停留形成所谓的衍射波。现今,Kirchhoff 理论可以更加精确地解释衍射现象。

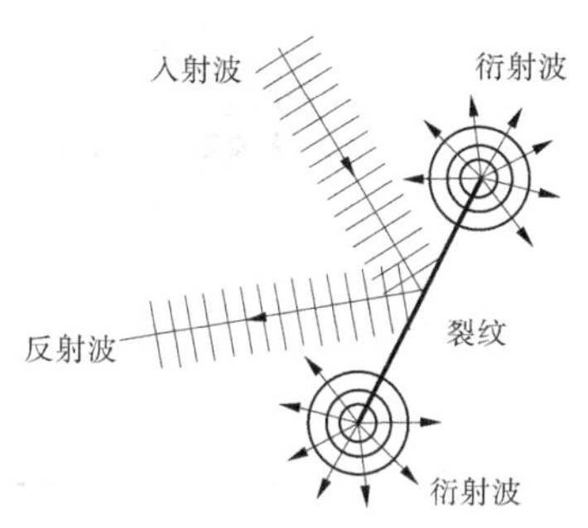

图 5-1　衍射现象的解释

常规超声的衍射现象属于尖端衍射的另一类技术。尖端衍射信号通常用于脉冲回波的尺寸检测中,因为这种衍射可以提高信号强度。这种方法称为最大波幅技术或逆分散尖端衍射技术,用于探头与缺陷末端方向相反的情况。

5.2.2　检测方法与适用性

5.2.2.1　TOFD 基本设置

TOFD 技术是一种裂纹尺寸检测技术,其原理是通过超声波衍射后能量重新发射计算裂纹的位置。TOFD 技术由两个探头组成,一个探头起发射作用,另一个探头起接收作用。这种设计可进行大量尺寸材料的检查,而且能够得到反射体确定的位置和深度。

采用一个探头也可以进行缺陷检测,但不推荐使用这种方法,原因是这种方法降低了缺陷定位的准确度。探头需要选择合适的窄脉冲长度,以便于检测深度具有较高的分辨率。为了在金属中产生一定的压缩波,楔块典型的角度是 45°、60°和 70°等(角度可以定制)。传感器一般都有螺纹,便于和不同的楔块连接。为了使超声波能够在探头和楔块中进行传播,需要在二者间添加耦合剂。这种设计的缺点是耦合剂最终变干而需要重新添加。

在金属材料中采用压缩波的原因是这种波的传播速度几乎是横波的 2 倍,从而能够最先到达接收探头。知道了波速才能计算出缺陷的深度,如果信号具有纵波的波速,那么深度的计算将更容易。任意一种波都可以通过一部分波形转换成为其他种类的波形。如果一束横波通过裂隙进行衍射后可能产生纵波,那么这束纵波先到达接收探头。如果是这种情况,那么横波的波速是正确的,但将算出错误的缺陷深度。

纵波通过楔块后,将在合适的角度一部分分裂成需要的纵波,另一部分在纵波角度的一半处转换成横波。因此,横波也存在于金属材料中,只是其信号产生在纵波信号之后。所以,TOFD 检测所得的波形信号包括所有的纵波、所有的横波、波形转换后的一部分纵波和一部分横波。

5.2.2.2　检测所得信号

图 5-2 所示为 TOFD 技术的整体设计,有缺陷的 A 扫查信号如图 5-3 所示。主要的波形种类如下。

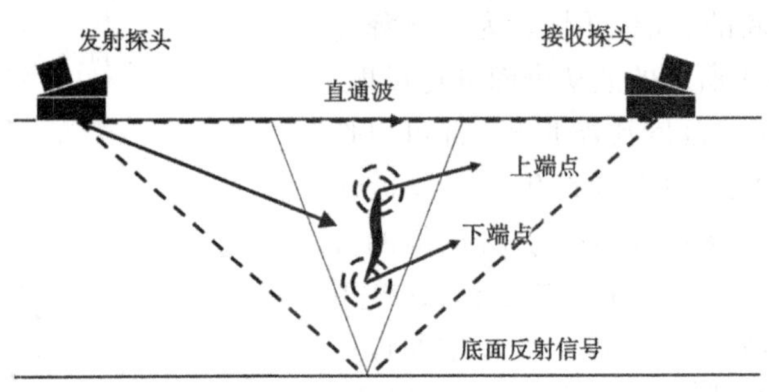

图 5-2　TOFD 技术的整体设计

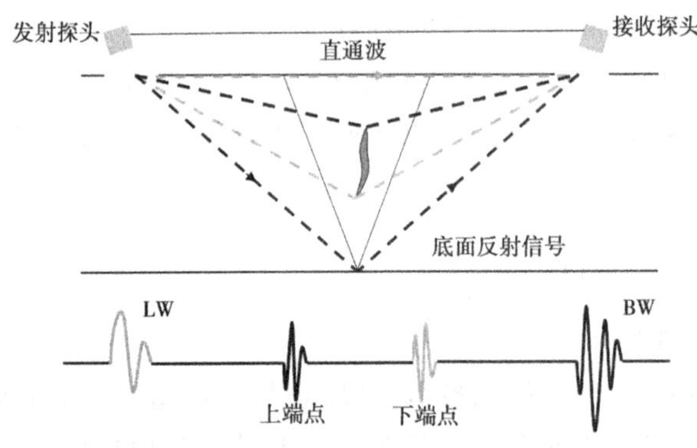

图 5-3　TOFD 有缺陷的 A 扫查信号

1. 直通波

通常,首先看到的是在金属材料表面传播的纵波,这种波在两个探头之间以纵波速度进行传播。它遵循了两点之间波束传播最快的 Fermat's 理论。在金属曲表面直通波仍然是在两探头之间进行直线传播。如果材料表面有涂层,则绝大部分波束都在涂层下面的材料中进行传播。直通波并不是真正的表面波,在其波束的边缘有一束散射波存在。直通波的频率比中心波束的频率低(波束频率与其扩散范围有关,越低的频率成分,波束扩散得越宽)。真正的表面波波幅随着扫查距离的变化呈指数衰减。

PCS 如果很大,则直通波的信号比较微弱,甚至识别不到。由于基本形式的发射接收信号在近表面区得到较大的压缩,因此这些信号可能隐藏在直通波信号下。

2. 底面反射波

由于传播距离的增大,在直通波后面出现一个反射或衍射的底面波。如果探头只能发射到金属材料的上部或者没有合适材料底部进行反射和衍射,则底面波可能不存在。

3. 缺陷信号

如果在金属材料中存在一个二维的缺陷,则通过缺陷顶部裂隙和底部裂隙探头将产生衍射信号,这两束信号在直通波和底面反射波之间出现。这些信号比底面反射信号要弱得多,但比直通波信号强。如果缺陷高度较小,则上端点信号和下尖端信号可能互相重叠。因此,为了提高上尖端信号和下尖端信号的分辨率,减少信号的周期很重要。

由于衍射信号比较弱,在 A-Scan 中难以总是清晰得看出来,而且 A-Scan 只是 B-Scan 的连续显示图,因此还采用清晰显示衍射信号的 B-Scan。这时信号平均很重要,因为这样能提高信噪比。

与相似的缺陷检测技术相比，TOFD 技术由于只有 A-Scan 可用而成为一种难度大的检测技术。

4. 横波信号或波形转换信号

在底面纵波反射信号之后将出现一个相当大的信号，这种信号是底面的横波反射信号。它通常被误认为是底面纵波反射信号。在这两个信号之间还会产生由于缺陷而进行波形转换后形成的横波，这个信号到达接收探头需要较长的时间。

这个区域所收集到的信号通常很有价值，因为经过较长的时间后，真正的缺陷会再次出现，而且经过横波的扩散后近表面的缺陷信号变得更加清晰。

5.2.2.3　信号相位关系

当波束由一个高阻抗的介质传播到一个低阻抗的介质中时，在界面经过反射后的波束相位改变 180°(例如，从钢中到水中或从钢中到空气中)。所以，如果一个波束在碰到界面之前是以正向周期开始传播的，那么在通过界面反射后将变成以负向周期开始传播。

图 5-4 显示的是有缺陷的 A-Scan。上端点的缺陷信号就像底面反射信号一样相位变化了 180°，比如上尖端的缺陷信号与底面反射信号相似，相位从负向周期开始。下端点的缺陷信号就像波束在底部环绕，相位不发生改变。其相位与直通波信号的相似，比如二者的相位都是从正向周期开始。有理论表明，如果两个衍射信号的相位相反，在信号之间一定存在一个连续不间断的缺陷，只有几种特殊的情况是上下尖端的衍射信号相同。因此，识别相位变化非常重要，识别了相位变化才能分析信号并算出更准确的缺陷尺寸。比如工件中的缺陷是两个夹沙而不是一个裂缝，则这时信号没有相位变化。夹沙和气孔的尺寸都太小，一般不会产生分离的上下尖端信号。

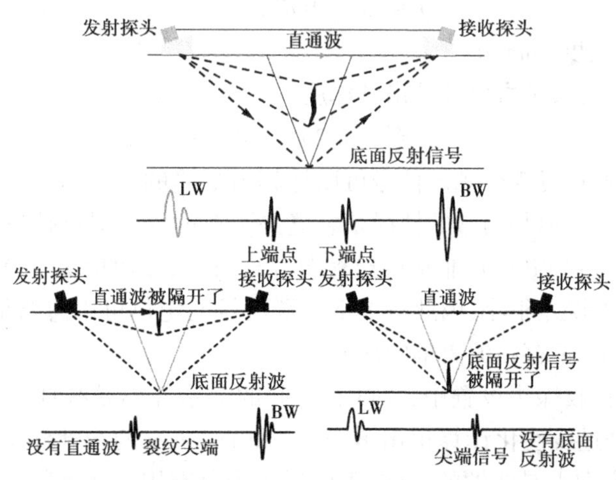

图 5-4　有缺陷的 A-Scan 显示

由于信号可观察到的周期数很大程度上取决于信号的波幅，因此通常很难识别出信号的相位。对于底面回波情况更是如此，它由于饱和而更难得出其相位。在这种情况下，需要先将探头放置在检测样本或校准试块上，调低增益，使底面回波和其他难识别相位的信号都像缺陷信号一样具有相同的屏高，然后增加增益并记录随着相位的变化信号发生怎样的变化。一般这种变化最易集中在某两个或三个周期内进行。信号的相位对于得到TOFD非调整的数字化信号有着重要的作用。

5.2.2.4　深度计算

采用脉冲的到达时间并结合简单的三角函数关系可以计算出反射体的深度，但是没有测量波幅的方法。通过对下表面裂隙信号的定位和底面尺寸的计算可以得出缺陷的真实尺寸。

如图5-5所示，由于两探头的信号是对称的，则在两探头之间的信号长度可以用式(5-1)计算：

$$L = 2(s^2 + d^2)^{1/2} \tag{5-1}$$

式中：s 为两探头距离的一半，mm；d 为反射信号的深度，mm。

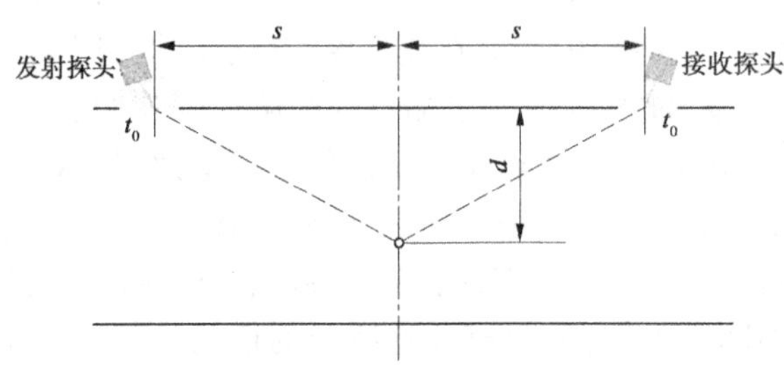

图5-5　TOFD基本参数

可以计算出时间：

$$t = 2(s^2 + d^2)^{1/2}/c \tag{5-2}$$

式中：c 为波的传播速度，mm/μs。

这样，通过以上的式子可以计算出其深度

$$d = [(ct/2)^2 - s^2]^{1/2} \tag{5-3}$$

式(5-3)表明，通过可观察到的信号可以计算出缺陷的深度，且一般认为裂缝在两探头之间对称的位置上。但是通常的情况是裂缝并不在两探头对称位置上，这样算出的深度可能有误差(对沿着焊缝进行非平行扫查而言)。在大多数情况中，V形坡口的焊缝里面偏离轴的缺陷深度误差很小，因此对上下尖端信号的定位可以忽略偏离轴带来的误差影响。在平行扫查中，不存在偏离轴的误差。

由于在发射和接收探头设置中，深度和时间的关系并不是线性的，而是呈平方关系的，所以软件需要经过线性化计算得出B-Scan和D-Scan的线性深度图。这样B-Scan和D-Scan在深度方向上是线性的，这对于作报告十分有用。在进行原始数据的分析时，时间轴上显示的数据对分析十分有利。在近表面区域中，反射信号在时间上的微小变化转化成时间可能变成较大的变化，这样，转化成线性的深度可以延伸近表面的信号，直通波的信号则可能在比例范围之外。深度的测量可以将指示曲线放在深度的数据上，读出曲线所在位置的深度。

非线性深度测量主要的影响是在近表面深度测量的误差变化更快。这是由于表面存在直通波和不断增大的深度误差，使 TOFD 无法测量近表面的缺陷，一般从 10 mm 深度开始扫查。但是，减小 PCS 或采用高频探头近表面的区域测量范围能够加大，不过覆盖面会减小。例如，采用 15 MHz 的探头和较小的 PCS，工件的表面可以检测到 1 mm 深附近。

5.2.2.5　时间测量和初始化 PCS

1. 深度校准

实际应用中，深度的计算需要考虑测量时间包括在楔块中的延时，这个延时表示为 $2t_o$，总的传播时间可以用公式表示为：

$$t = 2(s^2 + d^2)^{1/2}/c + 2t_o \tag{5-4}$$

深度的公式为：

$$d = [(c/2)^2(t - 2t_o)^2 - s^2]^{1/2} \tag{5-5}$$

已知波速、PCS 和探头的延时，就可以算出反射信号的延时。如果是通过直通波和底面反射波的位置来得到波速和探头延时，误差相关内容将会给出更精确的深度计算方法。这个过程有助于减小任何因对称性引起的误差，包括 PCS 误差。

直通波出现的时间用公式表示如下：

$$t_l = 2s/c + 2t_o \tag{5-6}$$

底面反射波出现的时间公式可以表示为

$$t_b = 2(s^2 + D^2)^{1/2}/c + 2t_o \tag{5-7}$$

式中：D 为工件厚度。

将以上公式进行转换，得到探头的延时和波的传播速度，其中 PCS = 2s，

$$c = \frac{2(s^2 + D^2)^{1/2} - 2s}{t_b - t_l} \tag{5-8}$$

$$2t_o = t_b - 2(s^2 + D^2)^{1/2}/c$$

因此，推荐在扫查前，将测得的 PCS 和工件厚度值作为文件的标题，以便于计算深度。采用 B-Scan 和 D-Scan 测量深度时，首先用相关的软件计算出直通波和底面反射波出现的时间，计算机自动算出探头延时和波速，则在每一点的深度可以计算得出。显然，如果直通波或底面反射波的信号只有其中一个可以利用，波速或探头延时就必须输入程序。

在两个探头的中心点进行 PCS 的测量，测量各种信号的到达时间。由于不同信号的相位不同，为了得到最准确的深度值，必须考虑各种信号出现时间的位置，主要取决于几个参数的测量值。一个是信号的峰值，由于底面反射波通常处于饱和，其峰值测量较难。测量时间的点建议选在周期从正变成负时的过程中。B-Scan 和 D-Scan 的曲线指针可以显示数值，因而从正到负的点可以读出其数值；反之亦然。一般选择的点是幅值最接近零点的一点。

如果直通波从正周期开始，那么选择起始点作为测量位置。相应的时间点在底面反射波上也选择起始周期测量，因为底面反射波从负周期开始，相位与直通波相反。但是在图中，底面反射波从第二个负周期开始测量，因为第二个周期的波幅更高，周期更多。第二个负周期在这点的时间被认为与直通波的时间相对应。对于裂隙的衍射信号，上尖端信号从第一个负周期开始测量，下尖端信号从第一个正周期开始测量。

2. 检测时 PCS 的初始化

对于一个新的非平行扫查,PCS 的最佳选择是超声波束打在工件厚度的 2/3 处。这样一般能够覆盖焊缝的大部分区域。如果波束在金属中的中心角度是 θ,则

$$\tan\theta = s/d$$

聚焦深度在 2/3 处,则 PCS 为 $2s=(4/3)D\tan\theta$

其中 D 是工件的厚度。当聚焦在某一个特定的深度时,这样的情况在以后的章节将会做出说明,例如,平行扫查的 PCS 为 $2s=2d\tan\theta$

检查 A-Scan 采集的信号中正确的部分。直通波的信号非常弱,而横波的底面反射波比纵波的底面反射波还要强,因此在直通波和底面反射纵波之后极易出现底面反射横波。通常要检查信号中直通波和底面反射波出现的时间,例如:

直通波 $t_l = 2s/c + 2t_o$

底面反射波 $t_b = 2(s^2 + D^2)^{1/2}/c + 2t_o$

5.2.2.6 缺陷波形特点

表面开口的缺陷将改变 TOFD 的 B-Scan 和 D-Scan。如果缺陷破坏了上表面,则对应的直通波信号会消失(见图 5-6)或波幅有很大的减小。如果缺陷的长度不是很长,直通波的信号将在缺陷的部分产生圆形。

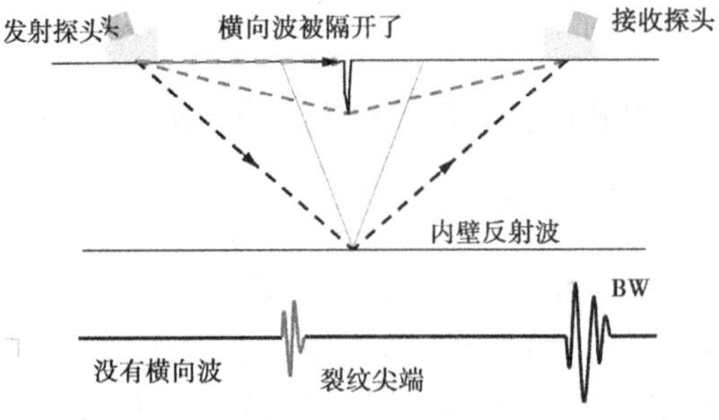

图 5-6 非平行扫查所得的上表面开口裂缝缺陷

底面开口裂缝的 D-Scan 如图 5-7 所示。裂缝对底面的影响取决于裂缝的高度和探头覆盖的区域。

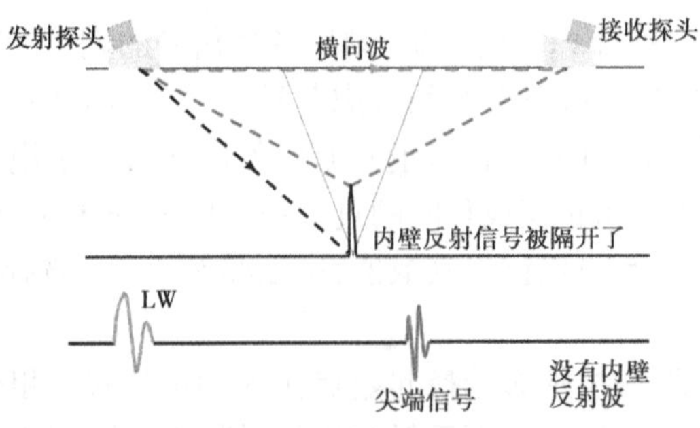

图 5-7 非平行扫查所得的底面开口裂缝缺陷

在底面偏上的金属内部区域存在裂缝的时候,底面波的信号几乎不发生变化。因为大部分的超声波束都通过了裂缝,如果裂缝离底面较远,底面波信号的波幅将减小,并产

生下沉。下沉的原因是波束的末端将产生较长的反射路径并被接收探头所接收。最终,如果裂缝离底面信号足够远,那么底面反射波将被切断。

在扫查过程中,易出现探头与表面接触不良的现象,从而丢失信号。如果 A-Scan 中有两种信号丢失,则需删除信号重新检测(包括直通波和底面反射波);但是如果只是丢失一部分的信号,则可以继续进行分析检测。没有直通波,只有底面反射波,代表表面有开口裂缝;同样的,没有底面反射波,只有直通波,代表工件背面有开口缺陷。

5.2.2.7　TOFD 扫查类型

主要有两种扫查类型:非平行扫查和平行扫查。最初的扫查通常用于探测,如图 5-8 所示称为非平行或纵向扫查,因为扫查方向与超声波束方向成直角。扫查结果认为是 D 扫描,因为沿着焊缝方向穿过截面。为了一次扫查能够大体积检测,这种扫查通常尽可能设成和波束的扩散一样宽。由于探头跨骑在焊缝上,焊缝盖帽不影响扫查。这是非常经济的检测,可完成高频率扫描且经常只需一个人。扫查方向平行于超声波束方向。这种扫查结果称为 B 扫描,由于它的产生是焊缝横截面,如果有焊缝余高就很难执行扫查。但是这种扫查类型能在深度上提供很高的精度。

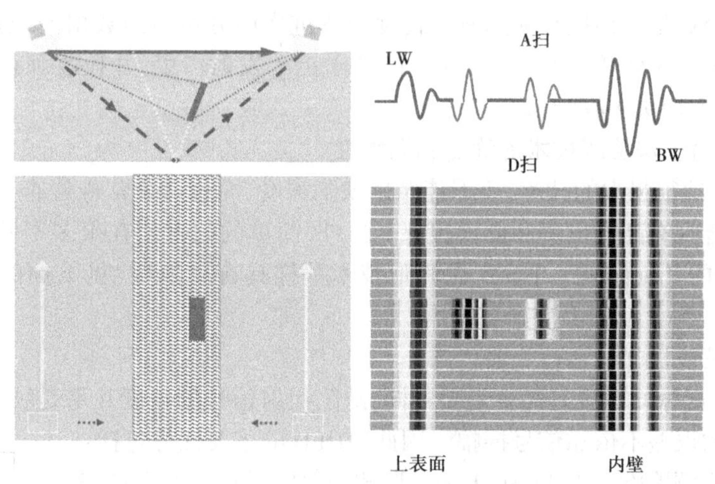

图 5-8　非平行扫查

在很多场合,因为需要迅速地完成检测,或者受到资金的限制,仅能执行非平行扫查检测。要想得到缺陷深度、高度、倾角,以及相对焊缝中心的位置等准确信息,有必要对非平行扫查发现的缺陷进行平行扫查,如图 5-9 所示。

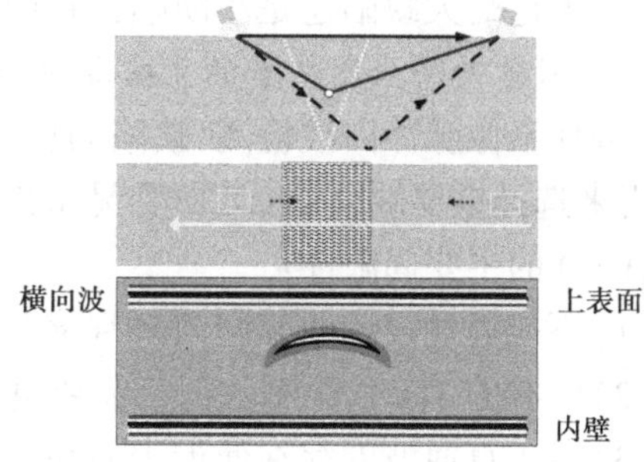

图 5-9　平行或横向扫查

5.2.2.8　衍射时差法检测结果的评定

检测人员通过图谱分析软件(又称离线分析软件)分析 TOFD 扫查得到的图谱数据。图谱分析软件较 TOFD 主机上的应用软件要功能强大,一般具有以下主要功能。

1. 读取保存图谱的工艺参数

图谱分析软件可读取打开图谱的所有工艺参数,方便用户判图和纠错。

2. 缺陷定量

在 TOFD 图谱中对缺陷位置和深度信息进行测量时,首先要进行校准,可通过直通波或底面反射波进行校准,校准完成后,通过弧度光标拟合缺陷,可以得到缺陷长度方向和深度方向的准确信息。长度方向由扫查架上的编码器准确测量,可通过 TOFD 分析软件上的两根测量线,得到缺陷起始位置和缺陷长度;深度方向根据波束传播时间测量,通过两根测量线,得到缺陷离上表面的深度和缺陷自身高度。

3. 去直通波

去直通波是数字信号处理的一种方式,通过以直通波作为参照,将变形的直通波拉直并去除,露出盖在直通波里的缺陷信号,是减小扫查面盲区的一种方法。

4. 合成孔径聚焦(SAFT)

合成孔径聚焦是一种提高缺陷测长精度和改进横向分辨力的数据处理技术,其基本原理是将探头沿指定轨迹扫描,在等间距的若干点上发射声束,并接收和存储超声波信号,然后对各点上探头接收的信号进行处理。

5.2.2.9　衍射时差法检测技术的优点和局限性

TOFD 是一项很强大的技术,不但能精确缺陷深度,而且适于常规检查。各种工程评价证明技术结合具有高检出率和低误报率。另外,简单的扫查使在很多不同的结构得到应用,包括复杂的几何结构。TOFD 像其他技术一样具有局限性(见下面的优势和局限性)。

1. 衍射时差法检测技术的主要优点

TOFD 与常规脉冲回波有两个重要不同,缺陷衍射信号的角度几乎是独立的;深度尺寸定位和相应的误差不依靠信号振幅。因此,TOFD 的主要优势包括:

(1)TOFD 检测的定量精度为±1 mm,监测裂纹的增长能力为±0.3 mm。

(2)能够对各种方向的缺陷进行有效的检测。

(3)数字信号可以永久记录。

(4)无论是大缺陷还是小缺陷,对其都很敏感。

2. 衍射时差法检测技术的主要局限性

TOFD 不像脉冲回波检测,缺陷的尺寸测量不依靠衍射信号的振幅,单一的振幅阈值不能用来选择重要缺陷。TOFD 容易检出气孔性缺陷、线性夹渣、掺杂物等。

TOFD 的主要局限性:

(1)不能通过设置波幅闸门来判读和报告缺陷。

(2)所有的 TOFD 检测数据都需要进行分析才可写入报告。

(3)由于直通波的存在使近表面缺陷难以分辨,且近表面定量精度下降。

(4)底面回波的存在有可能将小缺陷隐藏其中而无法进行检测。

(5)采用相控阵或脉冲回波技术与 TOFD 结合使用,可将 TOFD 的盲区覆盖,从而将整个检测区域覆盖。

(6)TOFD 灵敏度过高会夸大焊缝中的非超标缺陷(尤其是点状缺陷),在实际工作中,需结合常规检测手段对缺陷进行多方面验证,以此防止误判和增加不必要的返修;同时 TOFD 图谱识别及判定需要检测人员经过专门的培训并积累相应的焊接及生产经验。

(7)不同缺陷的 TOFD 检测图像在特点、相位和波形随位置变化情况方面都各有差异,虽然据此特征可区分缺陷类型,但还必须具备大量的现场经验才能对缺陷进行正确定性分析。此外,在 TOFD 检测过程中,结合常规 UT 检测才能对缺陷进行更准确、更精确的定位及对缺陷性质的估判。

5.2.2.10　衍射时差法检测相关标准

TOFD 的标准发展比较缓慢。本书整理了一部分国内外 TOFD 检测标准,以下列举的是近年来在用的 TOFD 标准,其中包括我国采用较为广泛的《承压设备衍射时差法超声检测》(JB/T 47013.10),以及欧盟、美国、日本等的标准。目前,国内外已发布的有关衍射时差法检测的技术标准有:

(1) BS7706:Guide to Calibration and Setting-up of the Ultrasonic Time of Flight Diffraction Techniaue for Defect Detection。

(2)ENV 583-6: Non-destructive Testing Ultrasonic Examination Part 6: Time-of-flight Diffraction Technique as a Method for Defect Detection and Sizing。

(3)CEN/TS-14751: Welding Use of Time-of-flight diffraction Technique(TOFD)for Examination of welds。

(4)NEN 1822 Acceptance Criteria for the Time of Flight Diffraction Inspection Technique。

(5)ASME code case 2235-9 Use of Ultrasonic Examination in Lieu of Radiography Section I and Section VITDivisions 1 and 2。

(6)ASTM E2373:Standard Practice for Use of the Ultrasonic Time of Flight Diffraction (TOFD)Technique。

(7)BS 7006—1993:用于缺陷探测、定位和定量的超声衍射时差法的校准和设置指南(英国)。

(8)ENV 583—6:2000:无损检测超声第 6 部分:缺陷探测和超声波衍射时差法(欧盟标准)。

(9)CEN0/TS-14751:2004:焊接超声波衍射时差法在焊接检测中的使用(欧盟标准)。在 ENV 583 基础上进行了修订,德国采用后为 DIN CEN/TS—14751。

(10)NEN1882:2005:超声波衍射时差法的检验验收准则(荷兰)。

(11)ASME code case 2235-9:最早发布于 1996 年,现为 2005 版,特点在于验收规范提供的时间最早,提出可用自动超声检测。

(12)ASTM E2373—2004:采用超声波衍射时差法的标准实施规范(美国试验和材料协会标准)。

(13)NDIS 2423—2001:采用超声波衍射时差技术用于缺陷高度测量的方法(日本非破坏检查协会标准)。

(14)JB/T 47013.10:承压设备衍射时差法超声检测国内 TOFD 检测采用该标准较为广泛。

(15)DL/T 330—2010:水电水利工程金属结构及设备焊接接头衍射时差法超声检测,适用于水电金属结构 TOFD 检测。

5.3 检测应用案例

应用 TOFD 检测技术对承压类特种设备焊缝进行检测,替代或部分替代射线(RT)检测将带来明显的经济效益,从直接效益来说:RT 检测费用主要由设备台班费、底片及洗片材料费、拍片及洗片人工费、放射源材料费(γ 射线检测)、射线作业时的防护材料及人工费构成,而 TOFD 检测就像 UT 检测一样只需发生设备台班费和检测人工费,且人工用量大大少于射线作业用量,因此 TOFD 检测直接费用比射线检测低。从间接效益来说:射线作业的辐射对人体危害大,射线作业与其他作业无法同时并行进行,并且作业占用时间长,对设备安装工期影响较大,而 TOFD 检测无辐射危险,可与其他安装作业并列进行,检测方便快捷,这样就间接提高了安装作业的生产效率,缩短了施工工期,降低了施工成本,产生良好的经济效益。随着我国社会文明程度的提高,各行业对环保的要求也日益提高,采用 TOFD 检测技术替代或部分替代射线(RT)检测能够避免或减少射线对人体的伤害,减少 γ 源运输、储存、使用环境污染风险,体现以人为本的思想,推广运用该技术能取得良好的社会效益。

在承压类特种设备监督检验时,TOFD 检测可以减少制造残留缺陷,并能从根本上预防此类缺陷的产生。此外,该方法替代 RT 对火电站壁厚较大的主蒸汽管道实施监检、定检无损检测时,不仅可防止危害性缺陷的漏检,还能避免射线对人体的伤害,减少施工干扰,缩短探伤工期,减少探伤成本,优化施工工序,具有很高的经济效益。

实现对被检构件中埋藏性缺陷长度、高度、性质及扩展性的定期监控,提高了检测数据的可追溯性,保证承压类特种设备的安全使用。

《压力容器安全技术监察规程》(TSG R0004—2009)、《锅炉安全技术监察规程》(TSG G0001—2012)、《压力容器定期检验规则》(TSG R7001—2013)中已经将 TOFD 检测纳入正文,TOFD 检测技术将为承压设备安全状况等级的确定提供可靠依据,同时也为承压设备安全评估提供基础数据,为保证承压设备安全运行提供更科学更可靠的保障。随着我国特种设备行业的发展,对安全环保的强调、对检测质量及成本的重视,TOFD 技术将得到越来越广泛的应用。

5.3.1 TOFD 检测在电站锅炉管道检验中的应用案例

5.3.1.1 **内部裂纹**

某电站定检,主蒸汽管 $\phi508\times60$ mm:UT 检测裂纹长度 L85 mm,深度 $h=35\sim40$ mm,自身高度未进行测定;TOFD 检测结果如图 5-10 所示,$L=65$ mm,缺陷深度 $h=31.5$ mm,自身高度 3.4 mm。

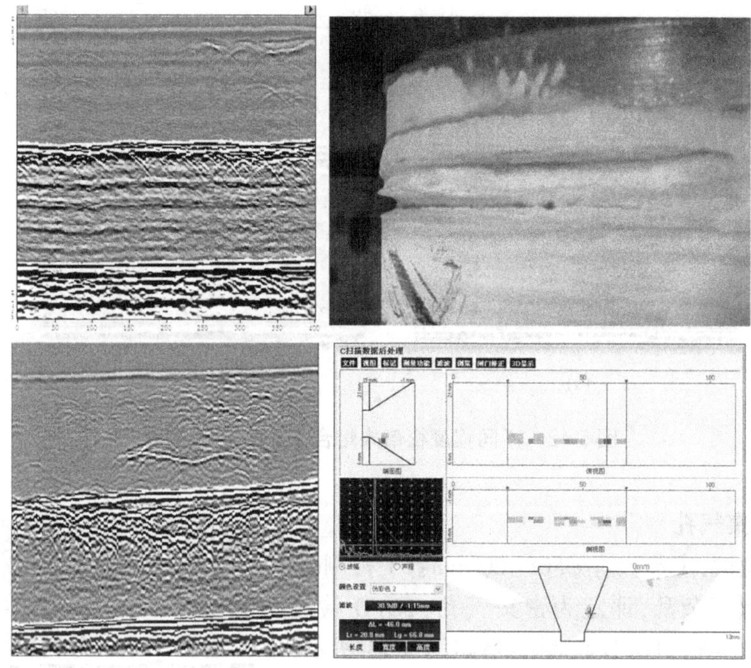

图 5-10　不同大小裂纹 TOFD 相控阵检测结果

5.3.1.2　**表面裂纹**

某电站监检，主蒸汽管 ϕ508×60 mm：MT 检测时裂纹缺陷磁痕显示长度 L=25 mm，自身高度未进行测定；TOFD 检测及解剖结果如图 5-11 所示，L = 40 mm，缺陷深度 h = 8.5 mm，自身高度 8.5 mm；UT 检测时，采用 K1 探头时，检测人员未发现该缺陷。

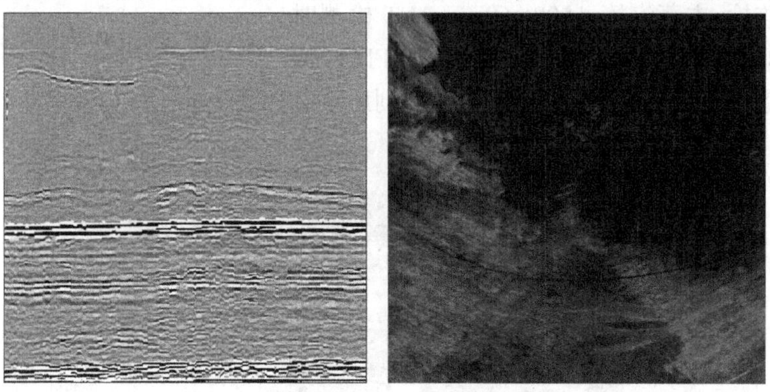

图 5-11　表面裂纹 TOFD 检测结果及解剖图

5.3.1.3　**根部未熔合**

某电站定检，主蒸汽管 ϕ508×60 mm：UT 检测时检测人员发现该处异常，因接近根部未进行评定；TOFD 检测结果如图 5-12(a)所示，L= 105.5 mm，缺陷深度 h=56.5 mm，自身高度 1.8 mm。

某电站监检，主蒸汽管 ϕ508×60 mm：UT 检测时检测人员发现该处异常，因接近根部未进行评定；TOFD 检测结果如图 5-12(b)所示，L=145 mm，缺陷深度 h=56.3 mm，自身

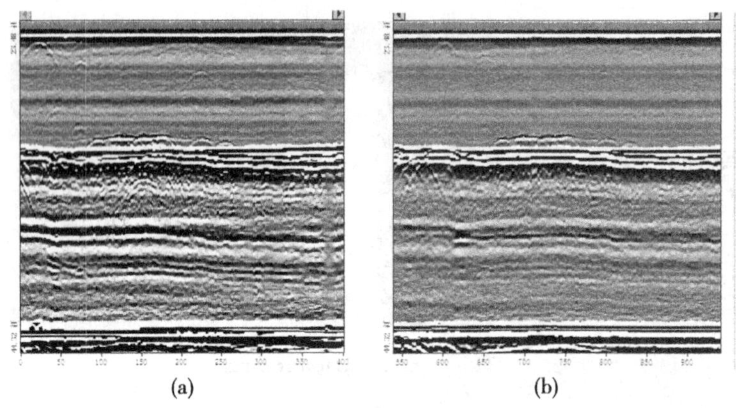

(a)　　(b)

图 5-12　不同程度根部未熔合 TOFD 检测结果

高度 1.7 mm。

5.3.1.4　**密集气孔**

某电站监检，主蒸汽管 ϕ508×60 mm：UT 检测时检测缺陷波幅宽杂乱，评定为密集气孔；TOFD 检测时评定为密集气孔，TOFD 检测结果如图 5-13 所示，未进行返修处理。

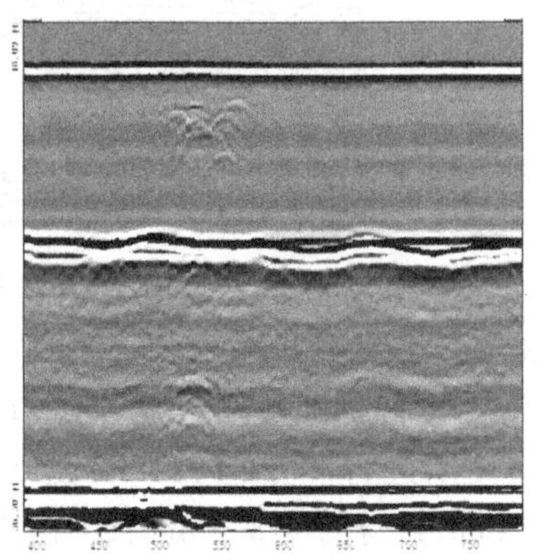

图 5-13　密集型气孔 TOFD 检测结果

某电站监检，主蒸汽管 ϕ508×60 mm：UT 检测时检测缺陷波幅宽杂乱，且超过判废线，评定为密集气孔；TOFD 检测时评定为密集气孔，检测结果及返修处理解剖后缺陷如图 5-14 所示。

某电站监检，主蒸汽管 ϕ508×60 mm：UT 检测时检测缺陷波幅宽杂乱，评定为密集气孔；TOFD 检测时评定为密集气孔，检测结果及返修处理解剖后缺陷如图 5-15 所示。

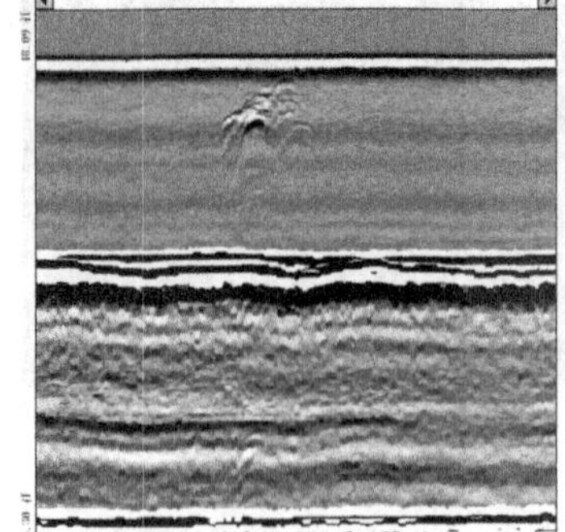

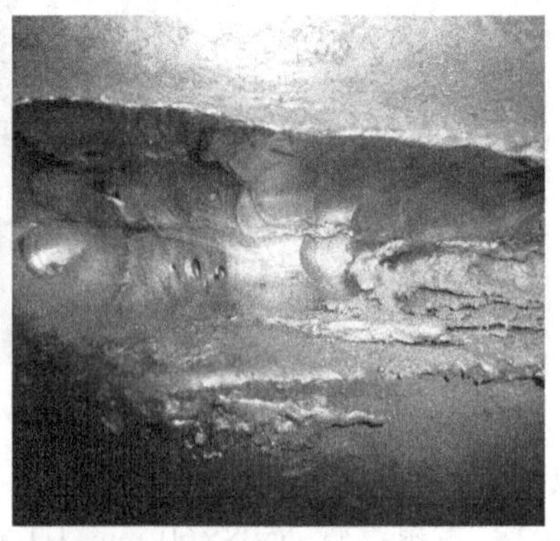

图 5-14　TOFD 检测结果及焊缝解剖图

5.1.3.5　**断续气孔**

某电站定检，主蒸汽管 ϕ387×41 mm：UT 检测时检测缺陷波幅断续局部有高点；TOFD 检测结果如图 5-16(a)所示，评定为断续气孔，未进行返修处理，检测人员标注该位置，对其进行检修周期内监控。

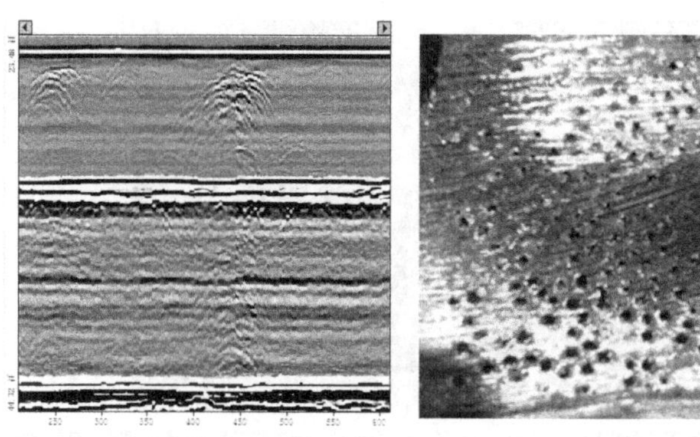

图 5-15　TOFD 检测结果及焊缝解剖图

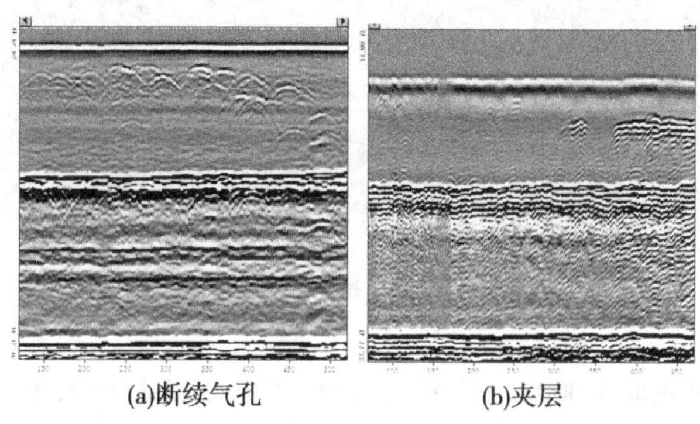

(a)断续气孔　(b)夹层

图 5-16　断续气孔及夹层 TOFD 检测结果

5.3.2　TOFD 检测在压力容器检验中的应用案例

5.3.2.1　夹层

某压力容器定检：UT 斜探头检测时未发现该缺陷；TOFD 检测时，发现该处缺陷，检测结果如图 5-16(b)所示，进行 UT 直探头检测后发现为母材缺陷且波幅很低，缺陷面积较小，未进行处理，检测人员标注该位置，对其进行检修周期内监控。

某压力容器定检：UT 斜探头及直探头检测时均未发现该缺陷；TOFD 检测时，发现该处缺陷，如图 5-17 所示，采用 TOFD 在母材检测时缺陷一致，未进行处理，检测人员标注该位置，对其进行检修周期内监控。

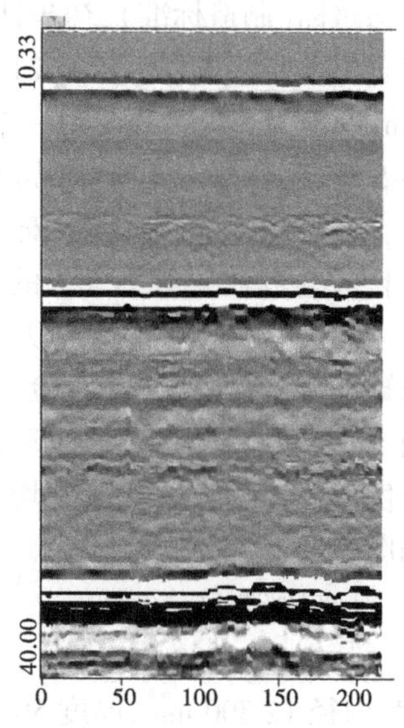

图 5-17　TOFD 检测结果

5.3.2.2　未熔合

某压力容器制造监检：UT 斜探头检测时均发现该缺陷，但波幅较低，断续，以断续气孔确定，未进行处理；TOFD 检测时，如图 5-18 所示，发现该处缺陷，缺陷长度 $L=64.5$ mm，深度 37.9 mm，自身高度 2.3 mm，进行解剖与 TOFD 检验结果相符。

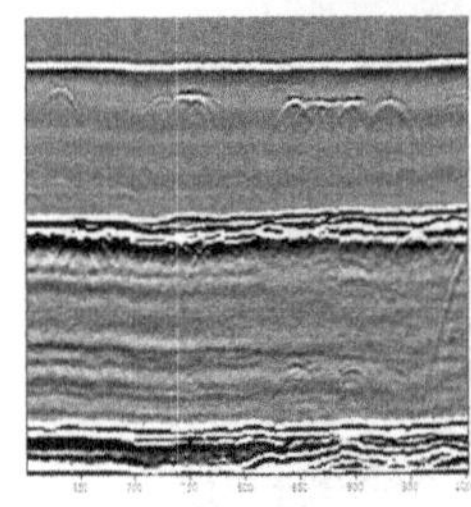

图 5-18 未熔合 TOFD 检测结果及焊缝解剖图

5.3.2.3 缺陷监测

河南省新乡市某企业 1 000 m^3 球罐,于 2008 年 8 月 15 日投入使用。球罐基本参数:容积 974.00 m^3,内径 12 300 mm,厚度 52 mm,主体材质 16 MnNiDR,设计压力 2.7 MPa,最高工作压力 2.5 MPa,设计温度 50 ℃,工作温度-19~60 ℃,工作介质液氨,容器类别Ⅲ类。2014 年 6 月进行首次全面检验,检验时检测人员通过 UT 发现一处缺陷,波幅及长度均超标(制造标准),初步认定为未熔合。缺陷长度为 188 mm,若按《固定式压力容器安全技术监察规程》(TSG 21—2016)评级,则评定缺陷长度 188 mm 大于球壳板厚度 52 mm,评定为 5 级。TSG 21—2016 中 8.1.6.1 规定:在用压力容器的安全状况等级分为 1~5 级,综合评定安全状况等级为 1、2 级的,一般每 6 年检验一次;安全状况等级为 3 级的,一般每 6 年检验一次;安全状况等级为 4 级的,监控使用,累计监控使用时间不得超过 3 年;安全状况等级为 5 级的,应当对缺陷进行处理,否则不得继续使用。

因企业实际工作情况所需,并通过对球罐使用风险的初步评估,课题组与企业协商该球罐进行监控使用,全面检验周期定为 3 年,但每年对该部位进行 TOFD 检测监测(见图 5-19),观察此缺陷的活动情况。2017 年 11 月对该球罐进行了全面检验。缺陷的指示长度、自身高度、埋藏深度均未明显变化,认定为非活动缺陷。具体 TOFD 检测监测图谱如图 5-20 所示。

1. 内部裂纹

某企业 1 000 m^3 球罐于 2012 年 10 月 10 日投入使用。球罐基本参数:容积 1 000 m^3,内径 12 300 mm,厚度 50 mm,主体材质 16 MnNiDR,设计压力 2.7 MPa,最高工作压力 2.5 MPa,设计温度 50 ℃,工作温度-19~60 ℃,工作介质液氨,容器类别Ⅲ类。2016 年 6 月进行首次全面检验,检验时检测人员通过 UT 及 TOFD 发现大量缺陷,初步认定为裂纹,经解剖确认,如图 5-21、图 5-22 所示。

图 5-19 球罐 TOFD 检测

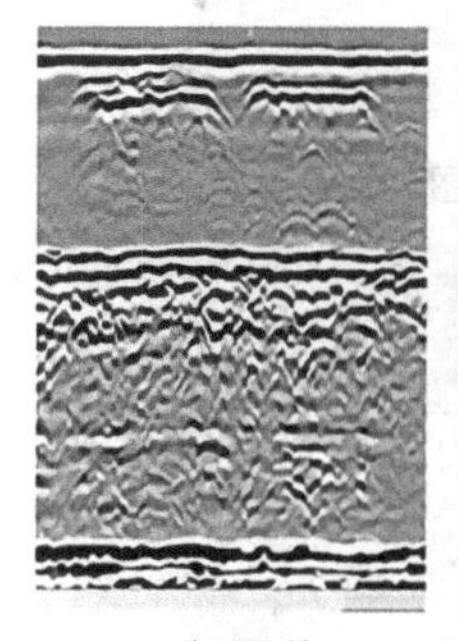

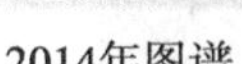

2014年图谱

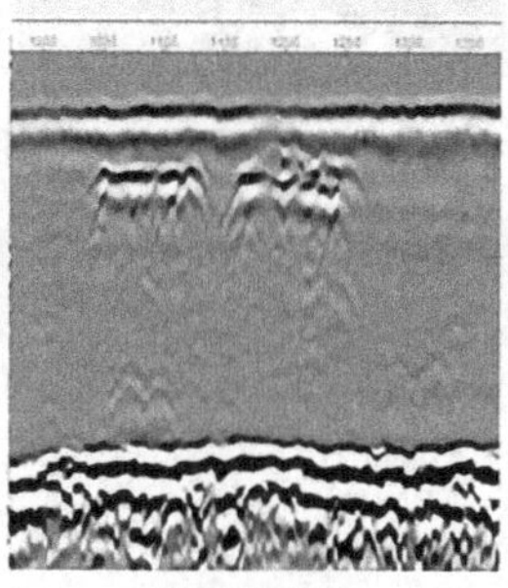

2015年图谱

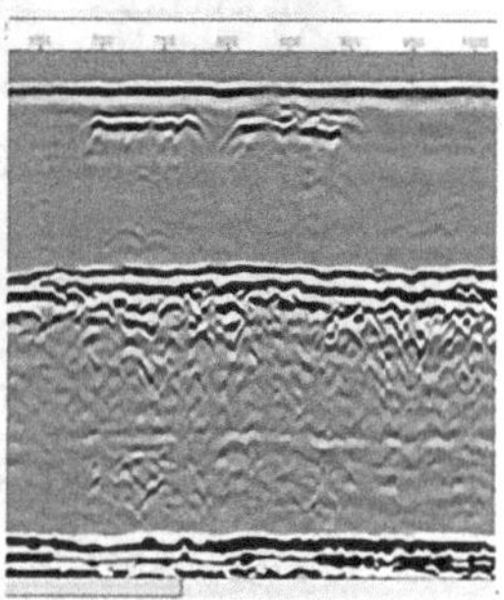

2017年图谱

图 5-20 超标缺陷在役 TOFD 检测图谱

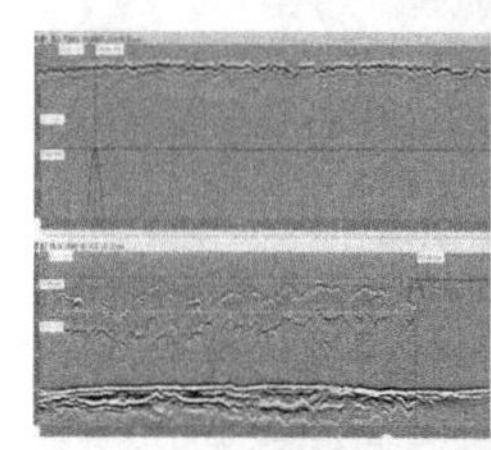

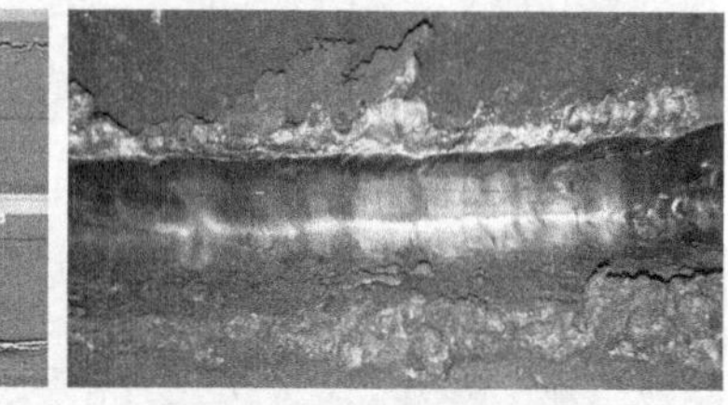

图 5-21 裂纹 1 TOFD 图谱及解剖图

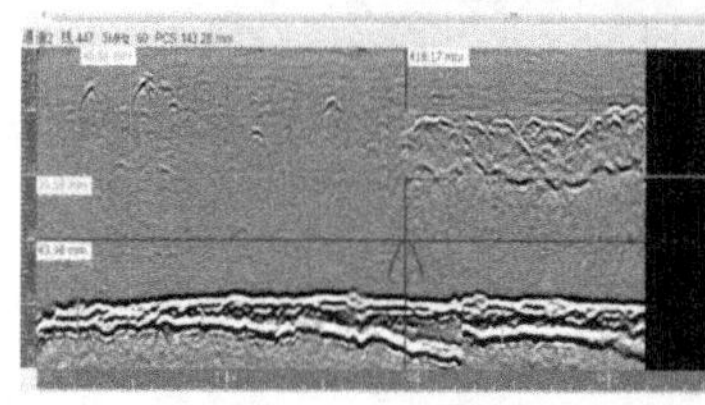

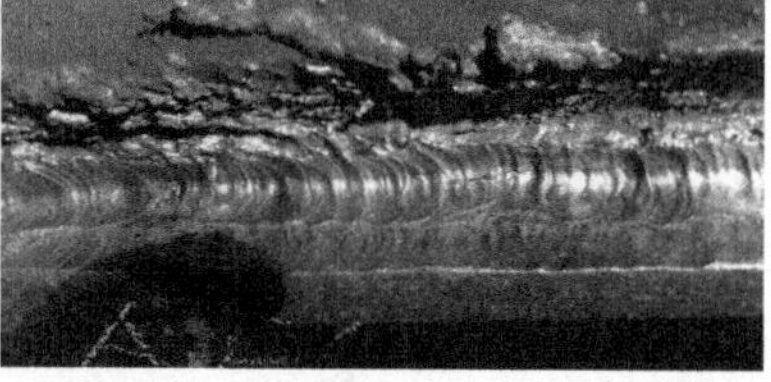

图 5-22 裂纹 2 TOFD 图谱及解剖图

某企业 1 500 m^3 球罐于 2011 年 12 月 25 日投入使用,球罐基本参数:容积 1 500 m^3,内径 14 200 mm,厚度 48 mm,主体材质 16MnDR,设计压力 2.0 MPa,最高工作压力 2.5 MPa,设计温度-40 ℃,工作温度-40 ℃,工作介质液体 CO_2,容器类别Ⅲ类。2020 年 10 月进行第二次全面检验,检验时检测人员通过 UT 及 TOFD 发现大量缺陷,初步认定为裂纹,经解剖确认,如图 5-23~图 5-25 所示。

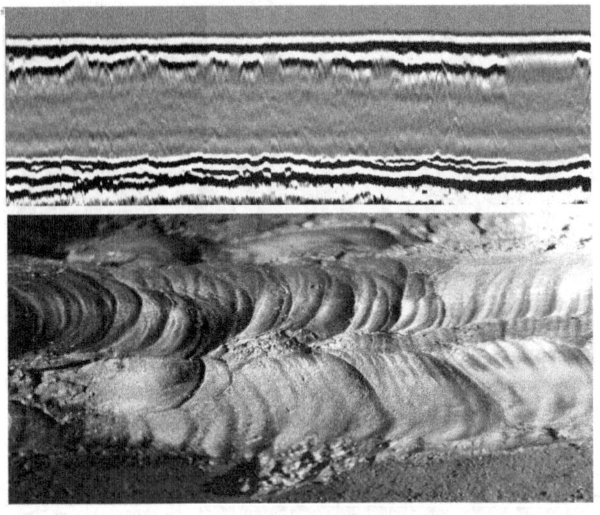

图 5-23　裂纹 TOFD 图谱及解剖图

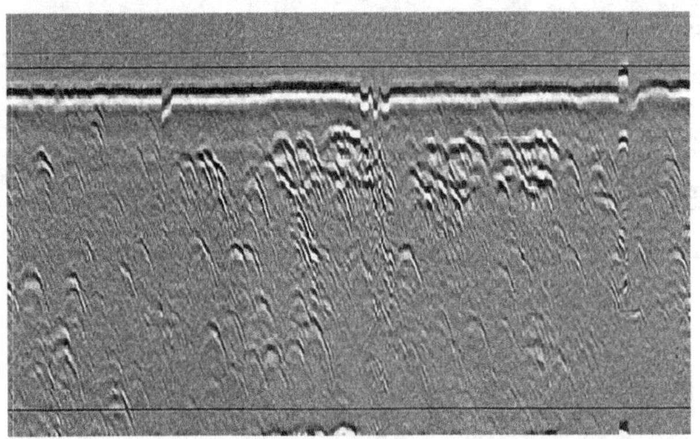

图 5-24　裂纹 TOFD 图谱

图 5-25　裂纹解剖图

2. 近表面裂纹

某化工厂 5 000 m^3 2 号球罐于 2013 年 5 月投入使用,球罐基本参数一样:容积 5 000 m^3,内径 21 200 mm,厚度 50 mm,主体材质 Q370R,设计压力 1. 77 MPa,最高工作压力 1. 57 MPa,设计温度 50 ℃,工作介质液化石油气。

2016 年 5 月进行了首次全面检验,现场在球罐上环缝外表面 TOFD 检测时发现缺陷,进行了内部验证,确定为内表面开口裂纹,如图 5-26 所示。

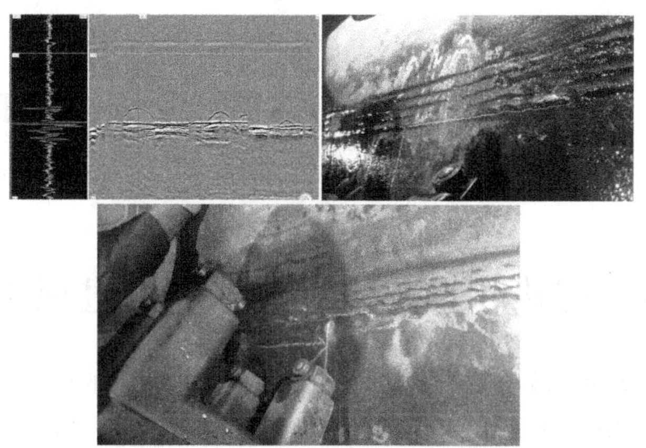

图 5-26　裂纹 TOFD 图谱及磁粉检测图

5.3.3　TOFD 检测在压力管道检验中的应用研究

在用压力管道定期检验是及时发现和消除事故隐患、保证压力管道安全运行的主要措施。目前,工业管道定期检验起步较早,检验法规标准日趋完善,定检率不断提高。而公用管道和长输管道由于埋地、架空、穿越河流山川等原因,以及检验法规不全、检测手段落后,故定检率较低,也埋下较多的事故隐患。近几年通过 TOFD 检测,可以在不破坏设备的条件下有效地检测焊缝里的缺陷,如图 5-27 所示。

图 5-27　在役压力管道 TOFD 检测

第 6 章　超声相控阵检测技术应用及案例

6.1　超声相控阵检测技术研究进展历程

超声检测一般指超声波与工件相互作用,通过研究接收到的反射波、透射波和衍射波等,对工件进行宏观缺陷检测(超声探伤)、几何特征测量(如超声测厚)、组织结构(如超声测量材料晶粒度)和力学性能变化(如超声测应力)的检测和表征,并进而对其特定应用性进行评价的技术,包括超声波的产生、传播、与缺陷的相互作用、接收以及信号处理等。表 6-1 从声信号的产生、检测所利用的波型、检测方法和信号的处理四方面对超声无损检测技术进行归类。

表 6-1　超声无损检测概览

声信号的产生	压电换能器(相控阵、单晶、双晶)、电磁超声、激光超声、敲击、爆炸、电子声、薄膜、空气声
检测所利用的波型	横波(SV,SH)、纵波 Rayleigh 波、Lamb 波、Scholte 波、Stonely 波、Love 波、反射波、衍射波、散射波、模式转换波、泄漏波
检测方法	自发自收、一发一收、一发多收
信号的处理	幅度法、时间法(TOFD,绝对声时法,相对声时法)、声学非线性信号、谐振频率法

相控阵超声技术的应用始于 20 世纪 60 年代,是借鉴相控阵雷达技术的原理而发展起来的。初期主要应用于医疗领域、医学超声(见图 6-1)。成像中用相控阵换能器快速移动超声波声束,对被检查器官进行成像(见图 6-2),而大功率超声利用其可控聚焦特性,局部升温热疗治癌,使目标组织升温并减少非目标组织的功率吸收。

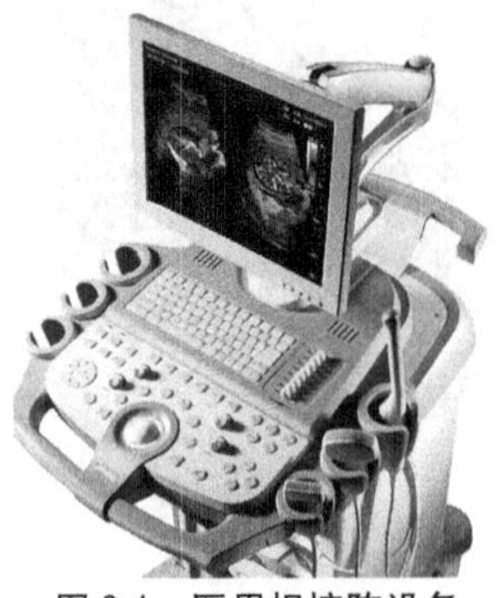

图 6-1　医用相控阵设备

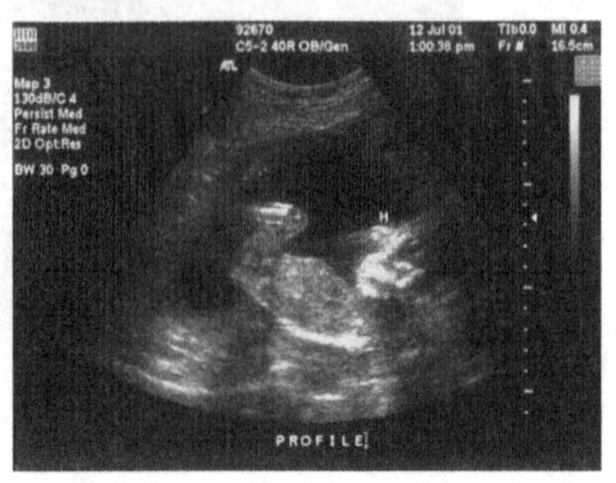

图 6-2　器官检查

工业检测中所用超声频率一般约为 5 MHz,高于医学超声中的约 1 MHz,对设备要求更高。伴随着微电子技术、压电复合材料、数据处理分析、软件技术和计算机模拟等多种高新技术的不断发展,相控阵设备制造和检测应用取得不断进步,逐渐应用于工业无损检测中。第一批工业相控阵系统问世于 20 世纪 80 年代,形体极大,而且需要将数据传输到计算机中进行处理并显示图像。20 世纪 90 年代出现了用于工业领域的便携式、电池供电的相控阵仪器。随着数字化时代的到来,低功耗电子部件的出现,更节电仪器结构的实现,以及表面安装式印刷电路板的设计等在工业领域中广泛应用,促成了集电子设置、数据处理、显示、分析于单一便携式设备的相控阵超声检测设备的进步,从而拓宽了相控阵技术在工业领域中的应用范围。

近年来,相控阵超声技术以其灵活的声束偏转及聚焦性能越来越引起人们的重视。国内外多家单位在相控阵检测软件平台的开发、检测仪器设备的研制和超声成像算法等方面进行了大量研究。其中,软件开发方面有加拿大 UTEX 公司的 Image3D、挪威 Oslo 大学信息学系的 Ultrasim、英国 NDTsoft 的 3D Ray Tracing、美国 Weidlinger 的 PZFLEX、加拿大 R&D TECH 的 Tomoview 等。在超声相控阵成像检测仪器设备方面,国外主要有以色列 SONOTRON NDT 公司、美国 GE 公司、日本 OLYMPUS 公司、英国 Technology Design 公司等致力研发相控阵检测系统设备,并且已经在各行各业无损检测领域得到了成功的应用。同时,国内也有多家机构在对超声相控阵检测设备进行研究与开发,如中国科学院声学研究所、北京航空航天大学等。相信随着该技术的推广使用,会有越来越多的无损检测人员使用上超声相控阵设备。

6.2　检测技术基本理论

与常规超声比较,相控阵超声检测是常规超声检测的升级,它的主要优势在于一定范围内,声束灵活可控,所以常规超声可用的检测方法,如脉冲回波法、透射法、衍射时差法、合成孔径法等,以及可用的检测波型,如横波、导波、表面波等,一般也可以用相控阵超声检测技术实现,并基于相控阵超声检测的优势,对这些检测方法的局限性做进一步突破。本章主要讲述了相控阵超声检测标准及检测过程中的一些常用基本概念和理论,首先简单介绍超声无损检测中常用的超声学基本概念,这些概念对理解相控阵超声检测帮助很大;其次介绍相控阵超声检测的基本原理,最后对检测方法、成像原理及检测中的一些基本问题做一说明。

6.2.1　检测原理

6.2.1.1　相控阵超声检测成像的原理

惠更斯原理指出,波阵面上的任一点(面源)都是一个次级球面波的子波源,子波的波速与频率等于初级波的波速和频率,此后每一时刻的子波波面的包络就是原波面在一定时间内所传播到的新波面。如图 6-3(a)所示,为惠更斯原理解释平面波的传播,在平面波传播过程中,声波面的面积有限的情况下,边缘的子波源发出声波向前传播,相互叠加,出现叠加加强或减弱,这样就出现了旁瓣,所以旁瓣是因为声源面积有限和子波源叠加产生的，如果是脉冲波，且脉冲足够短，则旁瓣会减弱，同时旁瓣的分布和强度也和声源面积有关。当波传播遇到障碍以后，则以障碍物尖端为新的波源，向周围传播，见图 6-3(b)，此即 TOFD 检测的基本原理。同样，如果遇到界面后，由于在另一介质中声传播速度的变化，引起声波传播方向的变化，即声波的折射，见图 6-3(c)。

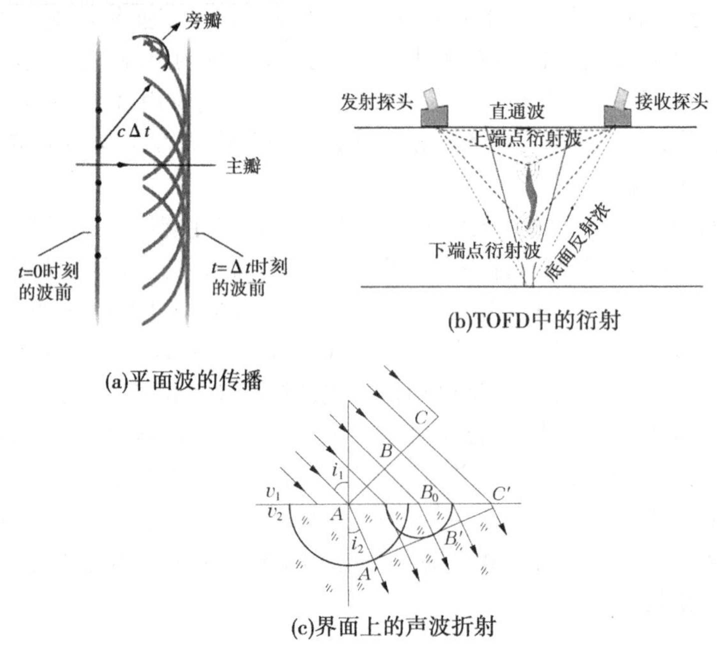

图 6-3　声波传播中的惠更斯原理

图 6-4(a)中，$t=0$ 时刻的波面也可以是超声换能器的声辐射面，如果将该面分成很小的区域，每个区域都是一个独立的声辐射面，即晶片，通常称为阵元，通过外部电子电路控制其发射声波的时间，就会产生不同的波面，如图 6-4 所示，为延时产生偏转声波的原理，不同的延时可以产生不同角度的偏转声波。

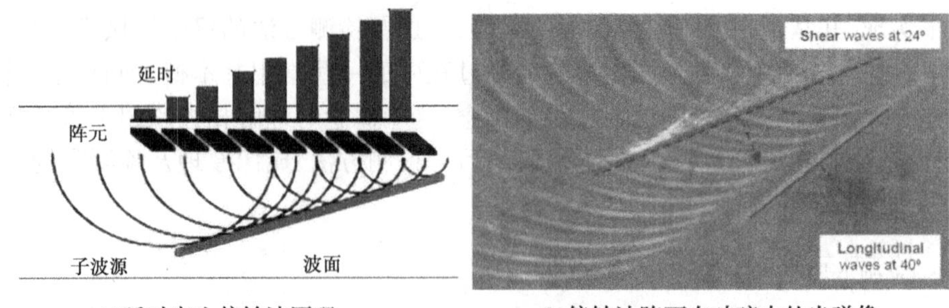

(a)延时产生偏转波原理　　(b)偏转波阵面在玻璃中的光弹像

图 6-4　相控阵超声偏转声场

相控阵探头的每个阵元连接一个独立的通道，这些通道通过一定的控制信号协同激励，产生相控阵超声波进行检测，每个通道连接一个阵元，形成一个独立的检测系统，可理解为一个常规超声检测，从这个意义上讲，相控阵超声检测相当于多个常规超声检测的综合，它们协同工作，产生灵活可控的相控阵超声检测声束。

如图 6-5 所示，一般情况下，在发射过程中，探测器将触发信号变换成特定的高压电脉冲，脉冲宽度和发射时间预先设定，阵元接收到电脉冲，产生超声波，相互干涉，形成偏转声波。声波遇到缺陷反射回来，接收回波信号后，相控阵按一定延时将接收到的信号汇合在一起，形成一个脉冲信号，传送至探测器。所以，相控阵检测中包括发射声波的相控延时和接收信号的相控延时，通常情况下，是先进后出，即第 i 个通道最先发射，则该通道最后接收回波信号。

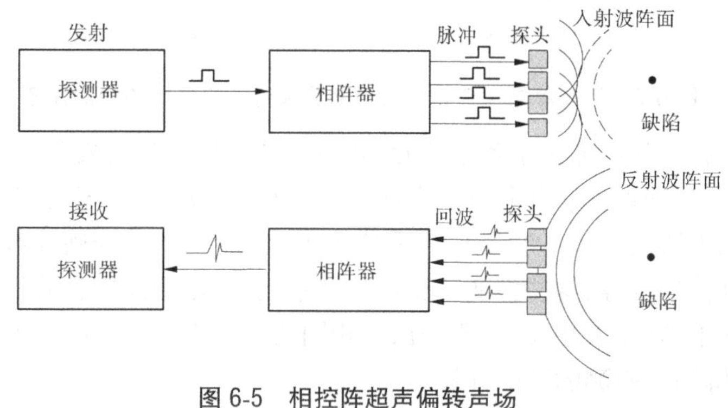

图 6-5 相控阵超声偏转声场

也可以控制各阵元的延时，产生聚焦声波，如图 6-6(a)、图 6-6(c) 所示，或偏转聚焦声波如图 6-6(b)、图 6-6(d) 所示。

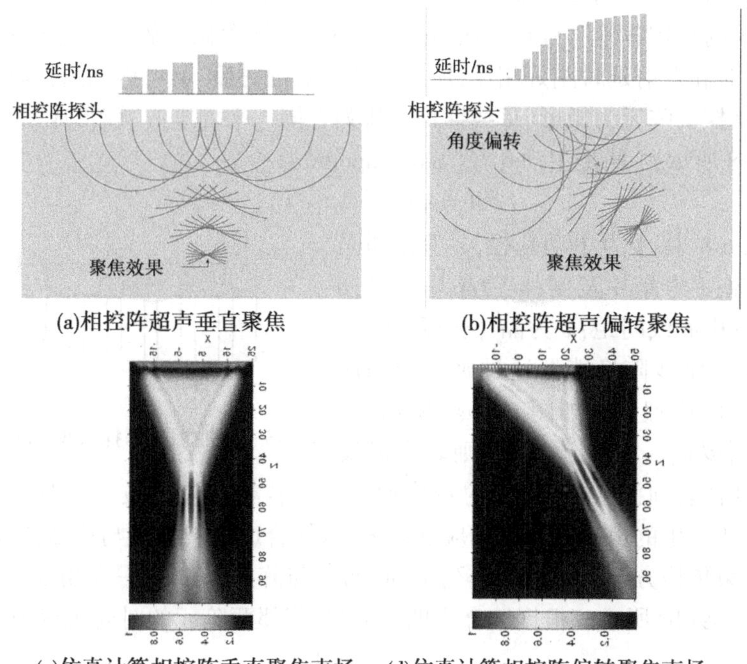

(a)相控阵超声垂直聚焦 (b)相控阵超声偏转聚焦

(c)仿真计算相控阵垂直聚焦声场 (d)仿真计算相控阵偏转聚焦声场

图 6-6 相控阵超声产生聚焦声场

用普通单晶探头，因移动范围有限、声束角度范围固定，对远离声束轴的缺陷，以及延伸方向平行于声束轴的缺陷，尤其是危害性较大的面状缺陷，很容易漏检。而相控阵超声探头产生的声波可以转向,大大提高了面积缺陷的检出率,如图 6-7 所示。

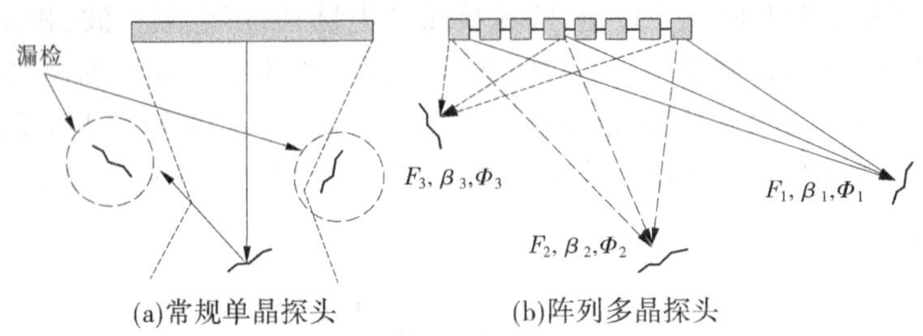

图 6-7 常规单晶探头和阵列多晶探头对多向裂纹的检测比较

这里介绍的相控阵仅考虑了各个阵元不同时刻发射,即延时发射,其实各通道-阵元也可以不同频率、不同幅度、不同波形、不同阵元大小、形状等,甚至可以通道-阵元组合,在激励信号作用下协同工作,如混频相控阵超声检测技术、动态变迹技术、子阵合成技术、自适应相控阵补偿技术等,这些都属于相控阵技术范畴,是相控概念的延伸。本书主要讨论不同延时情况下,阵元大小相等、激励信号相同的相控阵超声检测技术。

6.2.1.2 相控阵超声检测的延时计算

相控阵超声检测的延时分为发射延时和接收延时,一般情况下,同样的聚焦,发射延时中,阵元如果先发射,则接收时是后接收,即先发后收。相控阵超声检测中的延时一般通过检测设备软件提出偏转或聚焦要求,软件自动计算并代入激励和接收中。这里简单介绍几个常见的相控阵延时计算方法,对涉及的一些概念做一解释。这里只谈发射延时计算,接收延时和发射延时刚好相反,所以知道发射延时后,就可以知道接收延时。

当相控阵探头阵元为矩形,呈线性均匀排列在同一平面上时,就形成一维线性相控阵探头,如图 6-8 所示,A 就是主动孔径(active aperture)。

$$A = ne + g(n - 1) \tag{6-1}$$

式(6-1)及图 6-8 中:A 为主动孔径;g 为相邻晶片之间的间隙;e 为晶片宽度;n 为晶片数量;p 为相邻两晶片中心线间距;w 为晶片长度。

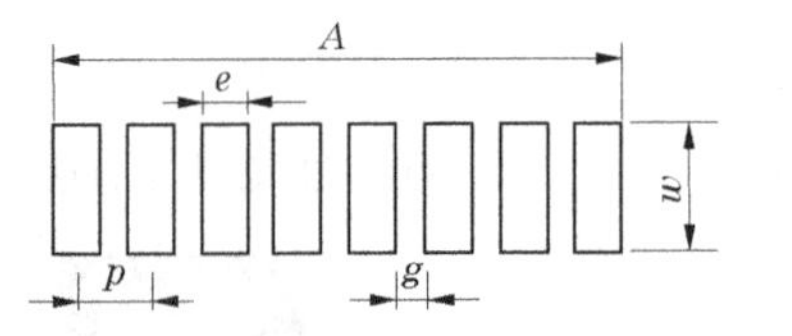

图 6-8 线性相控阵探头阵元分布及参数定义

图 6-9 是一维线阵换能器通过延时控制而实现的声束偏转原理图。如图 6-9(a)所示,如果各阵元同时受同一激励源激励,则其合成波束垂直于换能器表面,主瓣与阵列的对称轴重合。若相邻阵元按一定延迟时间 τ_s 被激励,则各阵元所产生的声脉冲亦将相应延迟 τ_s,这样合成的波不再与换能器阵所在平面平行,即合成波束传播方向不垂直于阵列平面,而是与阵列轴线成一夹角 θ,从而实现了声束偏转,如图 6-9(b)所示。根据波合成理论可知,相邻两阵元的时间延迟为

$$\tau_s = \frac{p\sin\theta}{c} \tag{6-2}$$

式中:c 为介质中的声速;τ_s 也被称为发射偏转延迟。

因此,可以通过改变发射偏转延迟 τ_s 来改变超声波束的偏转角度 θ。

在发射聚焦声波的延时计算中,一般计算延时、声传播距离。

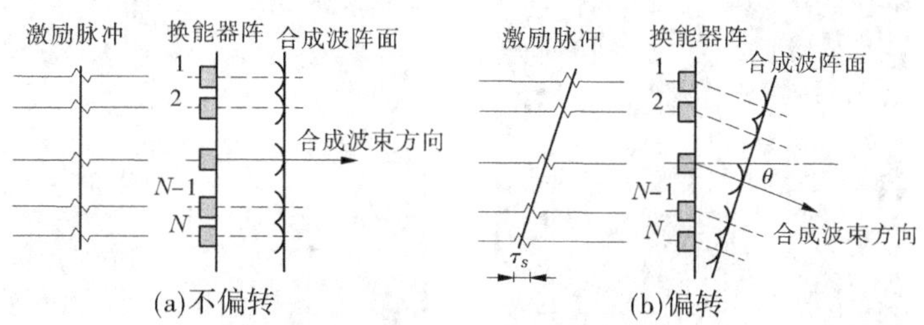

图 6-9　相控阵声束偏转原理

采用延时顺序激励阵元的方法，使各阵元按设计的延时依次先后发射声波，在介质内合成波波阵面为凹球面（对于线阵来说则是弧面），在 P 点因同相叠加而增强，而在 P 点以外则因异相叠加而减弱，甚至抵消。以阵列中心作为参考点，基于几何光学原理，使各个阵元发射声波在焦距为 F 的焦点 P 聚焦（见图 6-10），所要求的各阵元的激励延迟时间关系为

$$\tau_{fi}=\frac{F}{c}\left\{1-\left[1+\left(\frac{B_i}{F}\right)^2\right]^{0.5}\right\}+t_0 \tag{6-3}$$

式中：t_0 为一个足够大的常数，以避免出现负的延迟时间；B_i 为第 i 个阵元到阵列中心的距离，$B_i=|[i-(N+1)/2]d|$，$i=1,\ 2,\ \cdots,\ N$。τ_{fi} 为发射聚焦延迟，因此通过改变发射聚焦延迟 τ_{fi} 来改变焦距 F。

6.2.1.3　相控阵超声检测声场特性——主瓣、旁瓣和栅瓣

和常规超声一样，因为波面有限，连续波在传播过程中相互干涉，会产生旁瓣（side lobes），将声场分为旁瓣和主瓣（main lobes）两部分。脉冲越短，旁瓣越小，距离换能器越远，旁瓣越小。

如图 6-11 所示，相控阵探头阵元发射波列向前传播，可以用沿不同方向的声线表示传播的超声波，沿角度 θ 方向传播的波，如图 6-11 中虚线所示，第 $i+1$ 个阵元辐射的前一个波面和第 i 个阵元辐射的后一个或者后面第 n 个波面叠加，使 θ 方向声波加强，则产生栅瓣（grating lobes）。

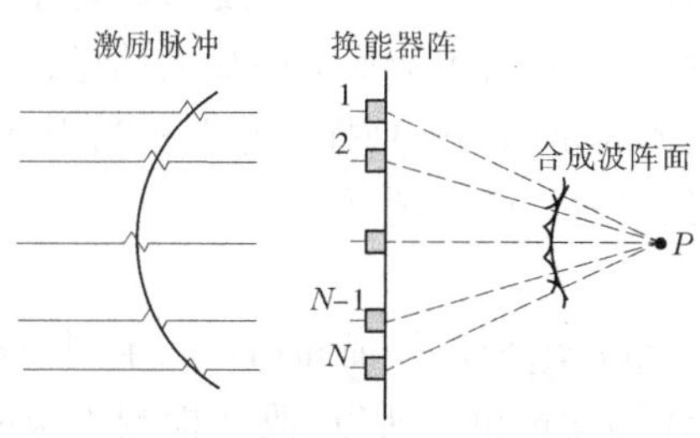

图 6-10　相控阵声束聚焦原理

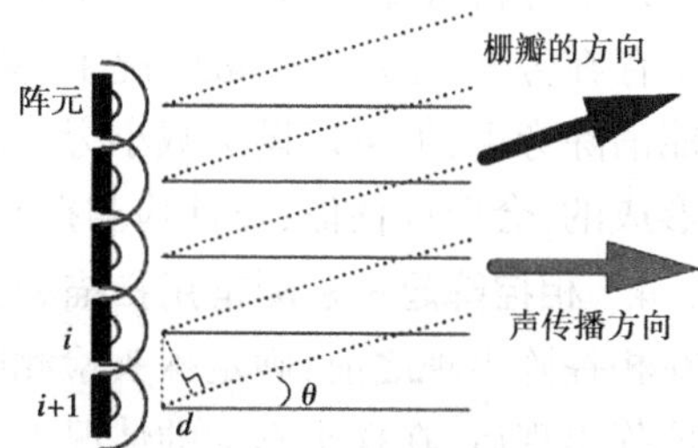

图 6-11　栅瓣的形成机制

图 6-12 是两种不同情况下声场中产生栅瓣的情况，从栅瓣的形成机制来看，栅瓣的能量可能很大，甚至大于主瓣能量，对检测影响很大。

所以，从物理原理来讲，如果脉冲足够短，即使探头设计不当，也不会产生栅瓣，如图 6-13 所示，图 6-13（a）是采用连续波理论计算的声场指向性图，从图中更可见，在$-24°$方

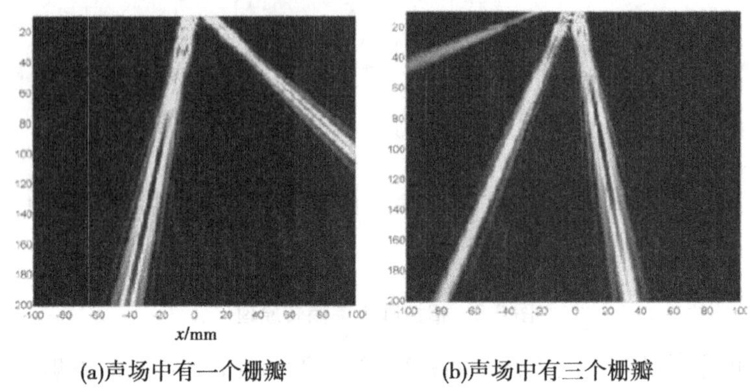

(a)声场中有一个栅瓣　　(b)声场中有三个栅瓣

图 6-12　含有栅瓣的声场分布

向有很强的栅瓣,图 6-13(b)为同样条件下,采用短脉冲激励的声场仿真结果,可见,声场中不存在栅瓣。

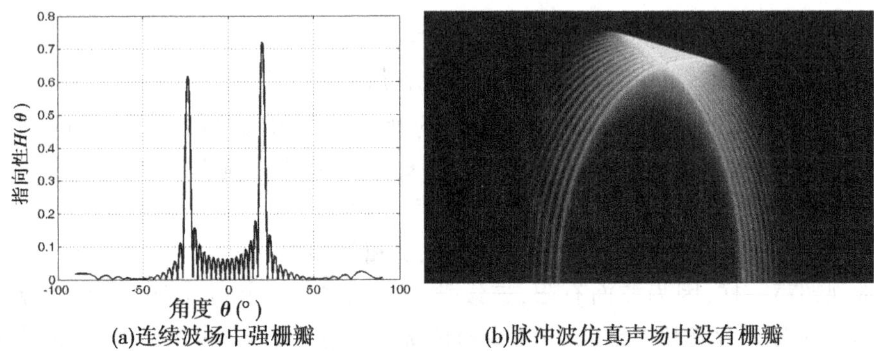

(a)连续波场中强栅瓣　　(b)脉冲波仿真声场中没有栅瓣

图 6-13　连续波和脉冲波激励的比较

相关理论证明,在超声无损检测中,只要相控阵探头的阵元间距 p 不大于半波长,就不会产生栅瓣。一般情况下,只要设计探头阵元间距,满足探头检测过程中,扫描范围内不产生栅瓣即可。

由以上分析可知,主瓣和旁瓣是声场本身的性质,只要是有限大小波源辐射超声场,就一定存在旁瓣、主瓣。一般情况下,旁瓣对检测影响不大,不会形成明显的伪像,检测中不可能消除旁瓣,但可以设法减小旁瓣的能量;而栅瓣是因为阵列探头布置不当引起声波干涉形成的,会造成伪像,设计检测探头和工艺时,应避免产生栅瓣。

6.2.1.4　相控阵超声检测常用扫描和显示方法

在相控阵出现之前,确定探头检测时,声束不能改变,所以扫描和扫查属于同一概念。但相控阵出现后,在探头不动的情况下可以改变或移动声束。所以,改变检测声束时,根据探头是否移动区分扫描和扫查。扫描(scan):不改变探头位置,通过电子方式改变检测声束。扫查(scanning):探头位置改变。所以,扫查按照探头行走的路径有线性扫查、栅格扫查、锯齿扫查;按照自动化程度分为人工扫查、半自动化扫查和自动化扫查。

另外,聚焦法则(focal law)是相控阵超声检测中一个非常重要的概念,指得到一个检测波形的所有软件和硬件设置,包括频率、阵元大小、延时等。不同的检测和扫描方式需要不同的聚焦法则进行检测,其结果也有多种显示形式,包括相控阵超声检测成像,相控阵超声检测成像是检测波形处理的结果,在一定程度上体现了缺陷的一些信息,这种超声像不是缺陷的实际形貌像。下面介绍几种常见的相控阵超声检测方法和结果显示方式。

1. A 扫描显示

A 扫描是所有相控阵超声成像的基础。和常规超声中的 A 扫描显示相同,即将超声信号的幅度与传播时间(声程)的关系以直角坐标形式显示出来,一般横坐标表示时间,纵坐标表示幅度,以回波时间定位缺陷,以回波波形形式推测定性缺陷,以回波幅度结合回波形式判定缺陷。A 显示同样有射频信号和检波(整流)信号两种形式,如图 6-14 所示。其中,检波信号是将射频信号进行整流所得,即取波的绝对值,所以射频信号含有相位信息,而检波信号没有。在关注相位的 TOFD 检测中用射频信号,而在关注回波幅度的脉冲回波法检测中,主要关注波幅信息,采用检波显示,将时基线移至屏幕下方,增大可观测范围。校准曲线的制作方法,因使用仪器不同而不同。

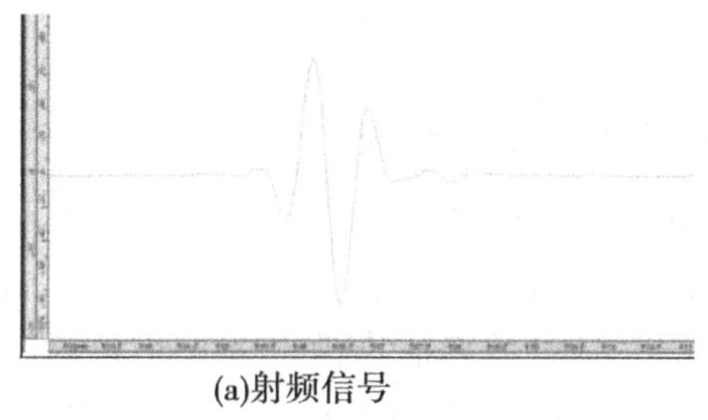
(a)射频信号

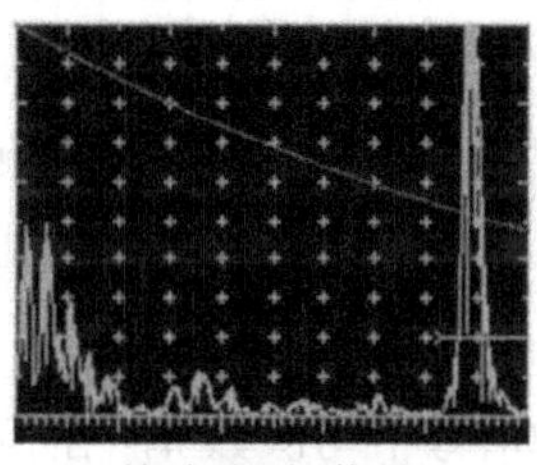
(b)检波(整流)信号

图 6-14　A 型显示

目前所用的相控阵超声检测设备一般采用数字信号,便于处理和存储,这就需要将换能器采集到的模拟电压信号进行数字化、离散化。如图 6-15(a)为模拟信号,首先按照设定的时间间隔进行取样,得到 t_0、t_1、t_2、…时刻的电压,将连续信号变成时间离散、幅值连续的取样信号,如图 6-15(b)所示。这里取样的时间间隔即采样周期,它的倒数就是采样频率;这里的幅值连续是指取样点的幅值仍然与对应的模拟信号相同。采样后,得到对应时间点上信号的值,用该值除以一个量化单位并取整,再对该整数进行编码,得到时间离散、数值也离散的数字量,如图 6-15(c)所示。

采样频率越大,量化单位越小,得到的数字信号越接近模拟信号,但这样就增大了数据量,不便于存储和处理,所以应用中需要选择合适的采样频率和量化单位。采样频率可以相同,也可以在不同的时间段内不同,如在需要检测部分采样频率高,而在不需要检测且超声经过的部分,采样频率低。但采样频率必须大于上限截止频率的 2 倍,才可能保证信号不失真。

相控阵超声检测中,一个 A 扫描信号可以是发射一次超声波,接收后形成的 A 扫描信号,发射一次超声波,接收到 A 扫描信号后,将其存储起来,待该 A 扫描检测结束后再于同样的位置同样的方式发射信号,接收形成第 2 个 A 扫描信号,以此类推形成 n 个 A 扫描信号,将这 n 个 A 扫描信号平均后形成一个最终的 A 扫描信号显示出来,n 即为信号平均次数。信号平均次数越多,对噪声抑制效果越好,但检测速度就越慢。平均处理后的信噪比 SNR_a 与平均处理前的信噪比 SNR_s 及平均次数 n 的关系为:

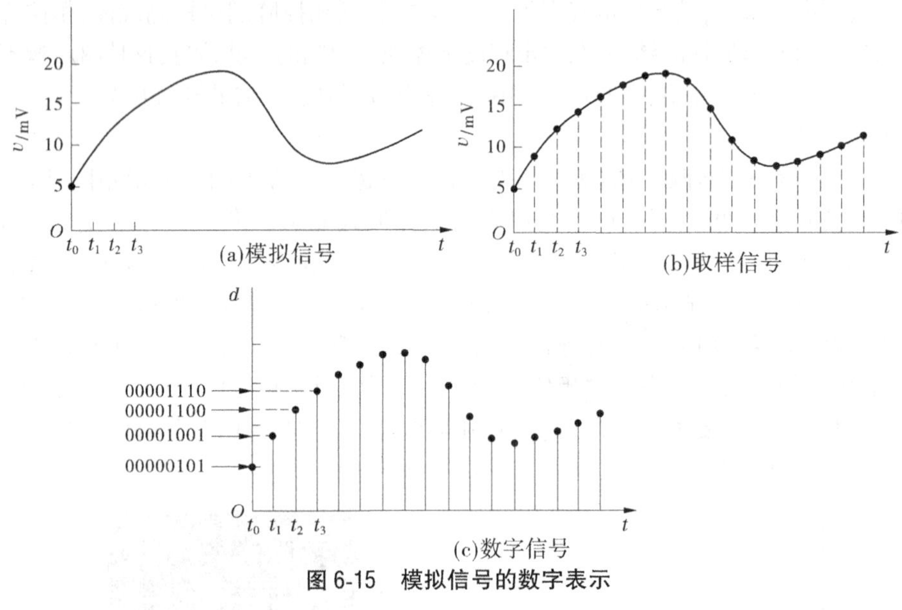

图 6-15 模拟信号的数字表示

$$SNR_a = n^{0.5} SNR_s$$

目前,相控阵超声检测中平均次数 n 为 1,即不平均。实际检测中为提高信噪比,可以选择合适的信号平均次数 n。在检测中,脉冲发射后声波在介质中传播、衰减,只有当声波衰减到足够弱,以至于不影响下一次检测,需要时间 Δt_1。另外,采集到的 A 扫描信号经过模数转换、存储、设备复位等需要时间 Δt_2,至此,一次激发和数据采集完成,可以进行下一次 A 扫描激发。两次连续激发的时间差为脉冲重复周期,它的倒数即脉冲重复频率(pulse recurrence frequency,PRF),所以脉冲重复周期必须大于 Δt_1 与 Δt_2 之和。

A 信号采集的过程中,容易被噪声干扰,所以一般都需要滤波。这里的滤波和 TOFD 中的滤波相同,一般建议滤波采用带通滤波,滤波下限为检测信号中心频率的一半,滤波上限为检测信号中心频率的 2 倍。

相控阵超声检测一般将检测结果以图像的形式显示出来。同样的缺陷,距离探头越远,则回波幅度越小,所以检测中为了让不同位置的相同缺陷显示相同大小的回波幅度,即在图像中显示相同的颜色,就需要对检测设备进行校准,此即时间增益修正(time corrected gain,TCG)曲线,这个和常规超声中的 TCG 曲线类似。另外,DAC(distance amplitude curve)曲线和常规超声中的 DAC 概念相同,用来辅助缺陷判定。

如果将 A 扫描信号的横坐标用一系列点表示,每个点对应一个采样点,即对应某个时刻,将该时刻的信号大小用不同灰度表示出来,例如信号越大,该点就越黑,这样就将一条 A 扫描曲线转换成一条黑白相间的灰度线;如果将信号的大小用彩色表示,即不同的信号大小对应不同的颜色,就可以得到一条包含 A 扫描所有信息的彩色直线,如图 6-16 所示。

2. 扇形扫描和 S 扫描

扇形扫描(sectorial scan)又称 S 扫,分为扇形扫描检测和扇形显示。采用同一组阵元和不同聚焦法则得到不同折射角的声束,在确定范围内扫描被检测工件,即扇形扫描检测。检测结果的所有角度 A 扫描信号转换成彩色直线按照折射角排列,就得到扇形显

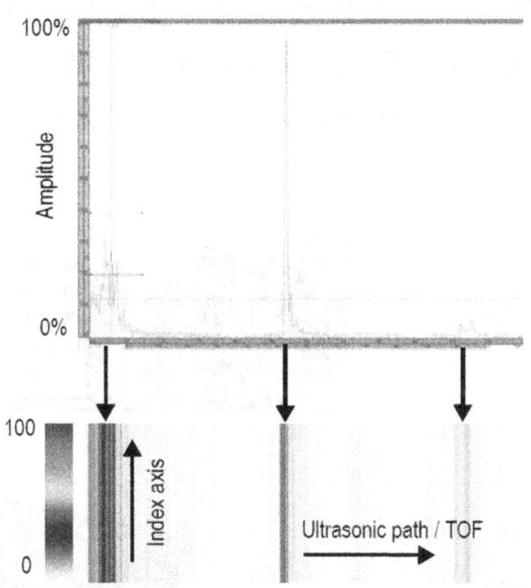

图 6-16　彩色编码 A 显示检测信号,用于创建彩色 B 显示、S 显示等

示,也称为 S 显示,如图 6-17 所示。图 6-17(b)显示为一坡口未熔合的检测成像结果。S 显示是相控阵特有的显示方式,可以是纵波、横波、导波等,可以装在斜楔上,也可以水浸或直接接触。扇形扫描的成像是被检测工件所检测区域的横截面图像。

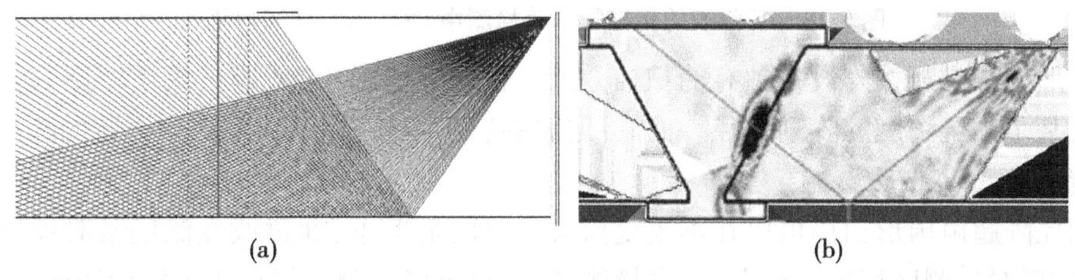

(a)　　(b)

图 6-17　扇形扫描

相控阵通常采用以下这两种扇形扫描形式:第一种,和医用成像技术非常相似,通过一个 0°的直楔块产生纵波偏转,从而创建一个饼状的图像。这种扫描方式主要用于发现层间缺陷及有微小角度的缺陷。如图 6-18 所示。

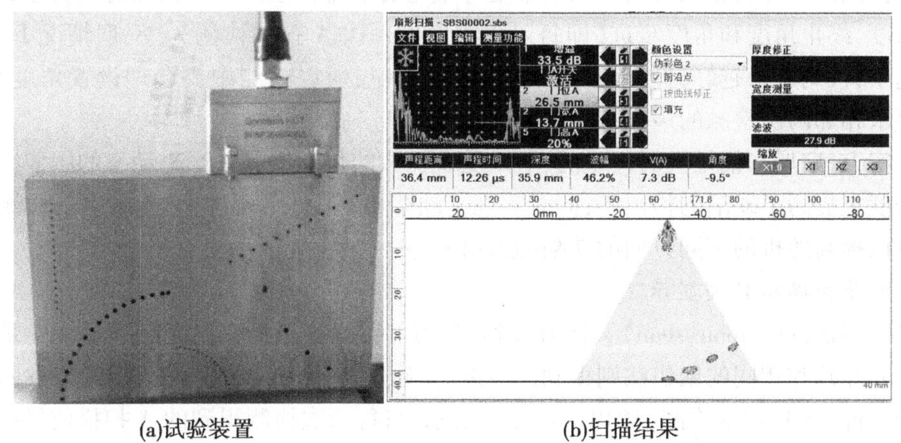

(a)试验装置　　(b)扫描结果

图 6-18　相控阵超声检测中-30°～30°扇形扫描

第二种,通过一个有角度的有机玻璃楔块用于增大入射角度从而产生横波,产生横波的角度通常为 35°~80°,如图 6-19 所示。这种技术与常规超声的斜入射检测类似,区别就在于相控阵所产生的是一系列角度的偏转,而常规超声检测只能产生某个固定角度的声束。

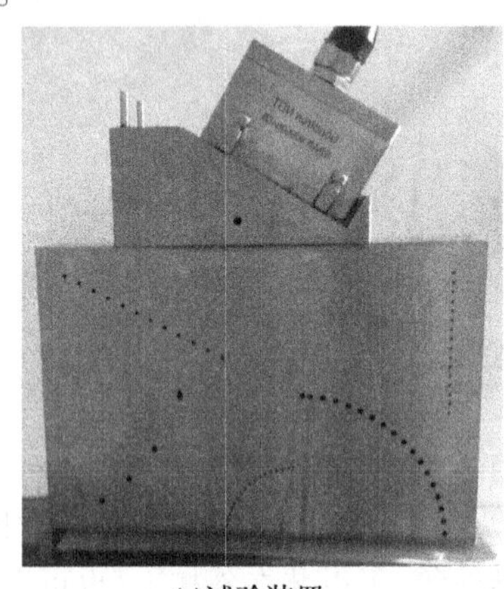

(a)试验装置

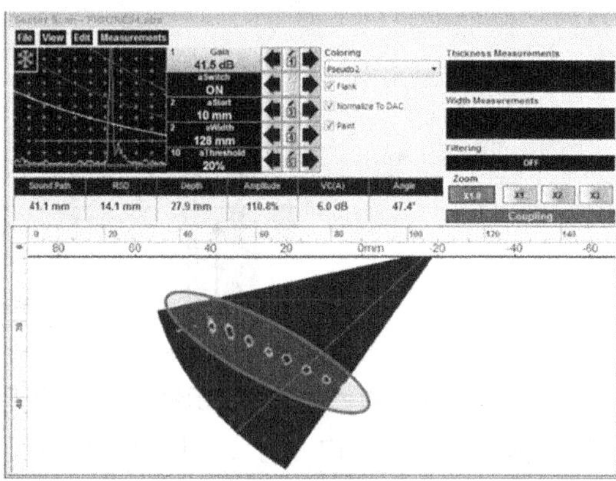

(b)扫描结果

图 6-19　带斜楔的相控阵超声检测中 38°~ 70°扇形扫描

扇形扫描是相控阵设备独有的扫描方式。在线性扫描中,所有的聚焦法则都是按顺序形成某个固定角度的阵列孔径。而扇形扫描则是通过一序列角度产生固定的阵列孔径和偏转。

相控阵超声扇形扫描可以在不改变探头位置的情况下,通过改变激励延时控制声束偏转,实现对检测区域的全覆盖,提高检测效率;也可以检测常规探头不能检测到的区域,对检测复杂几何外形的工件有较好的效果。但是,同样的缺陷采用不同角度声束检测时,其回波大小不同,为了使同一缺陷在不同声束角度下的回波大小相同,就需要对设备做校准,做角度增益补偿(angle corrected gain,ACG)曲线,即使扇形扫描角度范围内不同角度的声束检测同一深度相同反射体回波幅度等量化的增益补偿。扇形扫描的主要参数包括起始角度、终止角度和角度步进(即每隔多少度做一次 A 扫描检测)。一般情况下,角度步进越小,检测效果越好,但同时增加了检测数据量,所以检测中要合理设置角度步进。一般要求相邻两次检测的声束有 50%的重叠。

事实上,扇形扫描是实时产生的,所以随着探头的移动将持续产生动态的图像。这在很大程度上提高了缺陷的检出率,同时实现了缺陷可视化。一次检测使用多个检测角度尤其可以提高随机的不同方向的缺陷的检出率。

3. 电子扫描和 E 型显示

电子扫描(electronic scan)又称为 E 扫,分为电子扫描检测和电子扫描显示。采用不同的阵元晶片和相同的聚焦法则得到的声束,在确定范围内沿相控阵探头长度方向扫描被检测工件,即 E 扫描检测。如图 6-20(a)所示,将每一次检测得到的 A 扫描信号按照被激励阵元的中心排列,即形成 E 扫显示。图 6-20(b)为 T 形接头,有坡口未熔合缺陷,将探头置于翼板上,每组激发 20 个阵元,每次移动一个阵元,得到检测 E 扫描显示,见

图 6-20(c),由图中可以看出未熔合的两个尖端的衍射波。

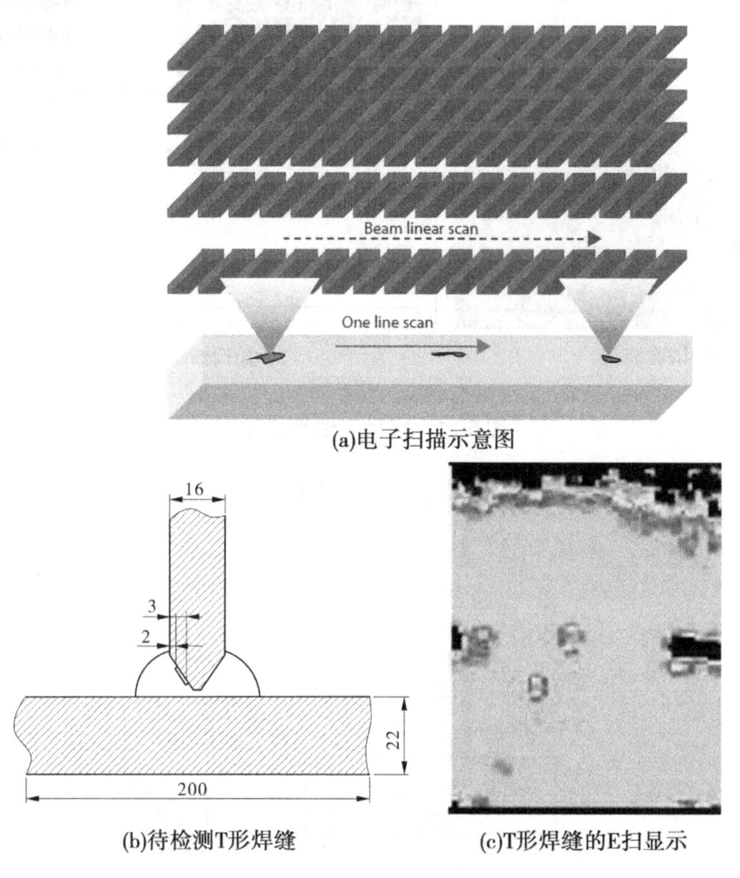

(a)电子扫描示意图

(b)待检测T形焊缝　(c)T形焊缝的E扫显示

图 6-20　电子扫描　(单位:mm)

实际扫描中,因为电子声束的变化是实时的,从而在探头移动时可以实时地产生连续的横截面扫描图像。如图 6-21 所示的是一个 64 晶片线性相控阵探头扫查的实时图像。每个聚焦法则采用 16 个晶片的阵列孔径,产生脉冲的开始晶片以 1 进行递增,每 16 晶片产生一个脉冲。这样就产生了 49 个独立的波形,这些波形一起产生了沿着探头晶片排列方向(长度方向)的实时的横截面成像。

同样,相控阵传感器也可以产生有角度的声束。采用 64 晶片线性传感器及斜楔块,可以产生有角度的横波,角度可以由用户自己定义。此时在某一固定探头位置就可以检测整个焊缝位置,不需要像常规超声检测一样锯齿形地移动探头进行检测。

4. B 显示、C 显示、D 显示和 P 显示

B 显示、C 显示、D 显示以及由此三者构成的 P 显示,都是检测结果的二维显示形式,如图 6-22 所示,包含了 B 显示、C 显示和 D 显示。下面对每种显示方式做一简要说明。

B 显示一个二维显示。以焊缝检测为例,B 显示即沿焊缝延伸方向看去,得到的检测结果在检测区域内部的叠加显示,如图 6-22 所示。图 6-23 即 B 扫描图像形成方式,图中 x 为探头移动方向,当探头在位置 x_1 处检测得到图像 1,其在检测区域中 A_1 点的幅度值

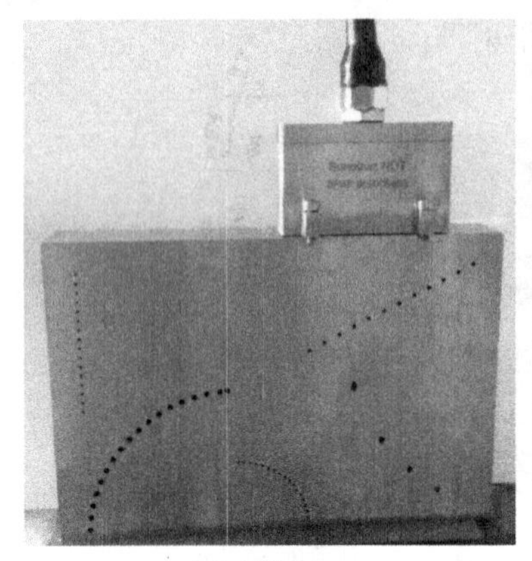

(a)试验装置

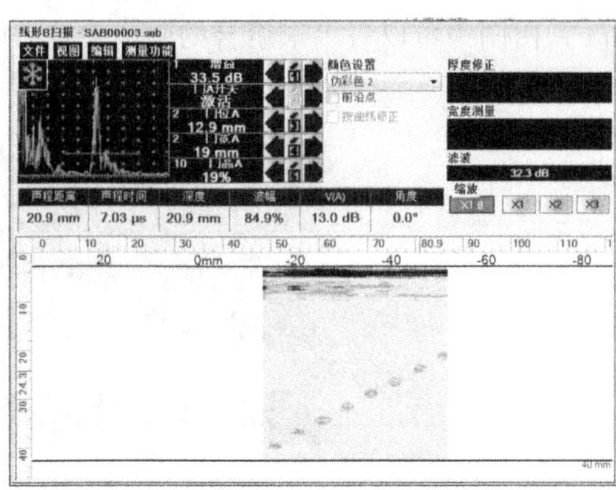

(b)扫描结果

图 6-21　64 阵元线性扫描

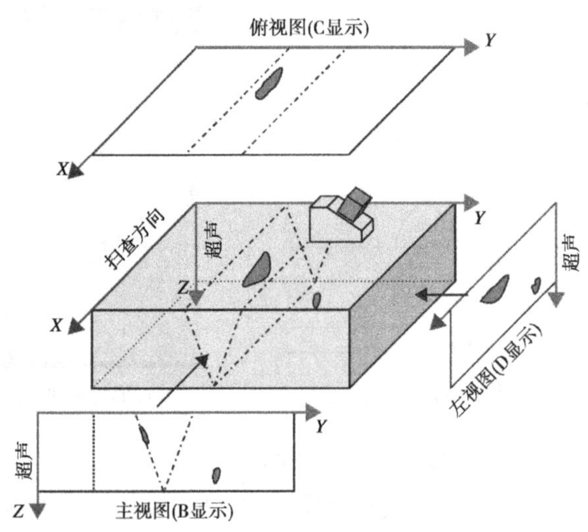

图 6-22　超声扫查图像显示

为 A_1，然后探头移动到 x_2 检测得到图像 2，其在检测区域中 A_2 点幅度值为 A_2，以此类推，得到图像 x_n 和 A_n，B 扫描图中对应 A 点的值为 A_1、A_2、…、A_n 之和。变换 A 点位置得其他点的值，最终得到 B 扫描图，所以一次完整的检测中，每个位置的检测结果都参与了 B 显示的计算。所以，从 B 显示中可以方便地看出检测区域内是否存在缺陷以及缺陷的部分位置信息。

C 显示即图 6-22 中的俯视图，D 显示为图 6-22 中的左视图，C 显示和 D 显示的构成方式和 B 显示类似，在此不再赘述。

P 扫描(P scan)是指将扫查结果以线性理论为基础，计算后以主视图、俯视图和左视图的形式显示。

5. 3D 显示

通过软件算法将扫查所得到的正视图、俯视图、左视图合成为 3D 模拟图像显示，如

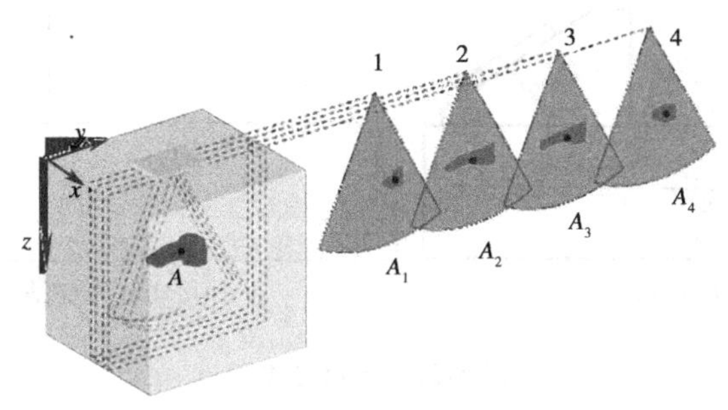

图 6-23　超声扫查图像显示构成示意图

图 6-24 所示。

6.2.1.5　相控阵超声检测中几个常用基本概念

本节介绍相控阵超声检测中几个其他概念，其中线性扫查、锯齿扫查、沿线栅格扫查和常规超声中的概念相同。

线性扫查：相控阵超声检测焊缝时，探头在距离焊缝中心线一定距离的位置上，平行于焊缝方向进行移动的扫查方法，如图 6-25 所示。线性扫查中，探头的移动轨迹可以是直线，也可以是沿圆柱的周线。线性扫查在相控阵超声检测对接焊缝中比较常用。

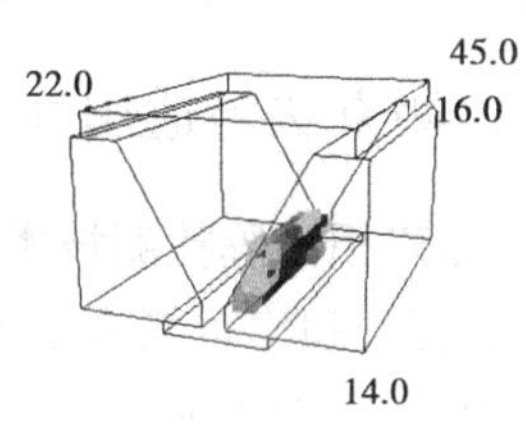

图 6-24　3D 显示

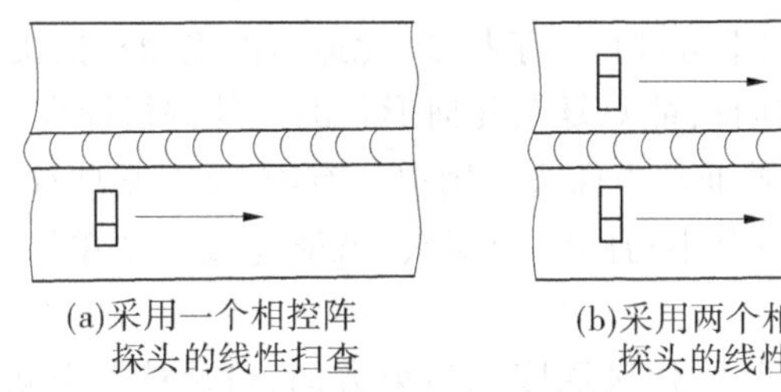

(a)采用一个相控阵探头的线性扫查　(b)采用两个相控阵探头的线性扫查

图 6-25　线性扫查

探头位置：焊缝的相控阵超声检测中，探头前端到焊趾线的距离为探头位置。

锯齿扫查：斜探头垂直于焊缝中心线放置在检测面上，探头前后移动，其轨迹为锯齿形，每次前进的齿距不能过大，要保证声束 50%的重叠。

沿线栅格扫查：即探头移动轨迹是栅格形，同样要保证声束重叠 50%。

固定角度扫查：采用特定的聚焦法则形成固定角度的声束，不需要声束移动，而是通过锯齿形移动或栅格形移动相控阵探头进行检查，此时，相控阵超声探头类似于常规单一角度的超声探头，这样的检测也类似于常规超声检测。

相控阵超声检测的扫查方式可以多种多样，如前后、左右、转角、环绕扫查、螺旋式扫查、分区检测等，检测中根据需要选择合适的扫查方式进行检查。

相控阵超声检测中，检测结果以图像形式显示，所以就出现按声程显示和按实际几何结构显示两种显示形式，见图 6-26。

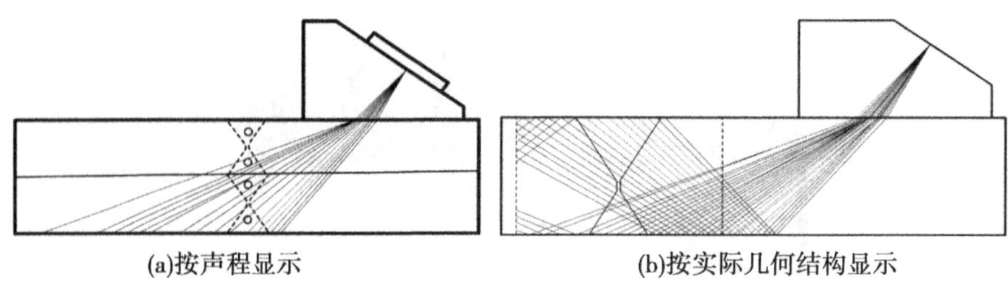

(a)按声程显示　　(b)按实际几何结构显示

图 6-26　显示方式

最后,相控阵超声检测中设计的基准灵敏度(reference sensitivity)和扫查灵敏度(scanning sensitivity)和常规超声中的概念相同,前者指将参考试块中人工反射体的回波高度或被检工件底面回波高度调整到某一基准时的增益值;后者指在基准灵敏度基础上,根据工艺验证,确定实际检测的灵敏度。

6.2.2　检测方法与适用性

6.2.1.1　超声相控阵检测技术的主要优点

除具有传统超声检测方法的诸多优点:可以利用纵波、横波、界面波和导波等多种波形进行检测,穿透能力强、检测对人体无害等,相控阵超声检测技术用于无损检测还有以下几方面独特的优点:

(1)采用电子方法控制声束聚焦和扫描,检测灵活性和检测速度大大提高:①检测超声波束方向可自由变换;②焦点可以调节甚至实现动态聚焦;③探头固定不动便能实现超声波扇扫或线扫;④相控阵技术可进行电子扫描,比通常的光栅扫描快一个数量等级。

(2)具有良好的声束可达性,能对复杂几何形状的工件进行探查:①用一个相控阵探头,就能涵盖多种应用,不像普通超声探头应用单一有限;②对某些检测,可接近性是“拦路虎”,而对相控阵,只需用一个小巧的阵列探头,就能完成多个单探头分次往复扫查才能完成的检测任务。

(3)通过优化控制焦点尺寸、焦区深度和声束方向,可使检测分辨力、信噪比和灵敏度等性能得到提高。

(4)通常不需要辅助扫查装置,探头不与工件直接接触,数据以电子文件格式存储,操作灵活简便且成本低。

(5)仿真成像技术:解决复杂几何构件检测难题;现场实时生成几何形状图像;轻松指出缺陷真实特征位置;成像由各声束 A 扫数据生成;实际检测结合工艺轨迹追踪;可用于所有形式的焊缝检测;同步显示 A、B、S、C、D、P、3D 扫描数据。如图 6-27 即为利用 3 MHz,8×8 = 64 阵元相控阵对铝块内一直径为 2 mm 的规则通孔进行三维超声成像的结果。

超声相控阵检测焊缝时,常用相控阵换能器发射纵波,经楔块转换为横波在工件中传播,采用自发自收方式接收回波,通过回波幅度对缺陷判定。所以,相控阵超声检测技术是超声检测技术大家族中的一员,它具有超声检测的基本优势:

(1)适用范围广:适用于金属、非金属、复合材料等多种材料的检测。

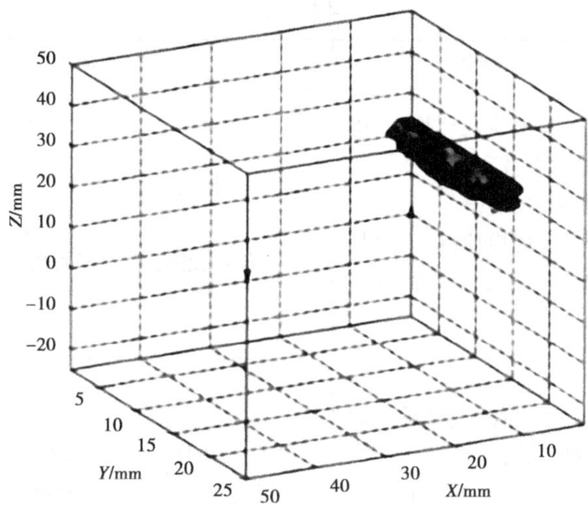

图 6-27　铝块上 75 mm 深度处一个直径为 2 mm 的规则通孔的三维超声成像

(2)穿透能力强,可检测厚度范围从几毫米到几米。

(3)缺陷定位准确。

(4)对危害性较大的面积型缺陷检出率高。

(5)可同时检测表面和内部的很小缺陷。

(6)检测无辐射。

同时,相控阵超声检测又突破了常规超声检测技术的一些局限性,如可以对某些复杂形状或不规则外形的工件进行检测,检测更加灵活,可靠性更好,检测结果可以图像化显示,直观,且可记录。最后,相控阵超声检测在根本上存在着超声检测本身的一些局限性:对缺陷不能精确定性;缺陷位置、取向和形状对检测影响较大;工件材质、晶粒度会影响检测等。

6.2.2.2　超声相控阵检测技术的主要局限性

超声相控阵检测技术的局限性及其对策见表 6-2。

表 6-2　超声相控阵检测技术的局限性及其对策

序号	问题	细节	制造对策
1	设备昂贵	硬件比常规 UT 贵 10~20 倍; 备件高价; 软件很多,升级费用较高	硬件设计小型化,包括类似于常规超声的结构特点; 生产线标准化; 价格降为常规 UT 的 2~8 倍; 限制软件升级
2	探头昂贵,且生产周期较长	要求仿真和综合考虑特性; 价格比常规探头贵 12~20 倍	发布探头设计指南,更新 PA 探头及其应用手册; 使焊缝检测、腐蚀检测、锻件检测和管道检测探头制造标准化; 探头价格拟降为常规探头的 3~6 倍

续表 6-2

序号	问题	细节	制造对策
3	要求操作者具有超声高级知识，且操作非常熟练	是一项涉及计算机、机械、超声波和绘图技能的多学科技术； 对大规模检测，人力是个大问题，缺少相控阵基础培训	建立不同等级的知识和专业课程及取证培训中心； 发行有关相控阵应用的高级 NDT 实践系列丛书
4	校验挺复杂，且耗时长	要求对探头、对系统做多种校验； 有关功能必须定期例行检查，但需花费大量的时间	要培养和收罗仪器、探头及总体系统的校验高手； 开发定期校验系统完整性的装置和专用配置； 校验程序标准化
5	数据分析和绘图标图很费时	缺陷数据的冗余度使缺陷评定分析很费时； 许多信号是多重性的，对 A 扫描可能要求做分析处理； 时基采集、数据测绘很费时	根据具体特性（波幅、在门中位置、成像、回波动态图），开发自动分析工具； 开发有直接采集和测绘能力的 2D 和 3D 成像模式； 将声线示踪法结合边界条件和波形转换法，列入分析工具
6	方法不标准化	由于相控阵技术的复杂性，该技术要与现有标准融为一体，有一定难度； 完整的相控阵标准暂无； 检测工艺专用性强	积极参与国家和国际标准化委员会工作（ASME、ASNT，API、FAA、ISO、FN、AWS、EPRI、NRC）； 简化校验程序； 为现有法规创建基本设置； 根据操作演示方案，通过“盲试”或“亮试”（答案不告知或告知），验证系统特性； 为设备更新创建导则； 制定通用工艺

6.2.2.3 超声相控阵检测相关标准

目前国内外已发布的有关超声相控阵检测的技术标准有：

(1)《Standard Practice for Contact Ultrasonic Testing of Welds Using Phased Arrays1》(ASTM E2700-09)。

(2)《Non-destructive testing of welds-Ultrasonic testing-Use of (semi-) automated phased array technology》(ISO13588—2011)。

(3)中石油行标：《在役油气管道对接接头超声相控阵及多探头检测》(SYT 6755—2009)。

(4)《Standard Guide for Evaluating Performance Characteristics of Phase-Array Ultrasonic Testing Instruments and Systems》(ASTM E2491—09)。

(5)《相控阵超声探伤仪校准规范》(JJF 1338—2012)。

(6)《相控阵超声检测方法》(GB/T 32563—2016)。

(7)《钢制承压设备焊接接头的相控阵超声检测》(Q/CSEI 01—2013)。

(8)《火力发电厂焊接接头相控阵超声检测技术规程》(DL/T 1718—2017)。

其中 ASME 规范从 2007 年到 2013 年,不断丰富 PA-UT 的内容。2007 版提出在 TOFD 检测中可以应用相控阵超声探头。2010 版标准允许应用相控阵超声进行检测,对利用线阵探头的人工光栅检测技术(固定角度、E 扫描、S 扫描)进行了说明,详细规定了检测要求,收入 ASTM E—2700 和 ASTM E—2491 标准。2013 版对 2010 版内容进一步完善,并增加了名词解释。

在国内特检行业,伴随着中国承压设备检测研究院企标《钢制承压设备焊接接头的相控阵超声检测》(Q/CSEI 01—2013)的出现,《承压设备无损检测 第 15 部分:相控阵超声检测》(NB/T 47013.15)征求意见稿的发布及报批稿的提交,以及电力行业检测标准《火力发电厂焊接接头相控阵超声检测技术规程》(DL/T 1718—2017)的出台,PA-UT 已经开始越来越多地代替射线和常规超声应用于各个行业中,创造了巨大的经济效益和社会效益。

6.3　检测应用案例

相控阵超声检测设备朝着检测分辨力越来越高、检测自动化,设备便携化方向发展,检测实时性能力不断提高,促使数据向快速处理等方向发展。自适应聚焦、编码发射、数字声束的形成和二维相控技术可以明显提高检测波束成形,为此,具有较精确的延时分辨力和较多通道数的高速相控阵检测设备是目前高端设备研究的一个重要方向,同时需要考虑满足相控阵端点衍射、相控阵导波等多种方法综合应用的检测要求。研制适于现场应用的便携设备进行半自动或自动化检测也是目前相控阵检测设备发展的一个重要方向。

伴随着设备性能的不断提高,现代信号处理技术的发展,和大数据、人工智能的进步,各种检测方法不断出现,如全矩阵采集、相控阵联合 TOFD 检测、相控阵导波、相控阵与非线性结合进行检测;相控阵超声检测技术的不断应用,现场使用案例的积累以及各项检测标准的不断出台与完善,都大大地推进了相控阵超声检测技术的发展和应用。

目前相控阵超声检测技术处于从实验室走向现场工程应用的关键阶段。在国内阻碍相控阵大面积展开的主要原因是没有形成统一的行业标准,所以急需进一步探索新的检测方法、研究和验证检测工艺、测量和评价检测设备,建立新的检测标准和设备性能的评价方法和标准。

超声相控阵检测的应用范围:目前相控阵超声检测技术在工业上已有相当广泛的应用探索:①核工业和航空工业等领域,如核电站主泵隔热板的检测,核废料罐电子束环焊缝的全自动检测,以及薄铝板摩擦焊缝热疲劳裂纹的检测,D. Liaptsis 等计算声场在核工业上用喷嘴中的声场，探索利用线性相控阵检测喷嘴的检测方法。②机械、压力容器、高能管道焊缝和输油管道焊缝的检测。R/D TECH 公司研制的管道全自动相控阵超声系统可检测直径 100 mm、400 mm 的管道，扫查速度为 100 mm/s，4 min 可检测一条完整的陆地输油管焊缝（包括仪器安装和拆除），结合超声衍射时差技术（TOFD）提高缺陷检出能力和定量精度。③电力、石化、铁道等领域发挥巨大作用。如对汽轮机叶片（根部）和涡轮圆盘的检测。

国内西气东输和安徽华电六安电厂安装中的大范围应用。西气东输工程是国内第一个将相控阵超声检测技术应用到检测实际中的重大工程。西气东输一线从新疆轮南到上海，全长约 4 000 km，其中 800 km 管道的环焊缝采用相控阵超声检测技术，共检测焊缝约 6.8 万道，材质为 X70 钢，四种规格，外径都是 1 016 mm，公称厚度分别为 11.6 mm、17.5 mm、21 mm 和 26 mm，输气气压 10 MPa，是迄今为止天然气管道输气气压最高的管道。安徽华电六安电厂于 2014 年 1～8 月，在 600 MW 4#机组建设工程现场开展相控阵超声检测代替常规射线检测的应用。共检测管对接焊缝 3 715 道，公称厚度为 6～20 mm，直径为 32～159 mm，检测合格率为 95.21%，较常规超声和射线检测合格率低。缩短工期 10%以上。

6.3.1　相控阵在原材料检验中的应用案例

6.3.1.1　母材疏松

某电站阀门定检测厚时发现母材有问题，采用相控阵检测时，发现多处缺陷，如图 6-28 所示，未进行处理，检测人员标注该位置，对其进行检修周期内监控。

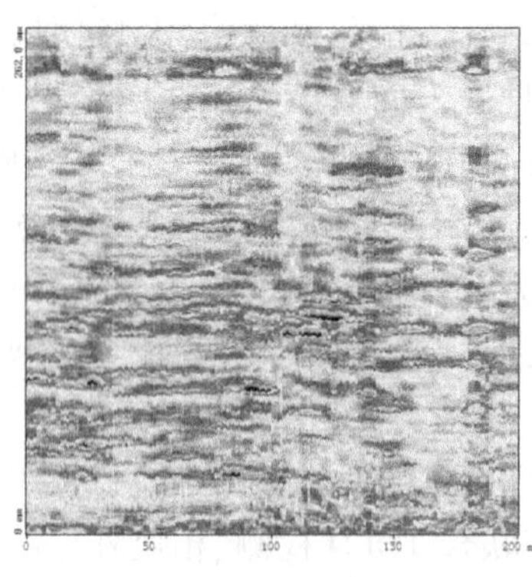
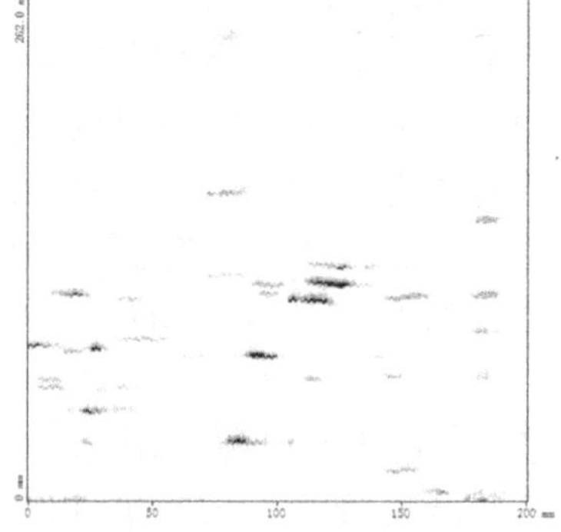

图 6-28　母材疏松相控阵检测图谱

6.3.1.2　钢板夹层

某压力容器定检测厚时发现该缺陷，采用相控阵检测时，发现该处缺陷，如图 6-29 所示，未进行处理，检测人员标注该位置，对其进行检修周期内监控。

6.3.2　相控阵在压力容器检验中的应用案例

（1）某压力容器定检封头环缝 UT 检测时缺陷波幅断续局部有高点，现场采用相控阵检测如图 6-30 所示，评定为断续气孔，未进行返修处理，检测人员标注该位置，对其进行

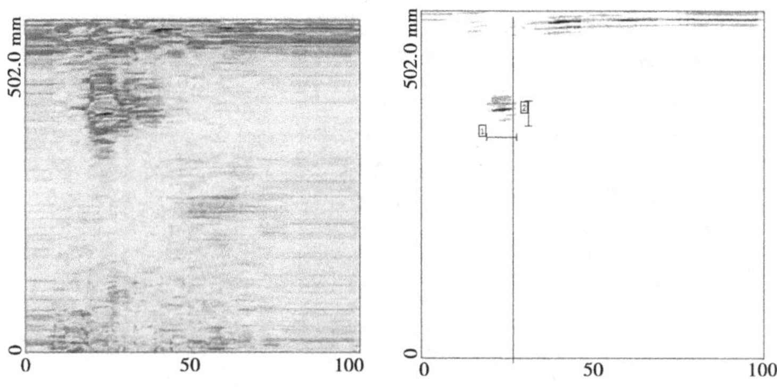

图 6-29　母材夹层相控阵检测图谱

检修周期内监控。

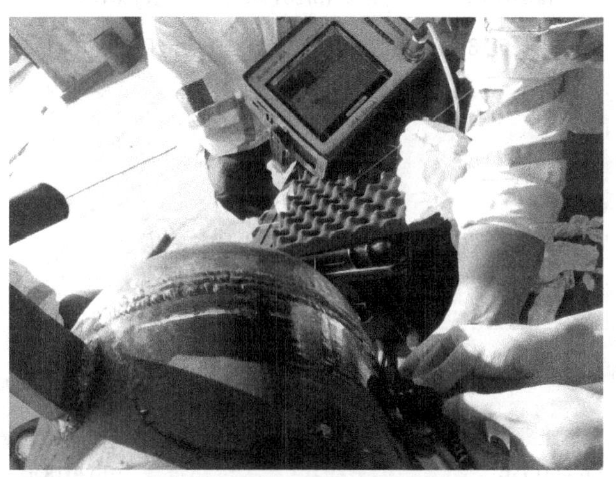

图 6-30　容器环焊缝相控阵检测

(2)新乡市某化工厂 1 000 m^3 球罐,球罐于 2009 年 7 月投入使用,球罐基本参数:容积 1 000 m^3,内径 12 300 mm,厚度 56 mm,主体材质 16MnR,设计压力 1.63 MPa,最高工作压力 2.5 MPa,设计温度 60 ℃,工作介质为液氨。

2016 年 5 月进行了第二次定期检验,发现如下缺陷进行了监控:

缺陷:AF 环焊缝 TOFD 及 UT 检测时发现一处缺陷,后经 TOFD 检测确定缺陷的长度和深度,如图 6-31 所示。经现场检验检测人员确定该埋藏缺陷属于制造安装过程中超标缺陷(制造标准),初步认定为未熔合,该缺陷长度 67.08 mm,缺陷深度为 26.8 mm,缺陷自身高度为 4.68 mm,建议定期监控。

该缺陷 2017 年、2018 年在监控过程中在 TOFD 监测的基础上增加了相控阵监测,如图 6-32、图 6-33 所示。

6.3.3　相控阵在电站锅炉检验中的应用案例

6.3.3.1　小径管相控阵检测

某电厂使用超声波相控阵代替射线检测小管焊缝 5 000 余只。射线和超声进行 100%检测并进行了对比分析。在 100 道焊口中有 10 只焊口不合格,通过对比分析发现,

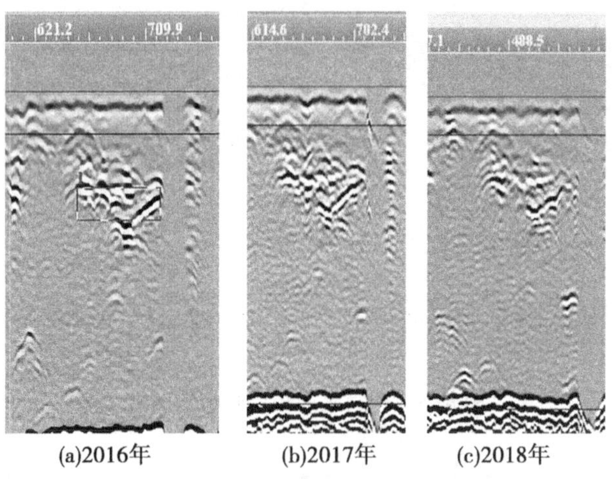

(a)2016年　　(b)2017年　　(c)2018年

图 6-31　超标缺陷在役 TOFD 检测图谱

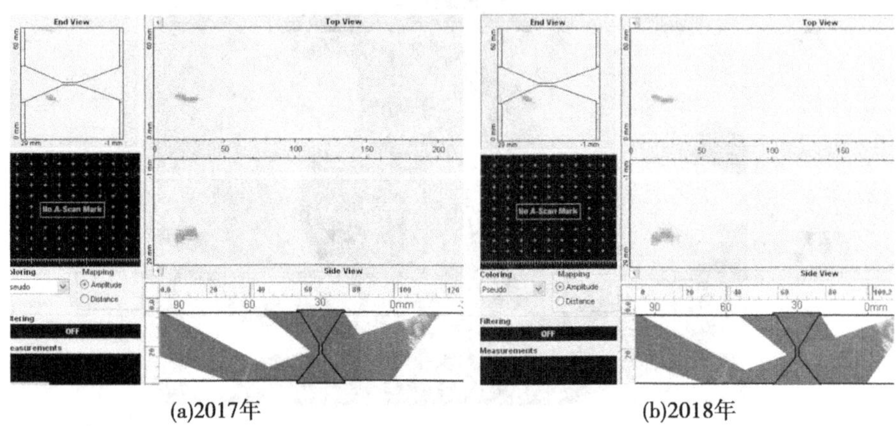

(a)2017年　　(b)2018年

图 6-32　超标缺陷在役相控阵检测图谱

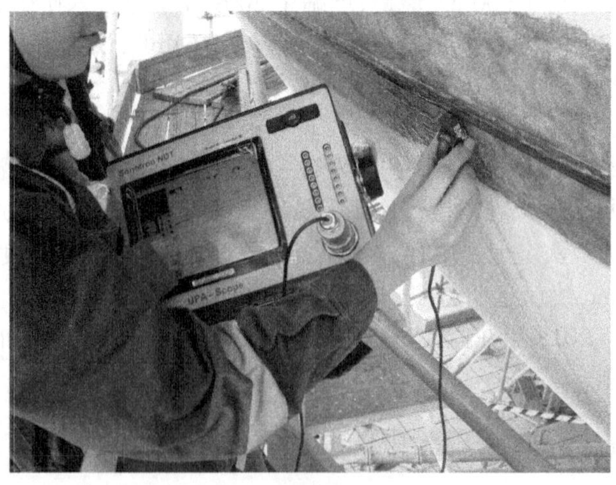

图 6-33　球罐焊缝相控阵检测

相控阵检测发现不合格焊口 10 只，其中面积型缺陷 4 例、体积型缺陷 6 例；射线检测发现不合格焊口 9 只,其中面积型缺陷 3 例、体积型缺陷 6 例;常规超声检测发现不合格焊口 4 只,其中点状缺陷 1 例、条状缺陷 3 例。相控阵超声检测的合格率为 90%,射线检测的合格率为 91%,常规超声检测的合格率为 96%。

水冷壁相控阵检测,规格:ϕ38 mm×7 mm,缺陷性质为气孔,相控阵检测缺陷大小深 4.9 mm、长 5.0 mm,与 RT 检测结果相符(ϕ5 mm 的气孔),如图 6-34 所示。

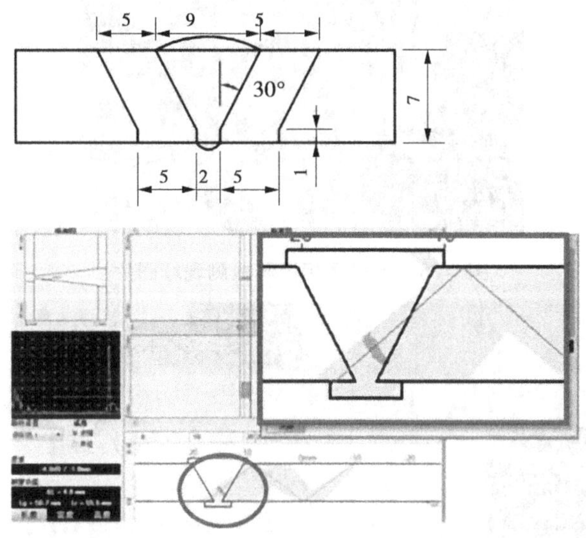

图 6-34　水冷壁大气孔相控阵图谱

6.3.3.2　悬吊管相控阵检测

典型缺陷-密集气孔,规格:ϕ60 mm×12 mm,如图 6-35 所示。

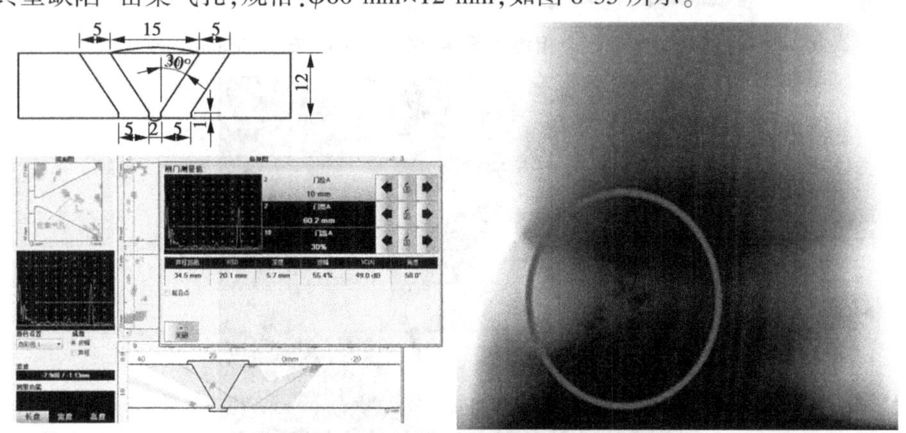

图 6-35　密集气孔相控阵与 RT 图谱对比

6.3.3.3　出口连接管相控阵检测

规格:ϕ38 mm×7 mm,如图 6-36 所示。

6.3.3.4　减温水连接管相控阵检测

规格:ϕ51 mm×8 mm,缺陷类型为单边未熔合,如图 6-37、图 6-38 所示。

图 6-36　连接管相控阵检测现场图片

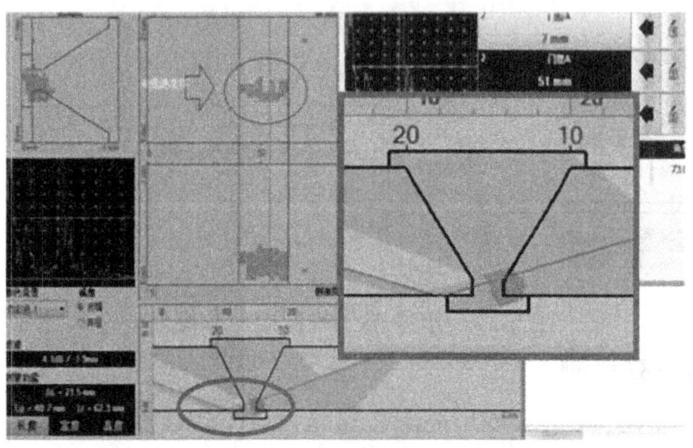

图 6-37　未熔合相控阵图谱:深 6.5 mm、长 21.5 mm

图 6-38　减温水连接管相控阵检测现场图片

6.3.4　相控阵在 T 形角焊缝检测中的应用案例

(1)某压力容器定检与法兰连接环缝 UT 检测时因结构限制无法满足定检超声波检测的要求,现场采用相控阵检测可以大幅度提高检测率,如图 6-39 所示。

图 6-39　法兰连接环缝相控阵检测

(2)针对现场 T 形焊缝检测的特殊性,试制相应对比试块试验,如图 6-40、图 6-41 所示。

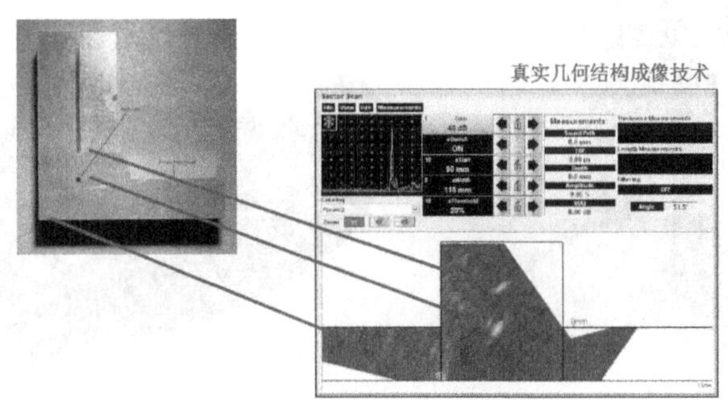

图 6-40　T 形焊缝试块相控阵检测图谱 1

图 6-41　T 形焊缝试块相控阵检测图谱 2

6.3.5 相控阵在插管焊缝检测中的应用案例

(1)插管焊缝相控阵检测,试制相应对比试块试验,如图 6-42 所示。

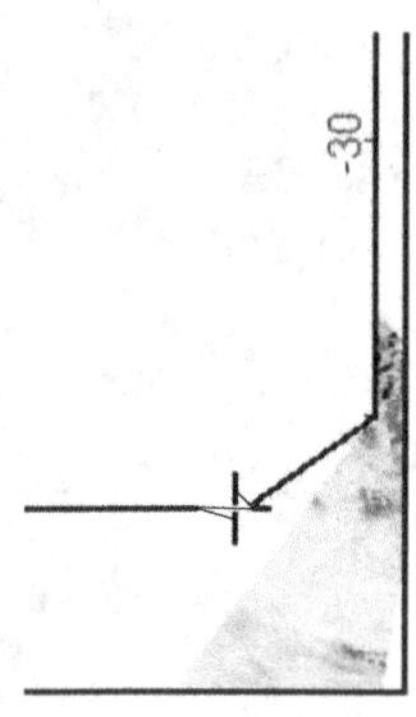

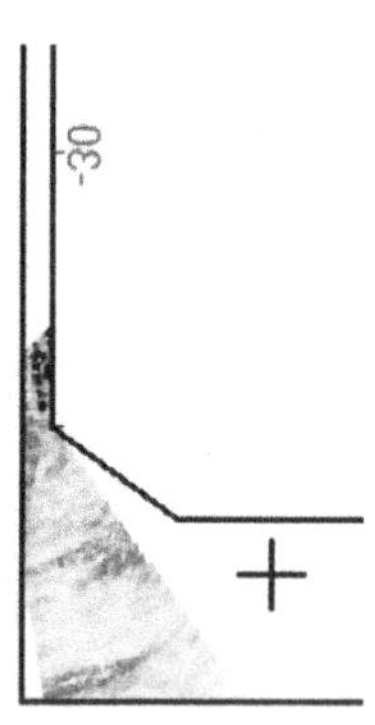

图 6-42　插管焊缝试块相控阵检测图谱

(2)复杂结构件及特殊焊缝相控阵检测,试制相应对比试块试验,如图 6-43 所示。

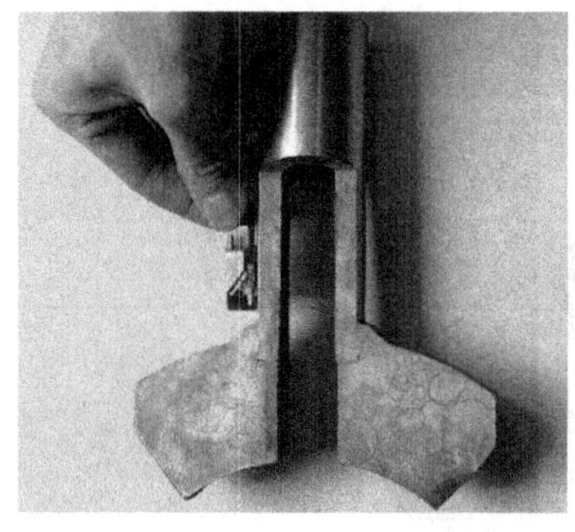

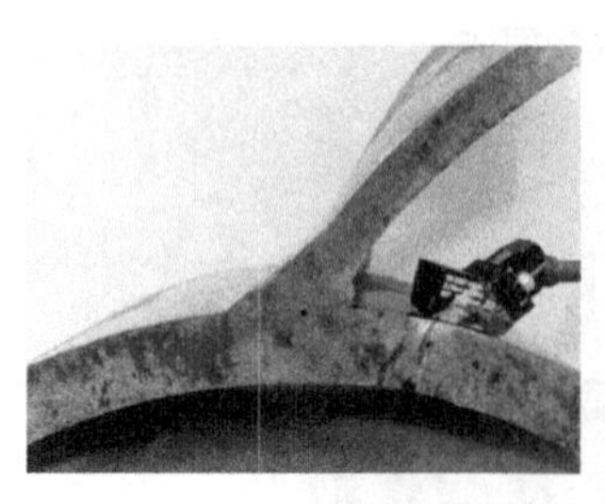

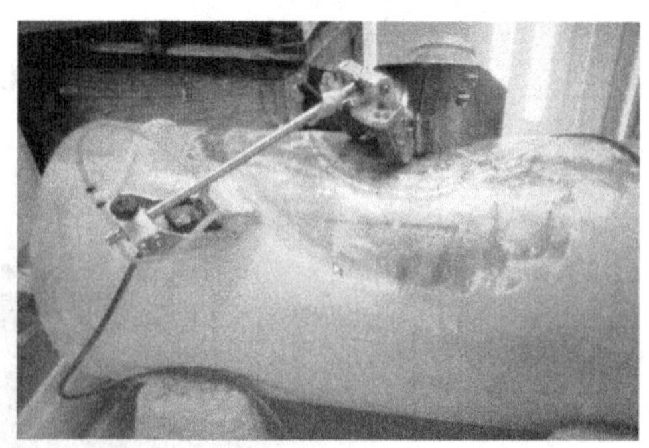

图 6-43　复杂结构件及特殊焊缝相控阵检测

(3)长输管道的相关检测图谱,如图 6-44 所示。

图 6-44　长输管道的相关检测图谱

第 7 章　声发射检测技术应用及案例

7.1　声发射检测技术研究进展历程

古人为了获得某种物体的特性,常用自己的感觉器官来感知周围的物体,而今人们为了获取被检测物体的一些特性,常常借助于一些先进的科学仪器进行检测。在科学技术快速发展的同时,也促进了无损检测技术的发展,从而带动了社会工业及经济的发展,由此无损检测技术的水平可以用来衡量一个国家科学技术水平的高低。近年来,复合材料得到了快速的发展,加之在航空航天、军工、交通运输等领域的广泛应用,使得无损检测技术在复合材料损伤检测领域得到进一步发展,声发射检测技术是无损检测领域的重要方法之一,并且声发射检测设备是无损检测的重要工具之一。

无损检测技术是在不对材料工件损坏的情况下,通过检测由材料变形或断裂所引起的声、磁、光和电等一系列因素的变化,来检测各种工程材料内部或表面所发生的缺陷,并对缺陷的一些特性做出评估。通过无损检测可以了解缺陷和强度之间的关系特性,同时也可以知道材料或构件在生产和使用过程中的不完整性以及缺陷情况。无损检测能够及时发现故障,并能够确保设备安全、可靠地运行,从而在制造工艺和产品质量上得以改进和提高。

无损检测技术在工程应用领域已得到了广泛的使用,已获得了明显的经济效益和社会效益。随着科学技术的快速发展,以及社会的不断进步,人们对产品质量及设备的安全要求越来越高,人们更加重视对生产或设备的使用过程中实时在线监测损伤的发生,以免由于损伤而造成重大的经济损失。在美国等一些发达国家,无损检测已经成为工业检测中的常用手段,为了推动无损检测的进一步应用,美国政府在一次工作报告中提出要成立无损检测中心,目的就是要推动无损检测技术在工业领域的应用,带动国民经济的发展,由此可见无损检测已在社会上得到了足够的重视,也正是由于各界在无损检测技术方面大量的投入,使得无损检测技术得到了快速发展。

无损检测技术涉及知识领域广,是多门学科相互结合的最终产物,随着无损检测技术在多领域的广泛使用,当前无损检测方法已经出现了十几种之多。随着科技的进步,在信息处理、自动化操作、数据传输和显示方式等技术领域取得快速发展的同时,也很大程度上促进了无损检测技术的飞跃发展,逐步降低了使用门槛,使得无损检测技术在很多企业已开始大量使用,并备受青睐。特别是在某些传统方法不能检测或者受限于检测的领域,如航空航天、核能设备等领域,无损检测技术不仅能够体现出不损坏材料原来性能的优势,同时还体现出在检测过程中安全和准确等很多方面的优点,使得无损检测技术得以快速发展。但是在很多领域的检测中,传统的检测方法有着不可替代的一面,也有其优越的一面,所以在实际使用过程中应将无损检测技术与传统检测方法相结合使用,才能够充分地发挥二者的优势。传统的检测方法在复合材料检测领域一直在被采用,目前已发展得非常成熟,而先进的无损检测技术在复合材料领域的应用还刚刚起步,非常迫切需要人们给予重视和研究。

声发射检测技术能够实现对复合材料在线动态检测,在对声发射信号分析与处理后,能够实现对复合材料损伤的在线评估,从而在航空复合材料无损检测中具有重要意义。声发射信号频率范围比较宽,从次声频到声频,再到超声频都有声发射信号。当听到声音时,是由于产生的声发射信号波能量足够大,并且其频率在人耳可听见的频率范围之内。很多的声发射信号由于很弱或者不在可听域范围内,所以人耳是不能听到的,需要用专业仪器才能够检测到信号的存在。

声发射检测技术与其他常规无损检测方法相比,具有以下几个优点:

(1)材料或构件在受到应力作用时会引发变形或断裂,从而产生声发射信号,所以声发射检测技术能够对被检测构件进行实时监测。

(2)声发射技术检测面积非常之广,只要在被检测构件表面耦合固定了足够多传感器,就可以检测到构件上来自各个方位的缺陷声发射信号,不需要频繁地移动传感器位置做扫查操作。

(3)声发射检测技术几乎可以应用于所有材料的在线缺陷检测,同时该技术不会受到被检测构件的形态和尺寸的影响,应用面非常广泛。如今声发射检测技术已在航空工业、金属加工、石油化工和交通运输业等领域得到了广泛的应用。

同时,声发射技术也有其局限性,如以下几个方面:

(1)声发射检测很难排除环境中的机械噪声和电子噪声,对材料的敏感度比较高,只有经验丰富的人员才能正确对声发射信号数据做出解释。

(2)声发射信号是在材料或构件受到作用力的情况下产生的,所以在进行声发射检测时,需要外加一些设备来完成。

(3)在试验中,对声发射信号进行检测时,声发射信号具有不可逆性,如果因为人为疏忽而没有检测到相关信号,只有通过重新试验来进行检测。

(4)只对声发射信号的检测不能够确定材料或构件的损伤类型和程度,还需通过一些信号分析处理方法来协助完成评估工作。

20世纪60年代初期,声发射技术在无损检测领域得到了开创性的使用,并且在很多工程领域逐步成功地得以应用。Dunegan 把声发射的测试频率范围移到超声频率段,并使用窄带仪器在频域上对声发射信号进行研究,推动了声发射技术的应用,同时国外的一些科学家也开始研究声发射的机制问题,促进了声发射技术的快速发展。

20世纪70年代的声发射技术得到了快速发展,使得声发射技术从试验研究阶段迈向了实际应用阶段,随着美国 Nortec 公司研发出第一台声发射检测仪器,很多公司相继参与到了声发射仪器的开发当中,随之大量的现代声发射仪器相继问世。同时在该时期人们在声发射理论研究方面投入了巨大的精力,推动了一些重要的声发射理论的发展,例如该时期的声发射传播理论和校正声发射传感器理论都获得了一定的研究成果。

80年代初,现代微处理计算机技术在声发射检测系统中得以应用,使得开发出来的声发射检测仪在体积和质量上都有大幅的减小,并且在系统的功能检测和数据处理软件开发方面取得了一定的发展,在智能化方面得到了很大的提高,检测系统不仅能够实现对信号数据的实时处理,而且能够成功地实现对信号源定位。在该阶段声发射检测技术已在金属和玻璃钢压力容器、管道等一些领域得以应用,并快速发展,已进入了工业化的实际使用阶段。

进入90年代后,随着科学技术和计算机技术的发展,声发射检测技术也得到了快速发展,开发出的声发射检测系统计算机化程度高,同时集成化程度也很高,其体积和质量变得更小。此阶段的声发射检测系统不仅能够进行声发射参数实时测量和声发射源定位,而且可以直接进行声发射波形的观察、显示、记录和频谱分析。由此声发射检测仪已迈入了参数和波形混合分析的阶段,不过仍然是以参数分析为主要处理手段。声发射检测技术的深度和广度随着计算机技术与现代信号分析技术的发展而快速发展。

我国在声发射仪器的研发和生产上,早在20世纪70年代末就开始进行了,沈阳电子研究所率先研究开发出了单通道声发射检测系统。而在20世纪80年代中期,长春试验机研究所也经过对相关技术的不断克服研制出了32通道声发射定位分析系统,该系统使用微处理器实现对声发射信号的分析与处理。而在20世纪90年代中,世界上首台多通道(2~64)声发射检测系统已由我国锅炉压力容器检测研究中心成功研制出来。在2000年,随着集成电路(FPGA)技术发展日趋成熟,并在工业技术各个领域得到了广泛的应用,具有数字化和智能化的声发射检测系统也随之产生。然而在20世纪初,DSP技术得到了快速的发展,并趋于成熟,促使了全数字化的声发射检测系统的出现。当前声发射技术已在我国很多领域得到了广泛使用,并且声发射技术的研究工作从来没有停止,许多科研院所、高校和技术公司等部门还在对该技术进行深入研究。

7.2 检测技术基本理论

7.2.1 检测原理

声发射也称为应力波发射,是材料或构件受到外力作用时出现变形、断裂或内部应力超过屈服极限而进入不可逆的塑性变形阶段,并以瞬态弹性波形式释放出应变能的现象。声发射是一种常见的物理现象,有的声发射信号人耳是可以听到的,但是很多声发射信号是无法听得到的,能够听到的声发射信号是由于声发射源释放出了足够大的能量,例如经常听到弯曲金属条时所发出的声音,这就是金属在受到外力时断裂或变形所发出的声发射信号,但是很多情况下金属条所受到的外力非常小,所引起的变形也非常微小,致使所产生的声发射信号比较微弱,这种情况下人耳一般是听不到的,所以需要借助声发射检测系统来监测声发射信号的存在,对声发射信息进行分析与处理,达到对声发射源特性判定的目的。材料在应力作用下会出现变形和断裂现象,从而会导致材料的结构失效,如果在循环应力的作用下,这种失效会不断的加深,从而会对材料造成更严重的损坏,而与材料变形和断裂直接相关的源,称之为传统意义上的声发射源。近些年以来,发射源的定义的范围得到了推广,人们提出与材料或构件损伤无直接关系的另一类波源为二次声发射源,如流体泄漏、摩擦、撞击、燃烧等,使得人们对声发射信号的产生有了更深入的认识。

7.2.1.1 声发射信号的产生和传播

从声发射信号波产生与传播入手,深入分析各种材料声发射信号波的产生机制,以及传播模式,为试验条件设置、数据分析及处理奠定基础。

1. 声发射信号的产生

材料或结构在应力作用下会发生变形和断裂,从而会出现声发射信号,对于复合材料而言有许多种损伤和破坏均可以产生声发射信号,例如通常所遇到的纤维断裂、基材开裂、分层扩展和界面分离等损伤都是声发射信号的来源,都能够产生声发射信号。

1)塑性变形

对于晶体材料来说,其变形或断裂均能够产生声发射信号,而发生塑性变形是产生声发射信号的重要机制之一,而在屈服点附近处,材料所发出的声发射信号计数率达到高峰。

2)裂纹的形成和扩展

材料在受到应力作用下会发生变形和断裂,而其中的断裂破坏正是由于裂纹的形成与扩展的结果,在裂纹的形成与扩展时会有声发射信号的产生,是一种重要的声发射源。裂纹形成、裂纹扩展和最终断裂是材料断裂过程的三部分,这三个阶段都会释放出能量,形成强烈的声发射信号。

3)纤维增强复合材料声发射信号的产生

纤维增强复合材料是由基体和纤维结合在一起而形成的。而基体和纤维的结合使这两种截然不同的材料充分发挥各自优良的性能,而相互交错的纤维叠层使复合材料成为一个整体,在受到应力破坏过程中,会引发大量的声发射信号产生。纤维增强复合材料在当代的工业生产中得到广泛使用,尤其在航空器部件制作中,其高强度、高模量以及强抗疲劳性的特点,得到了生产厂家的青睐,成为首选的材料。

2. 声发射信号的特点

根据声发射信号的特点,可以将声发射信号进行分类,从波形特点上可将其分为突发型和连续型。突发型信号是指在时域上不连贯且分离的波形信号,如图 7-1 所示;而对于纤维增强复合材料来说,在纤维断裂、裂纹扩展及夹杂物碎裂等情况下,均会产生突发型声发射信号。而就连续型声发射信号来说,主要是由于声发射频度在时域上达到不可分离的程度并连接在一起而形成的,如图 7-2 所示。

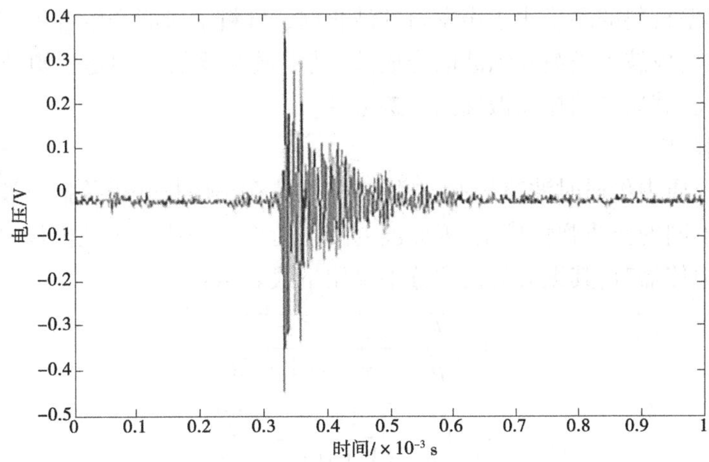

图 7-1　突发型声发射信号

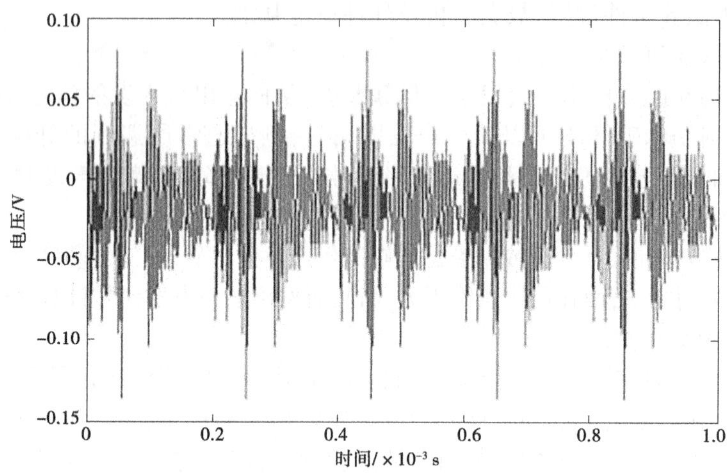

图 7-2　连续型声发射信号

3. 声发射信号的传播

1）波的传播模式

声发射波在介质中的传播过程中根据其质点的振动方向和传播方向的不同，可以将声发射信号波分为纵波、横波、表面波和板波等。在材料受到应力而产生声发射信号时，波源处的声发射信号波形与远离波源的信号波形会有所不同，而在波源处的波形一般为宽频尖脉冲，同时含有大量的波源定量和定性信息。在对声发射信号检测的过程中，检测到的声发射信号非常复杂，主要是由于介质的传播特性和传感器频响特性的影响，致使检测到的波形与原始波形有很大的差别。

横波在介质中传播会使介质发生切向变形，而切向变形能够使产生的弹性切变力带动邻近质点运动。表面波是英国物理学家瑞利研究并证实的，故又称为瑞利波，其质点的振动介于纵波和横波之间，振动轨迹为椭圆形，仅在固体中沿表面传播。表面波仅在固体表面传播，薄壁材料的厚度小于声发射的波长时，材料中只能产生各种类型的板波，而不会产生平面波，板波为横波和纵波的合成波，其中最主要的一种是兰姆波，通常所说的板波就是兰姆波，其质点的振动做椭圆轨迹运动。

2）波的传播速度

波在不同介质中传播时波速是不一样的，由此波在不同材料里传播时波速不同，而不同的材料具有不同的介质弹性模量，因此波的传播速度与介质的弹性模量之间密切相关。波在均匀介质中传播时，其纵波与横波分别可用下式表示：

$$v_1 = \sqrt{\frac{E}{\rho}\frac{1-\sigma}{(1+\sigma)(1-2\sigma)}} \tag{7-1}$$

$$v_t = \sqrt{\frac{E}{\rho}\frac{1}{2(1+\sigma)}} = \sqrt{\frac{G}{\rho}} \tag{7-2}$$

式中：v_1 为纵波速度；v_t 为横波速度；σ 为泊松比；E 为弹性模量；G 为切变模量；ρ 为密度。

波在同种介质中传播时，相同模式的波速是一样的，而不同模式的波速是不一样的，并且之间存在一定的数量关系。在实际结构中,波的传播速度受很多因素的影响,如材料的种类、形态、尺寸等多种因素,使得波在材料中传播时其实际速度不是一个定值,而是一个变化量。

波的传播速度等于频率与波长的乘积,表示为:

$$v = f\lambda \tag{7-3}$$

式中:v 为波的传播速度;f 为波的频率;λ 为波的波长。

4. 波的反射、折射与模式转换

固体介质中发生局部变形时,会出现体积变形和剪切变形,从而会引起纵波（压缩波）和横波(切变波)的产生,这两种波在介质中传播时具有不同的速度,遇到不同的介质界面时,会出现反射和折射现象。当波在介质中传播时,如果遇到界面就会发生反射,同时会伴随着波型转换,从而会有纵波和横波出现, 这两种波又会按照各自的反射与折射定律进行传播。

5. 波的衰减

衰减指的是波的幅度随着传播距离的不断增加而逐渐下降的现象,而在波传播过程中波的衰减是不可避免的,引起波在传播过程中的衰减有三个方面,如波的几何扩展、材料吸收和散射。

(1)波的几何衰减。当材料受到应力而发生变形或断裂时,由声发射源所产生的声发射信号向四周各个方向传播,随着传播距离向各个方向增加时,波阵面的面积随之增加,而使得平均到单位面积上的能量就相应地减少了,由此会出现波的振幅随着距离的增加而有减小的趋势。

(2)材料吸收衰减。波在介质中的传播过程会引起质点的运动,而运动的质点间会有摩擦,从而使波的一部分机械能转换为了热能,再加上材料具有导热性,使得热能消失,从而波的幅度随着传输距离的增加而下降。

(3)散射衰减。当材料损伤时波从波源发出,向外传播,在传播过程中如果遇到界面,波就会出现反射和折射,这就使得波在原方向上能量有所减少。

还有一些其他的因素也影响了波的衰减,如频散和障碍物,频散是指不同频率成分的波以不同的速度传播,引起波形的分离与扩展,从而使波峰幅度下降; 障碍物会导致信号波的幅度降低,主要是指容器上的接管、气孔等。

7.2.1.2　声发射信号特征参数

突发型声发射信号主要参数包括撞击(事件)计数、幅度、上升时间、能量计数、振铃计数、持续时间,如图 7-3 所示;连续声发射信号主要参数包括振铃计数、有效电压值和平均信号电平。

1. 振铃计数

振铃计数不仅适用于突发型声发射信号分析,而且适用于连续型声发射信号分析,可以反映信号的强度和频度特性,被广泛用于声发射的活动性评估。当传感器收到一个声发射事件触发时,使得传感器产生了振铃,当超过设定的阈值电压时,将会产生一个矩形脉冲,即为振铃计数的触发信号。

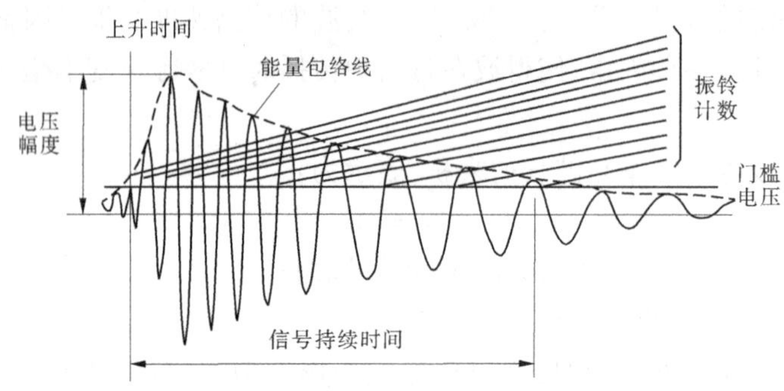

图 7-3　突发信号特性参数

2. 事件计数与撞击计数

撞击是指声发射信号电平超过门槛电压的任何一种声发射信号，而撞击计数则是声发射分析系统对撞击数目的累加计数，事件计数法如图 7-4 所示。对于监测系统来说，一个声发射事件是由一次材料的变化或者破坏而造成的，其包括一个或者多个撞击。

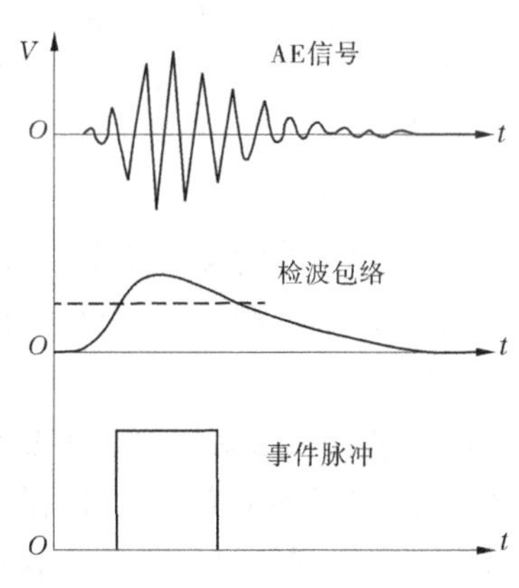

图 7-4　声发射事件计数法

3. 幅度

幅度与声发射信号的大小有直接关系，是声发射信号的主要参数之一，而和声发射信号的门槛电压没关系，它常用于测量声发射信号的强度和衰减，同时也可以鉴别波源的类型。

4. 能量计数

能量计数是信号检测波包络线下的面积，而能量计数反映了事件的相对能量，也反映了事件的相对强度，常用于波源类型的鉴别，以及代替振铃计数来评估声发射源的活动特性，但是用信号能量来衡量阈值电平和声发射波的传播特性却不是很敏感。

5. 上升时间

上升时间指的是事件电平信号从第一次超过阈值电平到最大振幅所经历的时间间隔，声发射信号的上升时间非常短，容易受到在介质中传播的影响，也容易受到传感器动态特性的影响。

6. 持续时间

持续时间指的是信号开始超过阈值电平与到最终降至阈值电平之间的时间间隔。特殊波源类型和噪声鉴别常用持续时间来进行评估，其大小与阈值电平的设置密切相关，阈值电平大时持续时间就会短，而阈值电平小时持续时间就会长。

7. 有效值电压和平均信号电平

采样时间内信号电平的均方根值称为有效值电压，表示为：

$$X_{\mathrm{RMS}} = \sqrt{\frac{1}{N}\sum_{i=1}^{N} x_i^2} \tag{7-4}$$

式中：N 为采样点数。

有效值电压测量简便，与声发射信号幅度的大小密切相关，但是其大小与阈值电平大小无关，连续型声发射信号的活动性评估常用有效值来进行。

7.2.1.3 检测门槛设定

在声发射信号的检测中，检测门槛值设置的越低，超过门槛值的信号就越多，系统检测到的信息量就会相应的越多；检测门槛设置越高，那么超过门槛值的信号就越少，系统检测到的信息量就会越少，因此可以排除信号中噪声的强干扰，但是也会丢失很多电压幅度较低的信号。

因此，在灵敏度和噪声之间应做折中选择，多数检测是在门槛为35~55 dB 的中灵敏度下进行的。而在本书的研究中，后续试验部分也选择的是中灵敏度检测。门槛的设置与适用范围如表7-1所示。

表7-1　门槛设置与适用范围

门槛/dB	适用范围
25~35	高灵敏度检测，多用于低幅度信号、衰减材料或基础研究
35~55	中灵敏度检测，广泛用于材料研究和构件无损检测
55~65	低灵敏度检测，多用于高幅度信号或强噪声环境下的检测

7.2.1.4 影响声发射特性的因素

材料在受到应力作用时会发生变形和断裂，形成声发射源，从而会引起声发射信号的产生，一些影响到材料变形与断裂的因素，同样会影响到所产生的声发射信号特性。了解这些因素可以使我们对检测条件做出合理的选择，以及对检测结果做出正确解释，影响声发射特性的因素主要有：

（1）材料，包括成分、组织、结构，例如复合材料中的基材、增强剂、界面、纤维方向、铺层、残余应力等。

（2）试件，包括尺寸与形态。

（3）应力，包括应力状态、应变率、受载历史。

（4）环境，包括温度、腐蚀介质。

7.2.1.5 声发射传感器

常用声发射传感器是利用晶体材料的压电效应原理来实现对声发射信号采集的，材料在应力作用下的变形或断裂会产生声发射信号，声发射波会引起被检件表面振动，从而引起传感器晶体材料的变形，传感器将这种变形转换为电压信号传出。

对于压电材料来说，多为非金属介电晶体，而锆钛酸铅晶体具有接收灵敏度高的特性，由此很多常用的声发射传感器晶片材料都是用其制成的。传感器的类型、特点和适用范围如表7-2所示。

表 7-2 传感器的类型、特点和适用范围

类型	特点	适用范围
单端谐振传感器	谐振频率多位于 50～300 kHz 内,常用型频率为 150 kHz,传感器的响应频带窄,波形畸变大,但其灵敏度高,操作简便,价格便宜	大多数材料研究和构件的无损检测
差动传感器	通过两个压电晶片的正负极差接,其输出的是差动信号。与单端传感器相比,其灵敏度低,但是可以很好地在强电磁噪声环境下使用	适用于强电磁干扰环境,要替代单端式传感器
宽频带传感器	响应频率为 10～1 000 kHz,由晶片的尺寸和结构的设计所决定。灵敏度相比谐振传感器来说要低一些,但是操作简便,适用于多数宽带检测	频谱分析、波形分析等信号类型或噪声的鉴别
高温传感器	使用居里点温度高的晶片	适用于高温环境下的检测
微型传感器	一般为单端谐振传感器,因受体积尺寸比较小的限制,其响应频带比较窄,同时波形畸变比较大	小制作试样的试验研究和无损检测

7.2.1.6 声发射检测中噪声的来源及排除方法

1. 噪声的分类和来源

声发射检测过程中的噪声具有不稳定性和间歇性,按照来源分类可以分为机械噪声和电磁噪声。在试验过程中由于物体间的撞击、摩擦、振动会引起噪声的出现,这种噪声通称为机械噪声;而环境中的静电感应、电磁感应所引起的噪声,通称为电磁噪声。

声发射检测过程中会出现大量的机械噪声,而机械噪声包括摩擦引起的噪声、撞击引起的噪声和流体过程产生的噪声。试验中加载装置在对试件进行加载过程中,试件材料与加载装置之间有相对滑动,从而也会引起噪声的出现。加载装置的振动及人为敲打试验装置均会产生撞击噪声。在加载装置液压系统里的高速流体、空化、沸腾等也会引起流体噪声的产生。

声发射检测过程中的电磁噪声来源主要分为以下几个方面:①检测系统和试件的不正确接地方式,会引起检测系统里有回路噪声出现;②前置放大器在对声发射信号进行放大的同时,不可避免地会引起电子噪声的出现;③检测系统受环境中一些干扰因素的影响,也会引发电噪声的出现,而环境中的干扰因素如电台的无线发射器、电源干扰、电开关、继电器和打雷等。

2. 噪声的排除方法

在声发射检测中,信号里往往含有大量的噪声,而噪声的排除,是主要的难点之一,现有很多软件和硬件排除噪声的方法,下面就一些噪声的排除方法、原理和适用范围做相关探讨。

(1)数据滤波:为了滤除信号中的噪声或特定部分,可以对撞击信号设置参数滤波窗口,能够实现对窗口以外的撞击数据进行滤除,达到数据滤波的目的。主要的数据滤波形式有前端实时滤波和事后滤波两种,能够实现对机械噪声和电磁噪声的排除。

(2)时间门:在声发射检测系统中设时间门电路,通过对特定载荷时间范围内的信号进行采集处理,达到对声发射信号排除噪声的目的,对于排除电焊时电极或开关噪声有一定的作用。

(3)载荷控制门:在声发射检测系统中设载荷门电路,能够使声发射检测系统在对声发射信号采集时,只特定地对载荷范围内的声发射信号进行采集处理。在做材料的疲劳试验时,为了排除机械噪声常用此种方法。

(4)频率鉴别:在声发射检测系统设计中,考虑到声发射信号频率的特性,应该选择与信号特性相匹配的器件,如选择合适的滤波器和前置放大器,能够实现对电路中噪声的滤除。

(5)幅度鉴别:用声发射检测系统对声发射信号进行检测时,通过对固定或浮动检测门槛值的调整,设置门槛来对信号中的一些噪声进行滤除。在信号中夹杂着很多低幅度机电噪声,而对于这种噪声信号的排除可以使用此种方法进行。

(6)主副鉴别:由于在声发射检测中,信号波到达主副传感器的次序不同,对先到达副传感器的信号进行排除,同时对主传感器附近的信号进行采集,就可以达到主副鉴别的目的。

(7)符合鉴别:在检测系统中可以通过使用时差窗口门电路,来实现只对特定时差范围内的信号进行采集与处理,从而达到排除噪声的目的。而对于来自特定区域外的机械噪声的排除,可以选择此种方法来实现。

(8)前沿鉴别:对于该种鉴别来说,是通过对信号波形加以上升时间滤波窗口,来实现排除噪声的目的。对于来自远区的机械噪声或电脉冲的排除,适于使用这种方法。

7.2.2　声发射检测仪器系统

7.2.2.1　声发射检测仪器概述

自 1965 年美国的 Dunegan 公司首次推出商业声发射仪器以来,声发射的硬件技术已经历了很多年的发展。从具有代表性的技术更新来看,声发射仪器的发展主要分为三个阶段。

第一阶段为 1965~1983 年,是模拟式声发射仪器的时代。其中包括声发射传感器、前置放大器、模拟法波技术以及硬件特征提取技术的完善与发展。然而,硬件技术本身存在缺陷,如:增益过大易于导致前置和后置放大器阻塞;模拟滤波难以剔除一些噪声信号;由于各个通道的信号采集、传递、计算、存储和显示都要占中央处理单元的时间,不但速度慢而且系统极易出现闭锁状态等。因此,该阶段声发射仪器的可靠性并不令人满意,这也使得该期间应用技术的发展也较缓慢。

第二阶段为 1983~1994 年,是半数字和半模拟式声发射仪的时代,以美国 PAC1983 年开发的 SPARTAN-AT 和随后推出的 LOCAN-AT 系统为代表。该系统采用专用模块组合式,第一次应用多个微处理器组成系统,把采集功能和存储及计算功能相分离,并且利用 IEEE 488 标准总线和并行处理技术解决实时数据通信和数据处理。SPARTAN 仪器每两个通道形成一个单元,配有专用微处理器,形成独立通道控制单元(ICC),完成实时数据采集的任务;而将数据处理的任务比较合理地分配给一些并行的计算单元,使仪器的实时性得到增强。另外,由于主机采用 280 微处理计算机,声发射检测信号的处理和数据分析功能得到大幅度提升,由此推动了声发射技术在许多工程领域的广泛应用。

第三阶段为 1994 年至今,以全数字化声发射仪器的问世为代表。全数字化声发射仪的主要特点是,由 AE 传感器接收到的声发射信号经过放大器放大后,直接经高速 A/D 转换器转换为数字信号,再采用专用数字硬件提取各种相应的参数特征量,而不像早期的模拟式声发射仪那样,经过一系列模拟、数字电路才能形成数字特征量。这种全数字化声发射仪的优点是,系统设计模块化、积木式并行结构,其基本单元由模拟波形数据的 A/D 转换和数字信号处理(DSP)或(和)可编程逻辑电路(FPGA)构成,用来提取声发射参数。全数字化声发射仪的另一个重要功能足以记录瞬态波形并进行波形分析和处理。这类数字仪器有很高的信噪比、良好的抗干扰性,且动态范围宽 、可靠性高,不易受到温度等环境因素的影响。现阶段声发射仪的发展动向是全数字全波形声发射仪,其特点是硬件仅采集数字声发射信号波形,其他任务如参数产生、滤波甚至门限功能,都可实时或事后由软件完成。如果声发射技术走向以波形信号分析为主,全波形声发射仪将自然成为首选。

目前,声发射检测仪器按最终存储的数据方式可分为参数型、波形型及混合型。参数型声发射仪最终存储的是到达时间、幅度、计数、能量、上升时间、持续时间等声发射波形信号的特征参数数据,数据量小,数据通信和存储容易,但信息量相对波形数据少。波形型声发射仪最终存储的是声发射信号波形数据,数据量大,是特征参数数据的上千倍,信息丰富,对数据通信和存储要求高。

7.2.2.2　声发射信号的传感器

当前,由于电子技术、微电子技术、电子计算机技术的迅速发展,电学量具有便于处理、便于测量的特点,因此传感器通常由敏感元件、转换元件和转换电路组成,输出电学量。这些元件功能如下:

(1)敏感元件。直接感受被测量参数,并以确定关系输出某一物理量。

(2)转换元件。将敏感元件输出的非电物理量,如位移、应变、应力、光强等转换成电学量。

(3)转换电路。将电路参数量转换成便于测量的电参量,如电压、电流、频率等。

有些传感器只有敏感元件,如热电耦,它感受被测温差时直接输出电动势;有些传感器由敏感元件和转换元件组成,无须转换电路,如压电式加速度传感器;有些传感器由敏感元件和转换电路组成,如电容式位移传感器;有些传感器的转换元件不止一个,要经过若干次转换才能输出电学量。

目前,由于空间限制或技术原因,转换电路一般不与敏感元件、转换元件装在一个壳体内,而是装在电箱内。但不少传感器需通过转换电路才能输出便于测量的电学量,而转换电路的类型又与不同工作原理的传感器有关。因此,把转换电路作为传感器的组成环节之一。

传感器是声发射检测系统的重要部分,是影响系统整体性能的关键因素。传感器设计不合理,可使实际接收到的信号和希望接收到的声发射信号有较大差别,直接影响采集到的数据真实度和数据处理结果。在声发射检测中,大多使用的是谐振式传感器和宽带响应的传感器。目前,常使用的声发射传感器的主要类型如下:

(1)谐振式传感器:应用最多的一种高灵敏度传感器。

(2)宽频带传感器:通常由多个不同厚度的压电元件组成,或采用凹球面形与楔形压电元件达到展宽频带的目的,但检测灵敏度比谐振式传感器会有所降低。

(3)高温传感器:适用于 80~400 ℃的声发射检测,通常由铌酸锂或钛酸铅陶瓷制成。

(4)差动传感器:由两只正负极反接的压电元件组成,输出相应的差动信号,信号因叠加而增大,可提高检测信号的信噪比。

(5)其他传感器:微型传感器、磁吸附传感器、低频抑制传感器和电容式传感器等,就声发射源定位而言,实际应用中大多遇到的是结构稳定的金属材料,这类材料的声向各向异性较小,由波衰减系数也很小,声发射信号频率大都在 25~750 kHz,因此选用谐振式传感器比较适合。对于声发射信号参数采集技术,谐振式传感器的使用基于如下两个基本假设:

①声发射信号是阻尼正弦波。

②声波以某一固定的速度传播。

根据这一假设,对声发射信号参数(如上升时间、峰值幅度、持续时间等)测量,记录所得到的声发射特征是合理的。在传播特性上,上述假设意味着声发射信号在传播过程中除单纯衰减外,其声波形状是不变的。它是以不变的波形和不变的声速获取声发射信号参数的。

事实上,工程上大部分使用的构件是由厚度为 2~30 mm 的板材组成的,在板材中(包括广泛使用的实验室试件),传输的声波都不是一个单一的传播模式,而是在每一种模式中包含不同波速传播的多种频率在内的多种波形模式,其在某一特定情况下,某种传播模式占优。

1. 谐振式传感器

在工程应用上,对于金属材料及其构件,通常使用公称频率为 150 kHz 的谐振式窄带传感器来测量声发射信号,采用计数、幅度、上升时间、持续时间、能量等这些传统的声发射参数。谐振式窄带传感器的灵敏度较高并且有很高的信噪比,价格便宜,规格多,尤其在已了解材料声发射源特性的情况下,可有针对性地选择合适型号的谐振式传感器,以获取某一频带范围的声发射信号或提高系统灵敏度。应当指出,谐振式窄带传感器并不是只对某频率信号敏感,而是对某频带信号敏感,对其他频带信号灵敏度较低。

2. 宽带传感器

在与源有关的力学机制尚不清楚的情况下,用谐振式传感器测量声发射信号有其局限性。为了测量到更加接近真实的声发射信号以研究声源特性,就需要使用宽带传感器来获取更宽频率范围的信号。宽带传感器的主要特点是采集到的声发射信号丰富、全面,当然其中也包含着噪声信号;该传感器为宽带、高保真位移或速度传感器,以便捕捉到真实的波形。

3. 传感器的选择

在进行声发射试验或检测时,选择合适传感器的原则主要有两个:一是根据试验或检测目的,二是根据被测声发射信号的特征。对于不了解材料或构件声发射特性的声发射试验,应选择宽带传感器,以获得试验对象的声发射信号特征,包括频率范围和声发射信号参数范围，同时获得试验过程中可能出现的非相关声发射信号的特征。对于已知材料或构件声发射信号特征的声发射试验或检测，可以根据试验或检测目的，选择谐振式传感器，增加感兴趣的声发射信号的灵敏度，抑制其他非相关声发射信号的干扰。例如，钢材中焊接缺陷开裂产生的声发射信号频率范围为 90～300 kHz，钢质压力容器的声发射检测一般采用中心频率为 150 kHz 的谐振式传感器，以提高对焊接缺陷开裂声发射信号的探测灵敏度。

7.2.2.3 信号电缆

从声发射传感器到前置放大器需要一个非供电的信号线传输传感器探测的声发射信号，一般信号线的长度不超过 2 m。从前置放大器到声发射检测仪主机，需要一个较长的电缆，不仅为前置放大器供电，同时传输声发射信号到声发射仪主机，一般长度不超过 300 m。目前，常用的声发射信号电缆包括同轴电缆、双绞线电缆和光导纤维电缆。

1. 同轴电缆

同轴电缆是由一根空心的外围柱导体和一根位于中心轴线的内导线组成，内导线和圆柱导体及外界之间用绝缘材料隔开。金属屏蔽层能将磁场反射回中心导体，同时使中心导体免受外界干扰，故同轴电缆比双绞线电缆具有更高的带宽和更好的噪声抑制特性。根据传输频带的不同，同轴电缆可分为基带和宽带两种类型。基带同轴电缆只传输数字信号，信号占整个信道，同一时间内只能传送一种信号；宽带同轴电缆可传送不同频率的模拟信号。

同轴电缆的这种结构，使其具有高带宽和极好的噪声抑制特性。声发射仪器中使用的同轴电缆为高质量的 75 Ω 或 50 Ω 同轴电缆，用于传感器与前置放大器之间以及前置放大器与主放大器之间的模拟声发射信号传输。有时采用耐高温的同轴电缆用于传感器与前置放大器之间的信号传输，抵抗被测物体上的高温。

2. 双绞线电缆

双绞线电缆（TP）是将一对以上的双绞线封装在一个绝缘外套中，为了降低信号的干扰程度，电缆中的每一对双绞线一般是由两根绝缘铜导线相互扭绕而成，典型直径为 1 mm。双绞线电缆分为非屏蔽双绞线电缆（UTP）和屏蔽双绞线电缆（STP）两种。目前，市面上出售的 UTP 分为 3 类、4 类、5 类和超 5 类四种：3 类双绞线传输速率支持 10 Mbit/s，外层保护胶皮较薄，皮上注有“cat3”；4 类双绞线在网络中不常用；5 类双绞线传输速率支持 10 Mbit/s 或 100 Mbit/s，外层保护胶皮较厚，皮上注有“cat5”，超 5 类双绞线在传送信号时比 5 类双绞线的衰减更小、抗干扰能力更强，在 100 Mbit/s 网络中，受干扰程度只有 5 类双绞线的 1/4。屏蔽式双绞线具有一个金属甲套，对电磁干扰具有较强的抵抗能力。声发射仪器中仅用双绞线电缆传输数字信号，如采用前端数字化的声发射检测系统。

3. 光导纤维电缆

光导纤维电缆是由一组光导纤维组成的、用来传播光束的、细小而柔韧的传输介质。应用光学原理，先由光发射机产生光束，将电信号变为光信号，再把光信号导入光纤，在另一端由光接收机接收光纤上传来的光信号，并把它变为电信号，经解码后再处理。与其他传输介质比较，光纤的电磁绝缘性能好、信号衰减小、频带宽、传输速率快、传输距离大。由于光纤传输相对同轴电缆结构复杂，两端需要光电编码器和解码器，目前应用较少，主要用于传输距离大于300 m的声发射检测或监测。

7.2.2.4　信号调理

1. 前置放大器

传感器输出的信号电压有时低至微伏数量级，这样微弱的信号，若经过长距离的传输，信噪比必然要降低。因此，靠近传感器设置前置放大器，将信号放大到一定程度，再经过高频同轴电缆传输到信号处理单元。常用增益有34 dB、40 dB和60 dB三种。前置放大器的输入是传感器输出的模拟信号，输出是放大后的模拟信号，前置放大器内部为模拟电路。前置放大器的参数主要包括放大倍数、带宽和输入噪声三个指标。

传感器的输出阻抗比较高，前置放大器需要具有阻抗匹配和变换的功能。有时传感器的输出信号过大，要求前置放大器具有抗电冲击的保护能力和阻塞现象的恢复能力，并且具有比较大的输出动态范围。前置放大器的一个主要技术指标是输入噪声电平一般应小于5 μV。有些特殊用途的前置放大器，输入噪声电平应小于2 μV。对于单端传感器要配用单端输入前置放大器，对于差动传感器要配用差动输入前置放大器，后者比前者具有一定的抗共模干扰能力。前置放大器一般采用宽频带放大电路。频带宽度可以在50 kHz～2 MHz，在通频带内增益的变动量不超过3 dB。使用这种前置放大器时，往往插入高通或者带通滤波器抑制噪声。这种电路结构的前置放大器适应性强，应用较普遍。但也有采用调谐或电荷放大电路结构的前置放大器。

2. 主放大器

声发射信号经前置放大器前级放大后传输到仪器主机，首先需采用主放大器对其进行二级放大以提高系统的动态范围。主放大器的输入是前置放大器输出的模拟信号，输出是放大后的模拟信号，因此主放大器是模拟电路。

主放大器需具有一定的增益，与前置放大器一样，要具有50 kHz～1 MHz(或2 MHz)的频带宽度，在频带宽度范围内增益变化量不超过3 dB。另外，要具有一定的负载能力和较大的动态范围。通常，主放大器提供给前置放大器直流工作电源，交流声发射信号经隔直流处理后再进入主放大器进行放大。为了更好地适用于不同幅度、不同频带的声发射信号，主放大器往往具有放大倍数调整、频带范围调节等功能。

3. 滤波器

在声发射检测工作中，为了避免噪声的影响，在整个电路系统的适当位置(如在主放大器之前)插入滤波器，用以选择合适的“频率窗口”。滤波器的工作频率是根据环境噪声(多数低于50 kHz)及材料本身声发射信号的频率特性来确定的，通常在60～500 kHz范围内选择。

另外，也可采用软件数字滤波器进行信号滤波。软件数字滤波器的特点是设置使用灵活方便且功能强大，但由于要求信号波形数字化，有时会导致数据量过大，对仪器硬件能力要求较高。

4. 门限比较器

为了剔除背景噪声，需设置适当的阈值电压(也称为门限电压)。低于所设置门限电压的噪声被剔出，高于该门限电压的信号则通过。门限比较器就是将输入声发射信号与设置的门限电压进行比较，高则通过、低则滤掉。较早期的声发射仪通常是在模拟电路中设置门限比较器硬件电路,目前的数字化声发射仪在数字电路中实现门限比较。

门限测量单元通常由声发射信号输入、门限电压产生、门限比较器及信号输出四部分组成,其主要部分为门限电压产生和门限比较器。

门限电压可以分为固定门限电压和浮动门限电压两种。对于固定门限电压,可在一定信号水平范围内连续调整或者断续调整,采用 D/A 转换器件产生需要的门限电压。早期的门限比较器电路采用施密特触发电路,由于电子器件集成化的发展,目前多采用电压比较器电路。

7.2.3 检测信号处理方法

7.2.3.1 经典信号处理方法

1. 列表显示与分析法

列表显示即将各个声发射信号的特征参数、外参数变量等按时间顺序直接进行排列和显示。通常使用声发射进行检测前,通过对数据的列表进行查看来标定声发射整个系统的灵敏程度和对模拟声发射源进行定位的精确程度。此外,精确分析声发射源强度时也常常用到列表显示与分析的方法。

2. 经历图分析法

经历图分析是一种以时间或者外参数为横坐标,声发射特征参数为纵坐标做出曲线图,通过对曲线变化趋势的分析来对声发射源的活跃状态进行判断的方法。图形分析是最直观也是最常用的方法,采用此种方法对声发射的源进行分析能够对费利西蒂比和凯塞效应等进行评定,以及起裂点的测量。

3. 单个参数分析法

早些时候的声发射检测设备仅能够采集到幅度、计数以及能量等较少的参数,因此通常只能使用单个参数分析的方法来对声发射的信号进行处理与评定,其中最常用的方法有对幅值、振铃计数及能量进行分析。通常情况下,在对脉冲型声发射信号的处理中常用振铃计数,而在对声发射信号进行定量测量时则要用到能量这个参数。但是,若想更好地了解声发射源的相关信息,则要用到幅值这个参数。

4. 关联分析法

关联分析法是一种分别将任意两个不相同的声发射信号的特征参数作为横纵坐标轴来绘图的方法,图中每个点分别对应一个事件或者撞击。采用此种方法能够通过不同声发射源自身的特征,来区分不同的声发射源。

5. 分布分析法

分布分析法是一种将事件或者撞击计数作为纵轴,而将任意一个声发射特征参数作为横轴来绘图,从而分析事件或者撞击计数与不同特征参数值之间的统计分布关系的方法。同时,所选用作为横轴的参数决定了分布图的类型。在众多类型的分布图中,最广泛被应用的要数幅度分布。

7.2.3.2 高级信号处理技术

在声发射经典信号处理方法的基础上,近几十年来人们还研究出了很多基于波形分析的高级声发射信号处理技术,以及以人工神经网络为代表的模式识别技术,用以进一步分析发射源的特性。其目的在于对整个波形的物理本质进行分析，进而分析声发射波形与源机制的相关性。在其分析过程中，信号处理的方法决定了是否能够完整、准确地获取信号中所蕴含的信息。时域及频域的分析是以波形为基础的处理信号的两个重要手段。小波变换是一种区别于以上两种分析方法的新发展起来的处理信号的方法，其既能够表达时域信号特征，又能表达频域信号特征。

1. 模态声发射

模态声发射是一种最先由美国学者提出的，以波形分析为基础的对声发射信号进行处理与分析的技术。尽管其在分析的过程中对研究对象做了许多简化处理，但仍给出了声发射信号波形与其物理过程的关联性，故该技术有着良好的发展前景。模态声发射认为板状结构中的声发射源主要以弯曲波、扩展波和水平切变波三种形式存在，而该特征在其他噪声等非声发射源中则不存在。因此，模态声发射作为工程实际应用中一种非常有效的声发射信号处理方法，能够十分有效地区分声发射信号与噪声信号。

2. 频谱分析

频谱分析法根据是否以傅立叶变换为基础，通常分为经典谱分析和现代谱分析，该方法能够有效地获得信号在频域的特征。经典谱分析主要以傅立叶变换为基础，将时域信号变换到频域进行分析。在众多经典谱分析方法中，快速傅立叶变换是最重要也是最基本的方法。现代谱分析方法则是一种近些年发展起来的，不依托于传统傅立叶变换的分析方法，一般分为参数和非参数模型法两大类。由于频谱分析技术与其他技术相比，其实现过程简单并且实用性较强，所以已然成为声发射信号研究中一种不可或缺的辅助方法。例如，在应用人工神经网络等方法对信号进行处理之前，都可以使用频谱分析法进行预处理。频谱分析法能够将时域信号转换成其对应的频谱，从而观察信号的各类频域特征。同时，其凭借运算速度快、实现过程简单等优势在实际中得到了广泛使用。

3. 小波分析

小波变换同样是一种新兴的、十分适用于瞬态声发射信号分析的处理技术。其不同于时域分析和频域分析这种单纯从时域或者频域对信号进行处理的方法，能够很自由地将信号在时域和频域间相互转换，从而达到在两个域中同时表征信号局部特征的目的。小波分析在处理与分析信号方面有着许多其他方法所没有的优点。首先，其所用到的基函数只要满足条件就可以，采用不同的构造方法就能够得到不同种类的小波基函数；其次，其运算速度十分快，其能如此高效率要归功于其多分辨率进行分析的能力，它能够在未知函数的数学表达式的情况下同样得到结果；再次，它能够在时频域同步对信号进行处理与分析，而且其窗口可变；最后，其应用范围更为广泛，能够在各种信号的处理与分析中使用，而傅立叶变换只在平稳周期信号的处理中才能有效使用，小波分析能够有效地处理与分析某些较为微弱的故障信号。

4. 模式识别

模式识别作为另一种近些年来发展起来的新兴学科，已经在声发射信号的处理与分析中得到了大量应用。目前，对于模式的概念还没有一个十分确切的定义。尽管目前模式识别技术的理论还不是十分完善，但仍起到了相当重要的作用。根据模式特征的差异，与其对应的判别方法也不尽相同，就声发射信号本身特点而言，统计特征法和人工神经网络较为适用于声发射信号的特征参数分析。

7.3 检测应用案例

7.3.1 含缺陷 304 不锈钢容器声发射检测

7.3.1.1 声发射检测试验

试验用压力容器的材料为 304 不锈钢,其直径 500 mm,高度 1 300 mm,壁厚为 4 mm。设计压力为 0.5 MPa,工作压力为 0.4 MPa。试验用声发射系统为德国 Vallen 公司的 50 通道声发射仪,传感器为谐振式传感器,带宽为 30~800 kHz,门槛设置为 40 dB,采用参数和波形两种方式采样。试验采用 6 个传感器,耦合剂为真空脂,试验时用塑料胶带固定传感器。声发射检测程序参照《金属压力容器声发射检测及结果评价方法》(GB 18182—2012)的有关要求,采用一次压力循环,试验压力为 1.0 MPa,试验介质为水。本次试验声发射检测定位方式选用平面三角形定位。传感器沿筒体周向均匀布置(见图 7-5),周向间距为 60 cm,其中 5#传感器位于容器筒体丁字焊缝附近。在试验前以直径为 0.3 mm、硬度为 2H 的铅笔芯折断信号作为模拟源对声发射检测系统进行灵敏度测试和校准定位测试。在测试加载前进行约 10 min 背景噪声测试,确保检测试验设定门槛高于背景噪声。检测系统调试结束后,开始应用水压试验机缓慢升压(升压速度小于 0.5 MPa/min),达到试验压力(1.0 MPa)后保压 15 min。试验过程中对试验结果进行观察,记录升压和保压阶段声发射信号。试验完成后对定位点处应用反标定的方法进一步确认检测过程中定位信号对应的真实声发射源位置。对靠近定位点处焊缝应用射线检测等其他无损检测方法进行复验。

图 7-5 试验容器和传感器的布置

7.3.1.2 试验结果

试验升压过程中,声发射源定位信号出现在 5#传感器附近,2#传感器和 3#传感器之间也存在一些声发射源定位点。保压过程中声发射源定位点则主要集中在 5#传感器附近。鉴于升压阶段有水流冲击造成的噪声干扰,实际声发射检测中保压阶段声发射源定位信号更能反映缺陷位置。其中 5#传感器位于容器丁字焊缝处,在加载过程中的升压和保压阶段都出现了声发射源定位,因此怀疑该处定位点为焊缝缺陷在容器加载时发生变化产生。在检验现场采用圆珠笔敲击 5#传感器焊缝位置的方式进行反标定,验证该处是否为声发射真实声发射源点。结果显示,声发射信号定位点再次出现在 5#传感器附近,表明本次声发射检测到的声发射源定位点为该焊缝位置处。为进一步复验声发射源，对容器焊缝进行了射线检测，发现 5# 传感器附近焊缝存在未焊透缺陷。通过表面渗透检测和外观检测等方式对容器声发射检测中可能导致该处声发射源定位的原因进行了检查和分析，排除了其他因素导致该处声发射源定位的可能性。因此，确认 5# 传感器附近焊缝未焊透缺陷应为本次声发射检测定位信号源。声发射检测声发射源定位结果及反标定和射线检测底片结果见图 7-6～图 7-9。

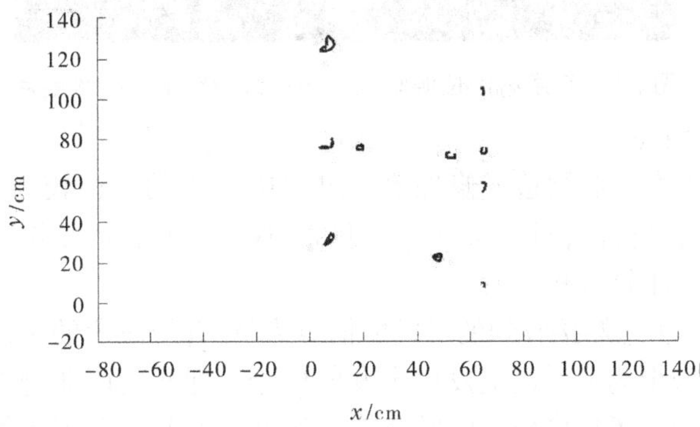

图 7-6　0～1.0 MPa 升压阶段容器声发射源定位结果

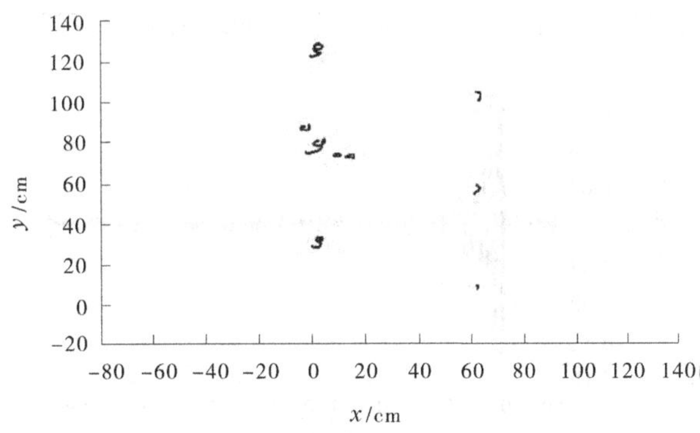

图 7-7　1.0 MPa 保压阶段容器声发射源定位结果

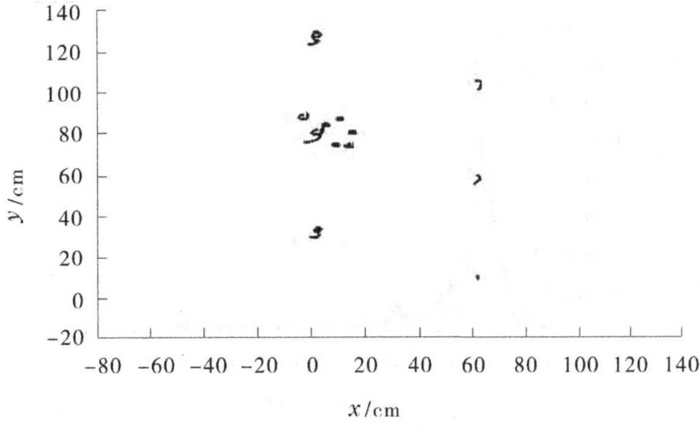

图 7-8　1.0 MPa 保压阶段反标定方法定位结果

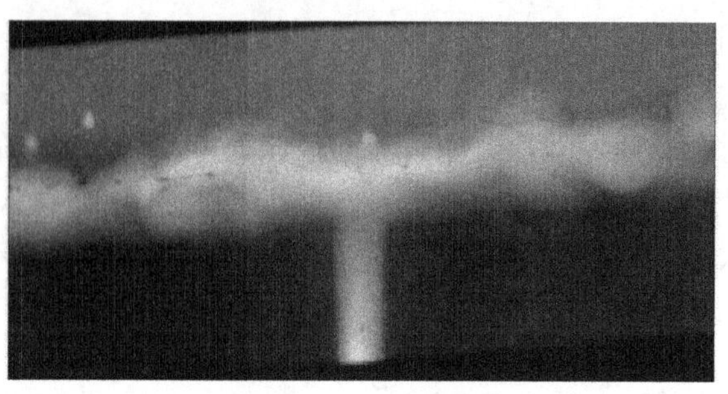

图 7-9　声发射定位源附近容器焊缝缺陷射线检测底片

7.3.1.3　试验结果讨论

未焊透缺陷是压力容器制造或修理改造过程中产生的一种较为严重的焊接缺陷，为分析该缺陷声发射信号特征，对试验过程中升压、保压、反标定敲击 3 个不同阶段声发射信号特征参数进行统计分析和比较。

以试验过程中 5#传感器接收到的声发射信号为例，升压阶段的声发射信号波形和频谱图见图 7-10，该信号波形为典型的突发型声发射信号。保压阶段典型声发射信号波形和频谱图见图 7-11，信号包含了幅度较大的脉冲信号和幅度较小的几个后续脉冲，信号峰值频率为 170 kHz。反标定敲击产生的典型定位信号波形和频谱图见图 7-12。与图 7-10 和图 7-11 比较，图 7-12 中波形信号幅度、计数、能量明显较大，而峰值频率较低，约为 60 kHz。

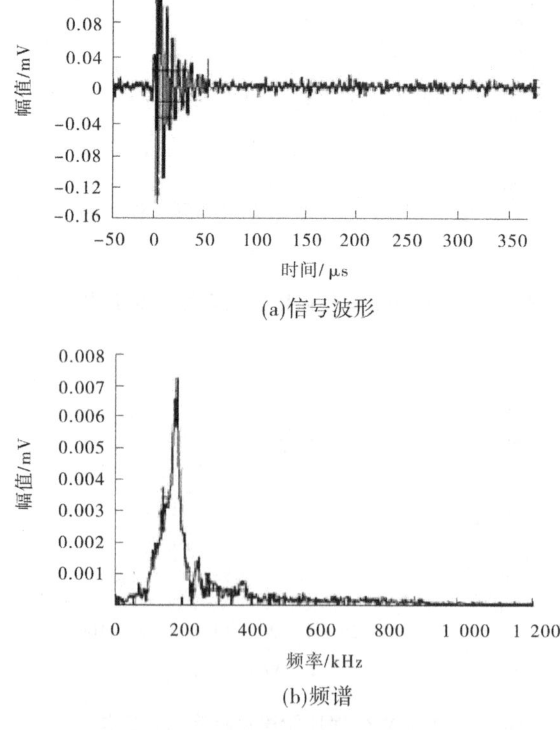

图 7-10　升压阶段典型声发射信号波形及频谱图

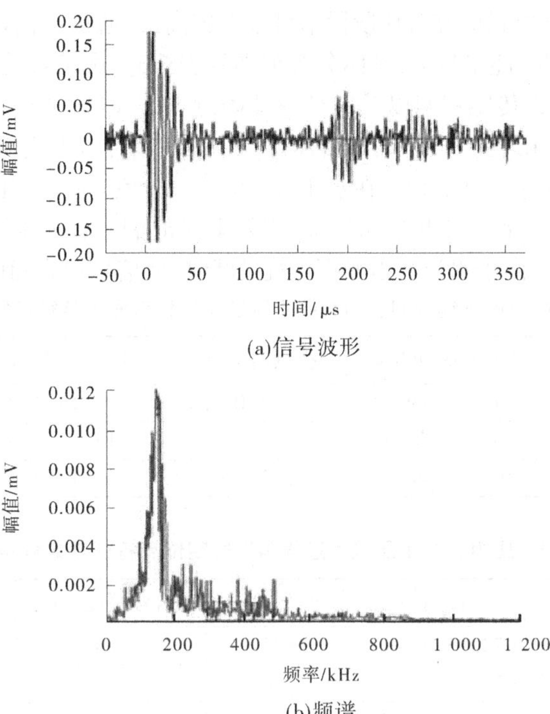

(a)信号波形

(b)频谱

图 7-11　保压阶段典型声发射信号波形及频谱图

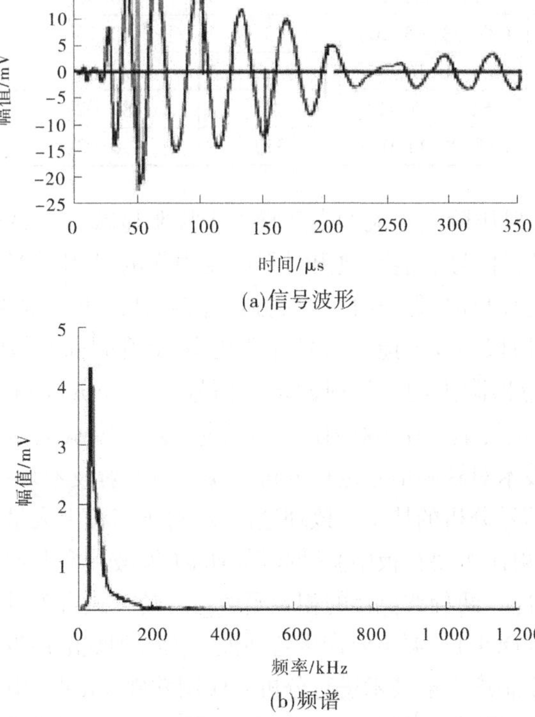

(a)信号波形

(b)频谱

图 7-12　反标定敲击典型声发射信号波形及频谱图

由图 7-10~图 7-12 可知,在升压阶段信号幅度较高,各通道撞击量较大,撞击信号的上升时间和持续时间较长,能量较大,具体分布范围见表 7-3。声发射检测试验中声发射源定位点主要分布在 2#和 3#传感器间以及 5#传感器附近。试验过程中不同阶段声发射源定位的信号特征见表 7-4。由表 7-4 可知,在升压阶段声发射源定位信号幅度较高,其中第 1 个声发射源定位信号幅度高达 90 dB。在水压试验的升压阶段,应用水压试验机向容器内注水加压时,水流对容器壁的冲击作用非常明显,声发射撞击信号多由水流冲击器壁产生,导致声发射信号幅度较高。由于水流冲击噪声干扰,缺陷扩展信号很难确认和提取。

表 7-3 304 不锈钢制压力容器水压试验过程声发射特征参数分布

阶段	计数/次	上升时间/μs	持续时间/μs	信号幅度/dB	能量/eV
升压	1~879	0.2~2 539.0	0.2~9 024.0	40.0~91.9	1.03~431 000.00
保压	1~16	0.2~366.0	0.2~368.0	40.0~48.0	2.23~72.40
敲击	1~1 695	0.0~22 406.4	0.2~38 912.0	40.0~93.4	5.67~8 380 000.00

表 7-4 压力容器水压试验过程声发射定位点特征参数分布统计

阶段	定位点	坐标(x,y)/cm	计数/次	信号幅度/dB	能量/eV
升压阶段	1	(73.36,62.40)	617	91.91	1 702 535.1
	2	(70.99,49.15)	47	49.01	502.60
	3	(18.95,44.17)	2	46.38	96.96
	4	(74.66,14.55)	5	54.28	30.13
保压阶段	1	(72.31,15.26)	15	44.68	80.09
	2	(72.17,9.42)	1	40.36	9.35
	3	(87.33,-3.20)	3	40.73	18.11
敲击反标定	1	(76.80,16.04)	2 261	79.02	16 988 000.00
	2	(81.76,5.41)	347	87.02	2 402 292.80
	3	(85.00,11.09)	377	90.03	4 385 980.50

与升压阶段相比,保压阶段水流冲击等噪声干扰明显减少。另外,由于材料应变滞后效应,保压阶段的声发射信号更能反映出材料应变损伤的过程。因此,在声发射检测中对声发射源的严重性进行评价时,保压阶段检测到的信号显得更为重要。与升压阶段和敲击反标定阶段相比,保压阶段声发射撞击信号计数较小,上升时间和持续时间较短,信号幅度和能量较低。取 5#传感器附近的声发射源定位信号进行分析可知,信号频谱主要分布在 20~400 kHz,峰值频率主要集中在 160 kHz。为更进一步研究缺陷信号波形特性,应用小波分析法和模态声发射技术对缺陷信号进行分析。模态声发射技术是一种基于波在介质中传播特性而进行声发射信号分析的技术。该理论认为,对于工程上大量使用的薄板设备,由于板厚远小于波长,声发射源主要在板中激励起低阶的扩展波和弯曲波,其中扩展波无频散效应,而弯曲波有频散效应。两种波位移的相对幅度与激励方式有关,板平面内(IP)声源主要产生扩展波,而平面外(OOP)声源主要产生弯曲波。为得到缺陷声发射信号波形模态,在小波变换的基础上应用模态声发射技术进行分析。应用软件 wavelet 中 Dispersion 程序可计算出在厚度 4 mm 的不锈钢板中兰姆波多阶相速度和群速度的理论传播曲线。

小波分析是一种窗口大小固定不变,但其时间窗和频率窗都可以改变的时频局部化分析方法。此处选用 Gabor 小波,小波变换选用 Vallen 公司 wavelet 小波分析软件,变换结果见图 7-13。小波变换系数绝对值反映了小波与分析信号波形的相似程度,反映了信号的能量分布,系数峰值处频率则代表了信号的中心频率。由图 7-13 可清晰地看出点蚀信号频率、小波变换系数(信号能量)与时间的对应关系。信号频率分布范围为 0~4×10^5 kHz,信号能量在频域上主要分布在 70~225 kHz,在时域上分布为 29.4~77.8 μs 和 213.8~249.5 μs 处。信号最大能量峰值点处频率为 1.56×10^5 kHz,此即信号中心频率,对应时间为 49.5 μs。

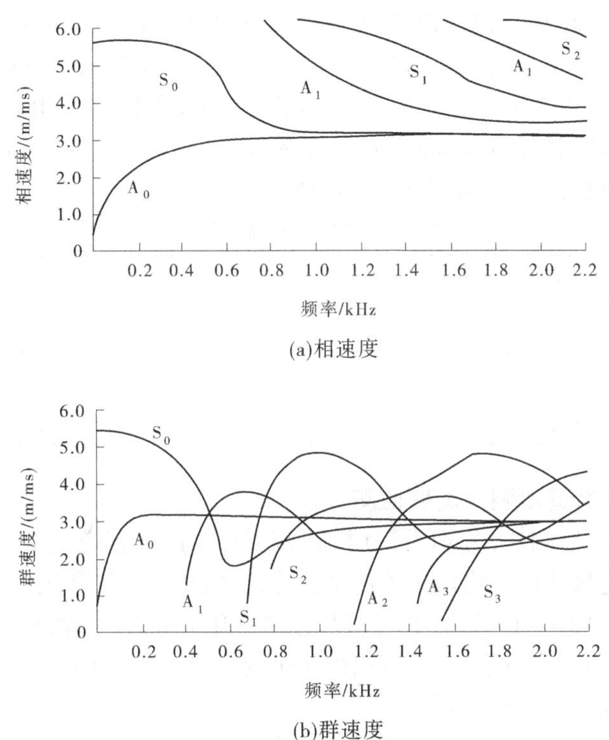

(a)相速度

(b)群速度

图 7-13　4 mm 厚 304 不锈钢板中兰姆波多阶相速度和群速度理论传播曲线

小波变换结果表明,缺陷声发射信号频率主要分布在 0~4 MHz,而由群速度频散曲线图可知,该频段范围内在板中传播的主要是低阶 A_0 波和 S_0 波。根据速度–频率关系以及试验中焊缝缺陷发生的区域主要在距离传感器约 160 mm 的情况,可将群速度频散曲线[见图 7-13(b)]中 A_0 和 S_0 曲线中的速度–频率关系转换为频率–时间关系曲线。将频率–时间曲线图与缺陷信号小波变换图进行叠加,可得到反映缺陷信号频率、时间、能量、波型模态分布特性图。在叠加图中,A_0 曲线与信号最大能量峰值处交汇,S_0 曲线与信号较小能量峰值处交汇,表明 A_0 波占据了信号的主要能量,而 S_0 波占有信号较少能量。即缺陷声发射信号波形模式既包含弯曲波(A_0 波),也包含扩展波(S_0 波),但弯曲波(A_0 波)模式占优。声发射信号波形模式分布结果表明未焊透缺陷应位于容器内壁表面,在缺陷损伤活跃时,声发射源主要位于板表面,因此在板中产生的波形模式以弯曲波模式占优。

7.3.2 工业锅炉连接管道水压试验泄漏监测

工业锅炉及电站锅炉,由于其附属管道结构非常复杂(如各种对流管束、冷却管道等),管道之间的距离较小,在进行水压试验时,微小的渗漏就会影响耐压试验的进行。由于管束密集分布,管束空间狭小,除非出现大量的泄漏,微小渗漏时如何对管道的泄漏源进行有效监测就成为一大难题。传统的泄漏监测手段是通过压力表或宏观检查,而对于微小渗漏压力表的响应并不明显,即使有变化,由于管道承受较高的内压,近距的检查也是非常危险的。如果进行宏观检查,由于空间狭小且泄漏量较小,不一定能够有效地通过肉眼发现泄漏点,监测的精度和安全性都难以满足理想要求。由于声发射技术对泄漏的超高敏感性,尝试使用声发射技术对锅炉连接管道进行水压试验过程的泄漏监测。

锅炉特性参数如表 7-5 所示。锅炉泄漏缺陷的声发射监测采用逐点监测法,其基本原理是在可能存在泄漏的位置(如阀门、接管及入孔等)布置传感器,通过局部监测的方式,结合后续信号分析,最终确定泄漏缺陷位置。

表 7-5 蒸汽锅炉特性参数

锅炉型号	SZL10-1.25-AⅡ
额定蒸发量/(t/h)	10
额定蒸汽压力/MPa	1.25
额定蒸汽温度/℃	194
燃料	Ⅱ类烟煤

7.3.2.1 锅炉附属管道泄漏声发射监测过程

基于声发射逐点监测法,分别沿锅筒轴向方向,在连接管道上等间隔布置五个传感器,在右侧封头的连接管道上均匀布置四个传感器,实现对接管和阀门泄漏的监控。水压试验按加载曲线(见图 7-14)分为两个过程,分别是升压和保压,循环进行两次,用声发射仪器采集整个过程的声发射信号,监测锅炉及炉管在试验过程中的声发射源分布及其活性状况。探头布置如图 7-15 所示。

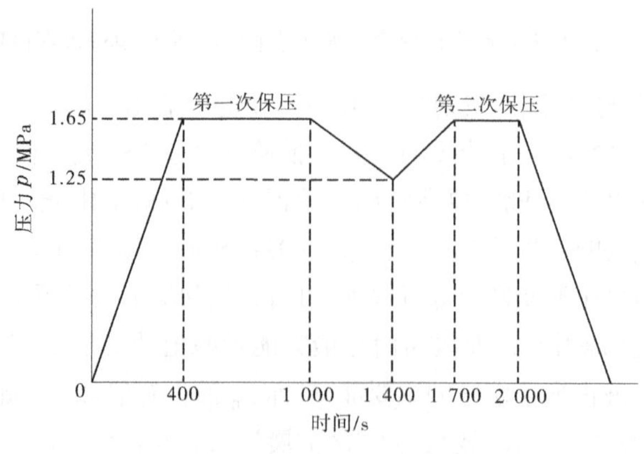

图 7-14 水压试验循环加载曲线

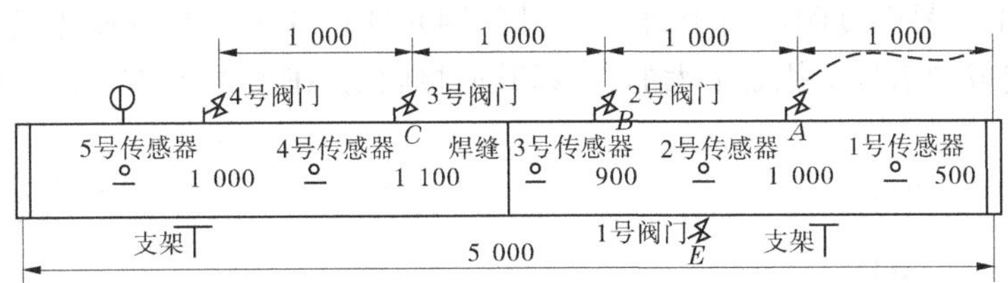

图 7-15　探头布置示意图　(单位:mm)

7.3.2.2　声发射监测数据分析处理

根据各通道信号的特点,提取 1 号和 5 号两个有异常信号的通道数据进行对比分析。整个试验过程 1、5 通道所监测的幅度历程图如图 7-16 所示,水压试验过程主要分为四个阶段:0~400 s 为第一次升压,400~1 000 s 为第一次保压,1 400~1 700 s 为第二次升压,1 700~2 000 s 为第二次保压。从图 7-16 中就可以观察到各阶段声发射信号的密集程度。

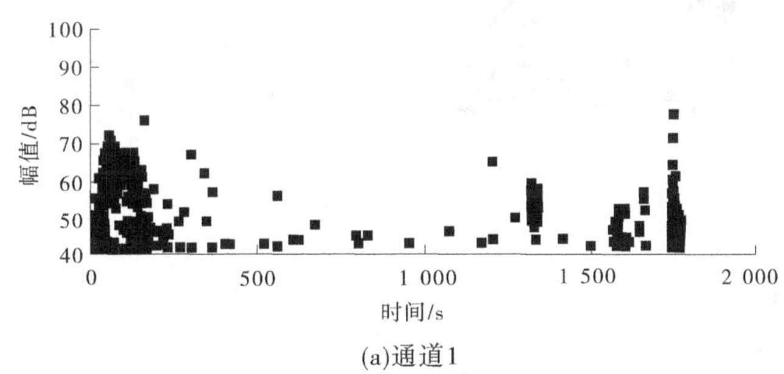

(a)通道1

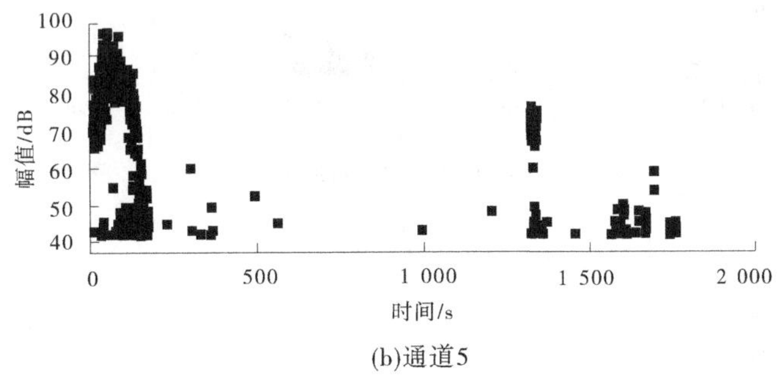

(b)通道5

图 7-16　1 通道和 5 通道幅度历程

7.3.2.3　幅值分析

图 7-17 为前后两次升压过程的声发射幅度历程。锅炉在第一次升压过程中,声发射非常活跃,产生密集的 AE 撞击信号。随着压力的逐渐上升,AE 信号幅度呈线性趋势增加,当达到一个临界点后又随压力的上升而平稳下降。这是因为从 0 开始在逐渐增加压力的过程中,打压进入液体对锅炉的不均匀扰动会非常大,而随着压力的逐渐增大,容器内的压力增速逐渐降低,整个容器所承受的压力也趋于稳定,扰动减少,AE 信号量降低。

另外,通道 5 的信号幅度明显高于通道 1,其原因是通道 5 旁边是升压进液口,升压过程对通道 5 所造成的信号干扰是最大的,所以其所接收的 AE 信号具有很高的幅度。

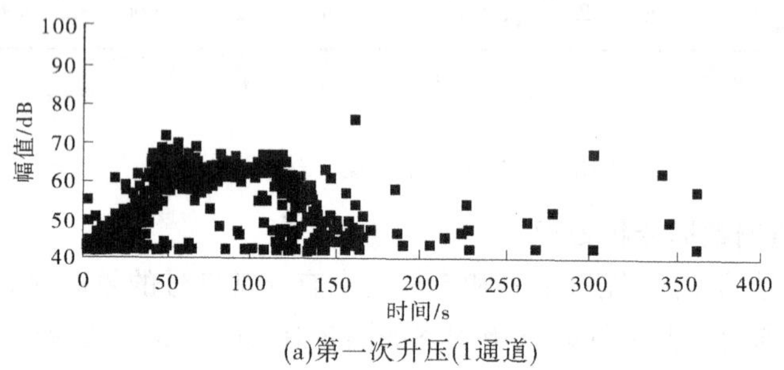

(a)第一次升压(1通道)

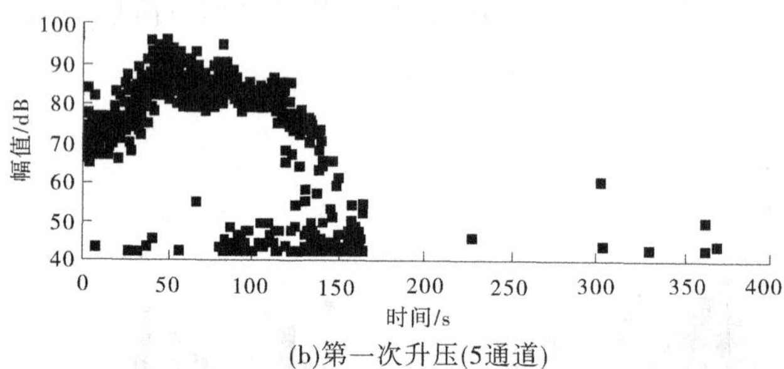

(b)第一次升压(5通道)

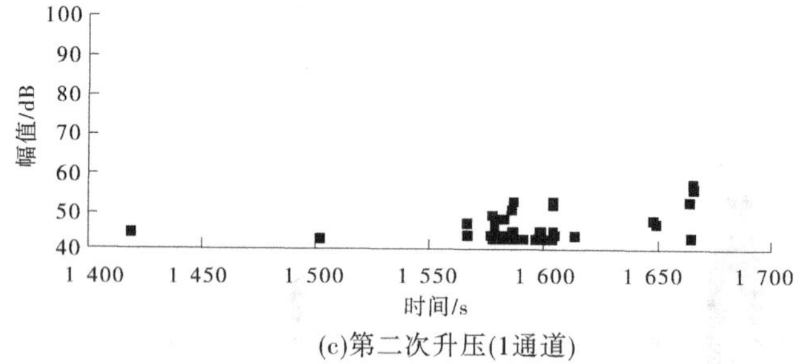

(c)第二次升压(1通道)

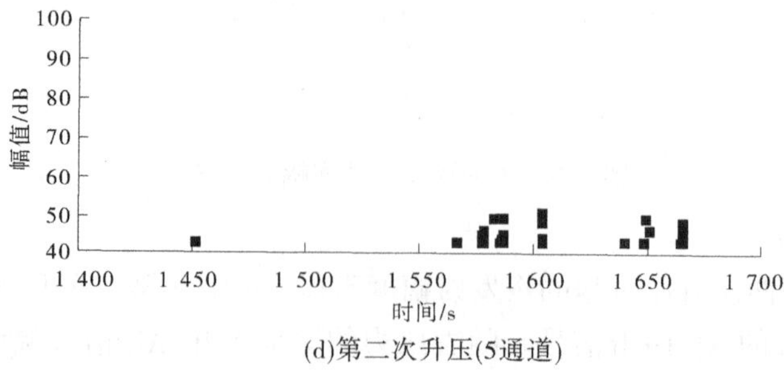

(d)第二次升压(5通道)

图 7-17　升压阶段幅度历程

锅炉在第二次升压过程中,其 AE 信号量明显少于第一次升压过程,其原因有两个方面:首先,第二次加压过程从 1.25 MPa 开始,相对于从 0 开始加压,锅炉内压力增加趋于平缓,压力增速降低,干扰信号减少;其次,由于锅炉本身存在 Kaiser 效应,而第二次加压并未超过第一次所加的最高压力,材料结构变形保持在稳定状态,所以因材料变形应力释放所产生的 AE 信号减少。

图 7-18 为前后两次保压阶段的声发射幅度历程图。由于保压阶段无外界扰动信号进入,所以如果没有活性缺陷,将不会产生 AE 信号(噪声除外),通过分析这个阶段各通道所接收到的 AE 信号就可以对锅炉的缺陷状态做出初步判断。

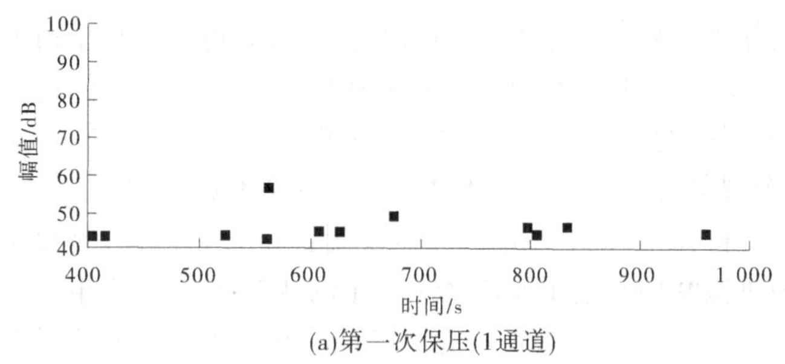

(a)第一次保压(1通道)

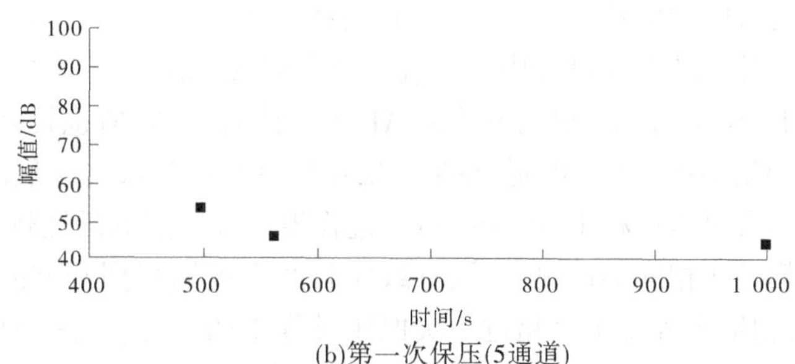

(b)第一次保压(5通道)

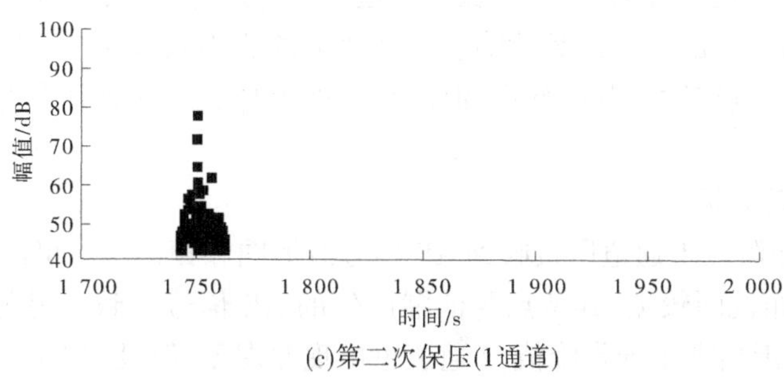

(c)第二次保压(1通道)

图 7-18　保压阶段幅度历程

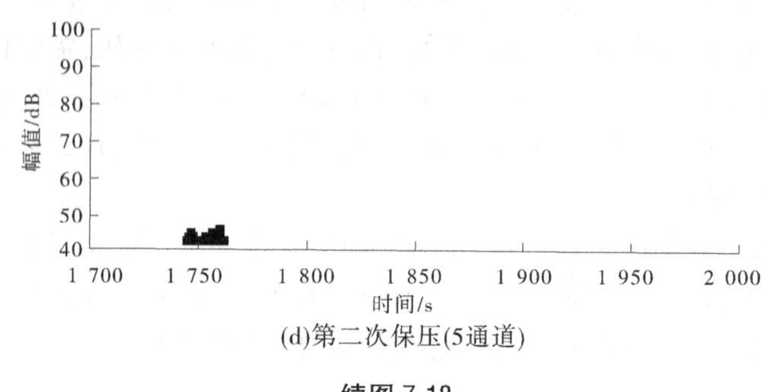

(d)第二次保压(5通道)

续图 7-18

分别观察两次保压过程 1、5 通道的 AE 幅度历程图,可以发现 1 通道的 AE 信号量明显多于 5 通道,从 1 通道到 5 通道,AE 信号量和幅度有一个明显的递减特点,这是由于 AE 信号传播衰减所引起的。另外,第二次保压过程所产生的 AE 信号幅度与密度明显高于第一次,从这两个现象可以初步判定 1 通道附近存在泄漏缺陷。

上述现象原因分析如下:锅炉中的典型声发射源主要是泄漏、裂纹扩展、机械摩擦及电子噪声等。其中机械摩擦和电子噪声属于稳定的 AE 源,其所产生的 AE 信号会伴随试验过程一直存在,可以排除这种 AE 源的存在。而裂纹扩展等材料内部缺陷,其在升压过程中的 AE 信号为典型的突发型信号,根据 Kaiser 效应,即对材料进行反复卸加载试验时,材料在超过先前所施加的应力之前,不出现可探测到的声发射。由图 7-17 和图 7-18 可以看出,在第二次升压及保压过程中均出现了较多的 AE 信号,且第二次保压过程相对于第一次保压,在 1 750 s 出现了更为密集的 AE 聚集信号,其幅值也较高,这显然不符合 Kaiser 效应。另外,依据裂纹扩展机制,在第一次保压过程中裂纹在扩展时已经将累积的能量释放,即使在二次保压过程中,由于载荷超过临界值或缺陷的活性较强再次出现扩展现象,在载荷和加载时间相同的情况下,没有致使其产生更为强烈活度的能量来源,其缺陷扩展信号的幅值和聚集程度不会超过一次保压过程中的信号,考虑到加载压力波动和现场工况条件等,两次加载过程的信号应该相同或相差无几,而从图 7-18 可以看出,第二次保压的信号幅值已远超过第一次保压过程,这显然与理论不符,综合上述两方面的原因基本可以排除此信号来源为裂纹类缺陷。考虑泄漏的成因及现象,由于一次加载导致泄漏点冲破阻塞,在后续连续加载循环中,泄漏孔径增大导致二次保压信号超过第一次,则是完全可能的。

7.3.2.4　波形频谱分析

图 7-19 为保压阶段 1 通道所接收到 AE 信号波形图和频谱图。可以看出该信号为连续型信号,频谱分布范围较宽,其特点与泄漏产生的 AE 信号一致。另外,从频谱图可以发现在 250 kHz 附近出现了异常峰值,2 通道也出现此现象,但没有 1 通道明显,而在其他几个通道均未发现此现象,结合上述对幅值历程图的分析,可以判定在 1 通道通道附近存在泄漏缺陷。

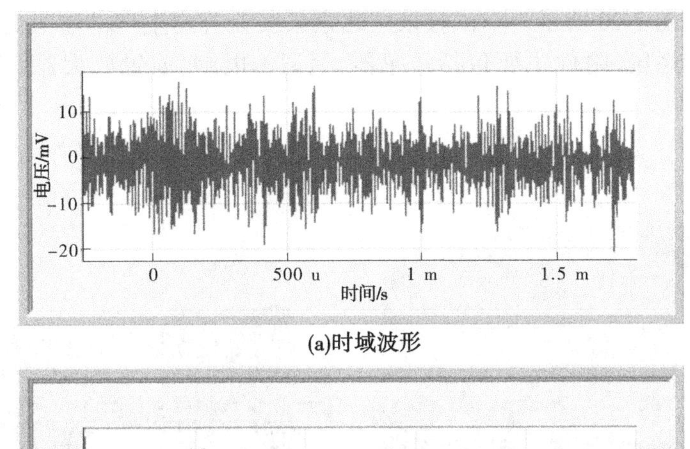

(a)时域波形

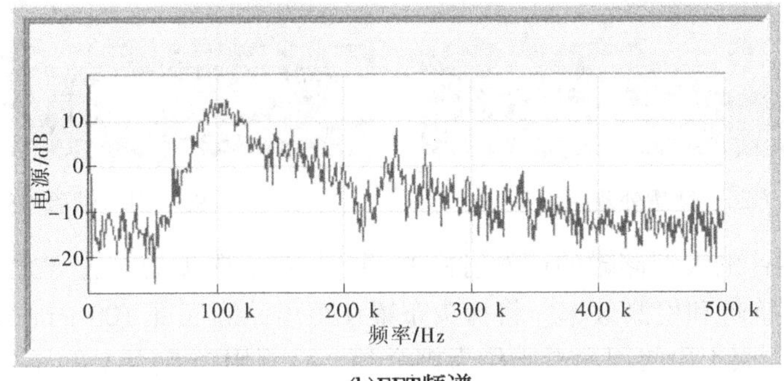

(b)FFT频谱

图 7-19　保压阶段 1 通道 AE 信号波形频谱图

7.3.2.5　监测结果

监测结束后，依据声发射信号的分析结果，对 1 通道附近区域进行复查，发现在 1、2 通道之间靠近 1 通道处的锅炉壁管对接焊缝确实存在微小渗漏问题。由于炉管分布密集，空间极其狭小，且泄漏量非常小，常规宏观监测极难发现，由于声发射技术对于泄漏信号的较高敏感性，所以能在声发射监测过程中被监测出来，验证了声发射技术用于监测管道泄漏缺陷的可行性和准确性。

7.3.3　大型常压储罐现场声发射试验和模式识别

以大型常压储罐常用材料的实验室试验研究为基础，进行了大型常压储罐的现场声发射检测研究，获取储罐正常运行时的声发射信号；采用特征参数和波形分析方法对现场信号进行分析；同时使用基于三比值特征提取法和基于模糊函数相关系数法的两种模式识别法对该储罐的健康状况进行评价。储罐基本参数见表 7-6。

表 7-6　101 号储罐基本参数

结构形式	单盘式浮顶油罐	建筑日期	2008 年 12 月
储存介质	原油	工程溶剂	100 000 m^3
管壁高度	21.8 m	公称直径	80 m
设计储液比重	850~920 kg/m^3	最高操作温度	常温
试验温度	12.13 ℃	试验液位高度	17.604 8 m
管壁材料	12MnNiVR 16MnR Q235		

储罐外观如图 7-20 所示。本试验采用北京某实业公司生产的型号为 SAEU2S 的多通道声发射检测系统，附件主要包括传感器、笔记本电脑、前置放大器、信号电缆等，如图 7-21 所示。

图 7-20　储罐外观

图 7-21　试验仪器

对于 10 万 m^3 的大型储罐的声发射检测，采用 20 个探头的布置方式进行试验，这样可以提高定位准确性和检测效率。将探头布置在距离储罐底部 100 mm 的位置并且均匀分布在储罐壁上，探头均使用润滑脂作为耦合剂。检测用探头为 Vallen 公司生产的内置前置放大器 AEP4H-ISTB 的 VS30-RIC 低频探头，带宽为 25～80 kHz。

对于现场试验来说，背景噪声的测定是十分重要的，尤其对于现场声发射检测，将真正的声发射信号与背景噪声进行区别是十分重要的，因此首先对背景信号进行分析与测定。

背景噪声测定过程如下：将仪器的参数设置门槛阈值设定为 30 dB，进行 1 min 的采集，将采集的信号进行分析，对信号的幅值进行统计，可以得到背景噪声的信号幅值主要分布在 35 dB 附近，因此可以在正式采集的时候将信号设定在 40 dB。接着对信号的波形进行分析。提取其中一个背景噪声信号进行频谱分析。如图 7-22 所示，噪声信号的幅值小于 0.05 mV，从频谱的角度分析，信号的频带较宽，分布在整个 0～1 MHz，频率峰值出现在 180 kHz。

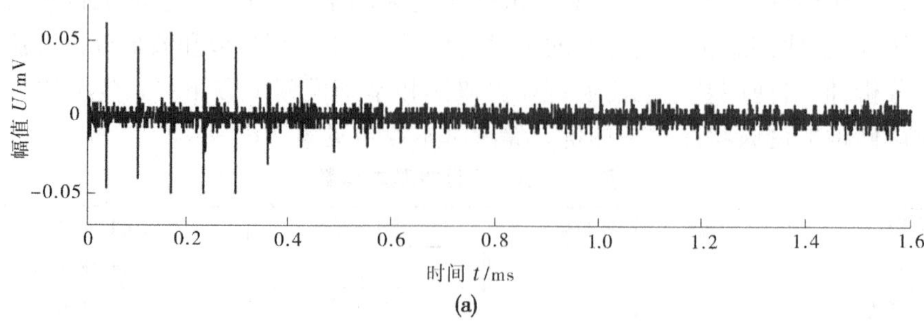

(a)

图 7-22　背景噪声的时域与频域

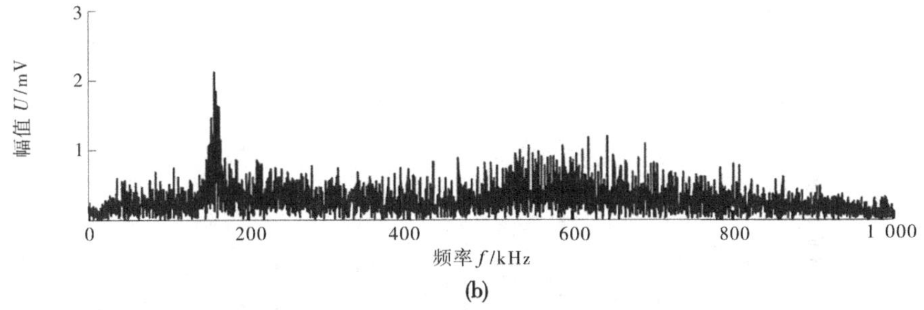

(b)

续图 7-22

根据前面的背景噪声测定，将仪器的参数设置门槛阈值设定为 40 dB，采样点数位 8 192，采样率为 5 MHz。开始对储罐进行检测，由于本试验要对大型常压储罐进行声发射检测，所以在整个检测期间不涉及储罐的保压与加压过程，因此将整个试验时间定为 120 min。试验结束后，将采集的声发射信号进行分析。

储罐信号特征参数分析从整体上对声发射信号进行，得出 20 个通道所有的撞击计数分布图，如图 7-23 所示，撞击计数超过 100 的包括 2、3、4、8、15、17、19 通道。说明这几个探头接收的信号较强，在这几个探头附近的区域可能出现储罐失效。

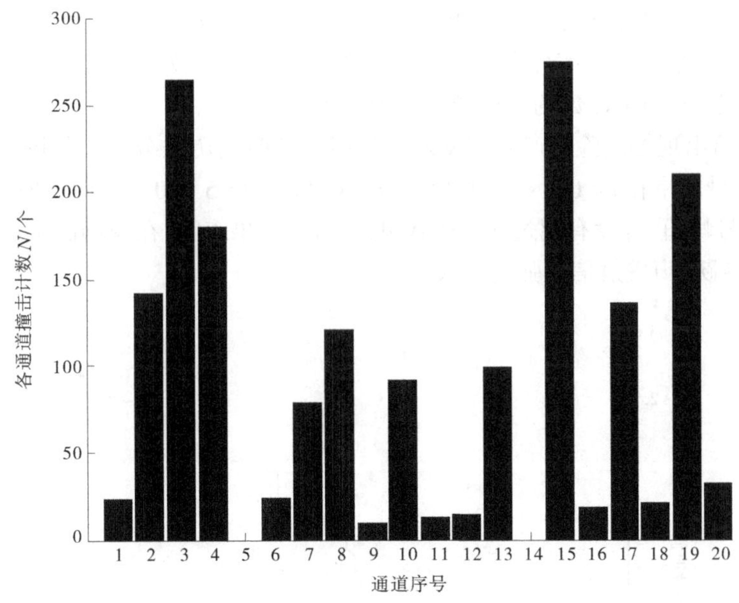

图 7-23　20 个通道的撞击数分布

通过前面宏观对信号的定位，后面通过信号特征参数分析法对信号进行分析。如图 7-24 所示，显示出整个检测试验过程声发射信号的幅值时间历程分布，超过 70 dB 的几个信号主要集中在 t=3 000~5 500 s 这个过程中，其中在 t=3 300 s 时出现了 82 dB 的幅值。除掉这几个幅值较大的信号，全过程 t=7 200 s 这个过程中，信号幅值大部分低于 60 dB。

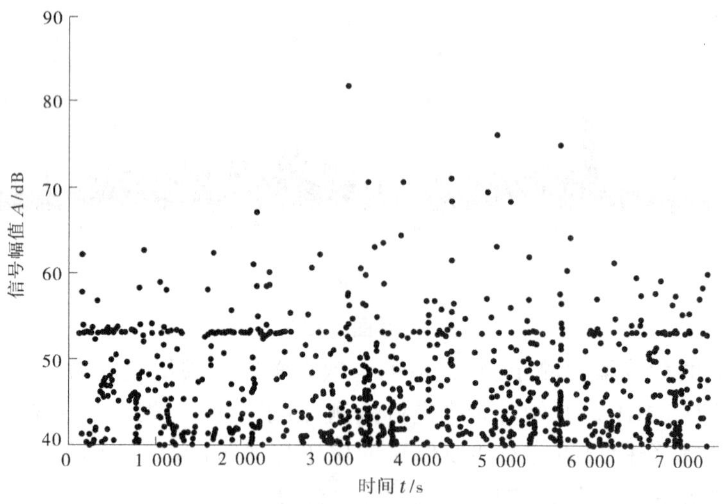

图 7-24　信号幅值与时间曲线

声发射信号的振铃计数、撞击计数和持续时间三个特征参数的时间累计分布如图 7-25～图 7-27 所示。可以观察到，声发射信号的振铃计数、撞击计数和持续时间三个特征参数的时间累计曲线分布极为相似，三条曲线都可以近似认为是以一个固定的斜率增长的。三个参数的增长率分别为，持续时间的平均增长率为 4 μs/s，振铃计数的平均增长率为 0.93 个/s，撞击计数的平均增长率为 0.15 个/s。

图 7-28 给出现场试验的产生声发射信号能量的时间历程分布。从图 7-28 中可以看出，声发射信号能量在 $t=100$ s、$t=3\ 200$ s、$t=4\ 300$ s、$t=5\ 800$ s 这四个时段出现了大于 500 eV 的信号峰值，都没有超过 2 000 eV 的峰值。结果表明，在现场试验的这几个时段，声发射信号活跃，声发射信号强度较大。

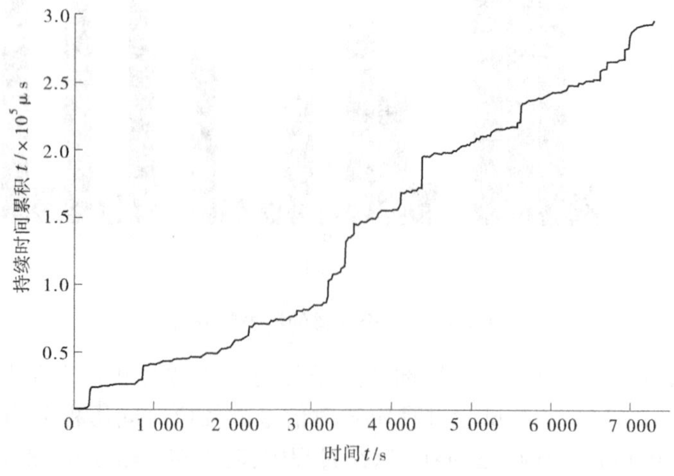

图 7-25　信号持续时间累计数与时间曲线

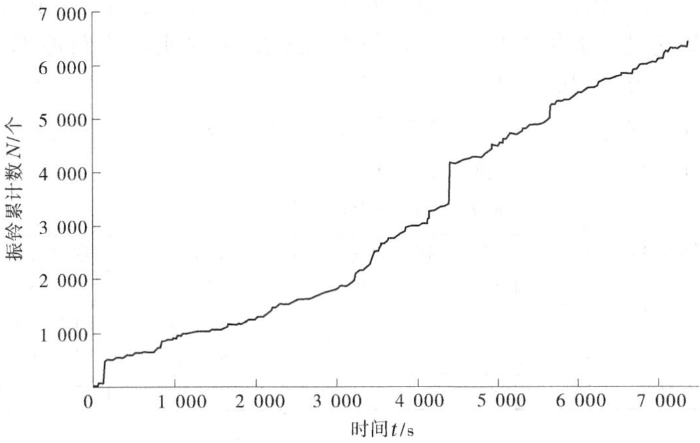

图 7-26　信号振铃累计数与时间曲线

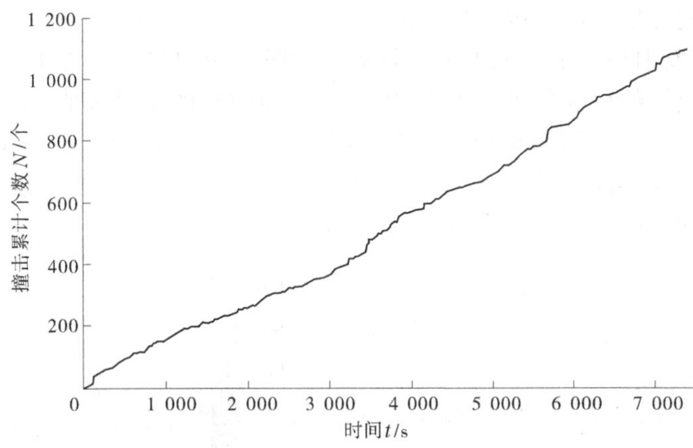

图 7-27　信号撞击累计数与时间曲线

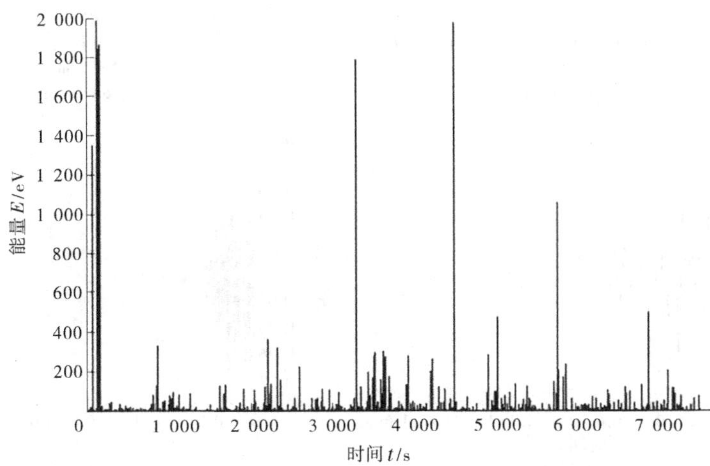

图 7-28　信号能量与时间曲线

本节将通过波形频谱的分析方法对声发射信号进行进一步分析。由于现场试验试验数据较大,因此设置仪器采集参数时没有采用全部20个探头都进行波形采集,仅设置编号为7、8、9、10四个探头同时对声发射信号波形进行采集。本节选取了四个通道的波形进行提取,提取信号的基本参数如表7-7所示。所用声发射信号为低频探头VS30-RIC接收,其采样率为5 MHz,采样点数8 192个。

表7-7 声发射信号基本参数

序号	通道号	幅度/dB	振铃计数 N/个	持续时间/μs	能量/eV	上升时间/μs
1 217	7	54.6	40	112.20	1 125.584 1	75.40
1 249	8	52.0	100	133.40	1 118.191 5	18.00
98	9	45.9	70	353.00	1 128.194 6	91.20
343	10	58.3	170	351.8	1 173.615 7	36.20

首先对各个阶段信号进行傅立叶变换,得到声发射信号的频谱,从频谱图中可以得出声发射信号的频率分布范围;对声发射信号经验模态分解,求取希尔伯特谱,从采样点数、频率、能量的角度对信号进行进一步分析。

四个典型声发射信号的时域波形及频谱图由图7-29和图7-30给出,从时域图上可以观察到,从信号幅值的角度分析,7号和10号探头接收到的信号幅值较大,峰值达到0.08 mV,8号探头接收信号幅值为0.05 mV,9号探头接收信号幅值为0.025 mV。从频域的角度分析,四个信号频带都比较窄,7号、8号、10号探头接收到的声发射信号带宽为0~100 kHz,9号探头接收到的声发射信号带宽为0~40 kHz。

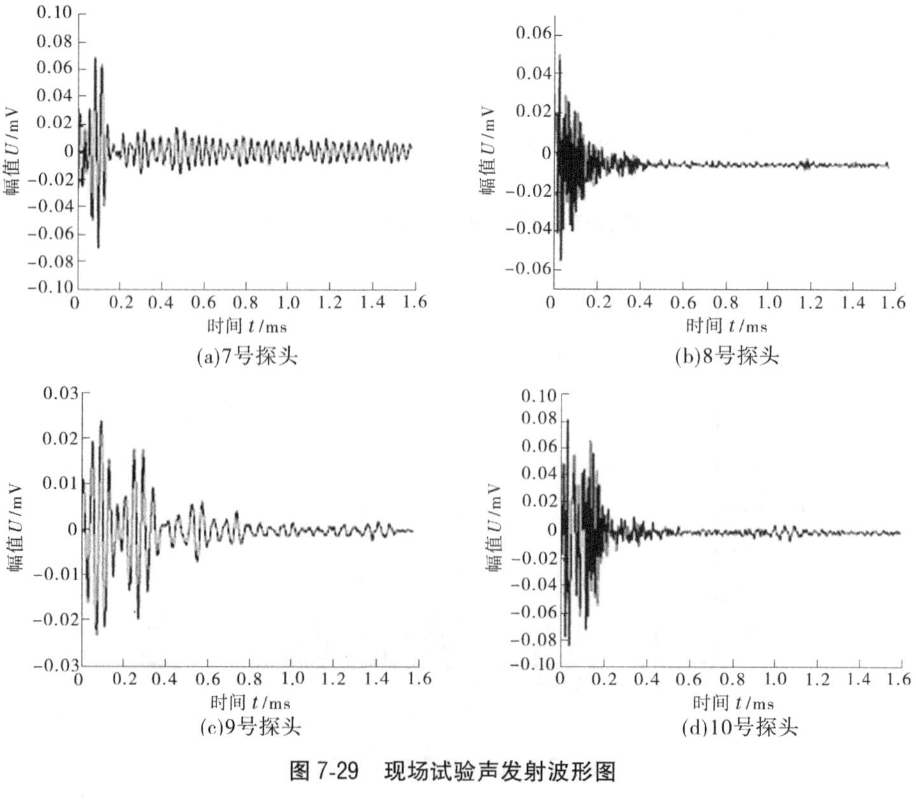

(a)7号探头

(b)8号探头

(c)9号探头

(d)10号探头

图7-29 现场试验声发射波形图

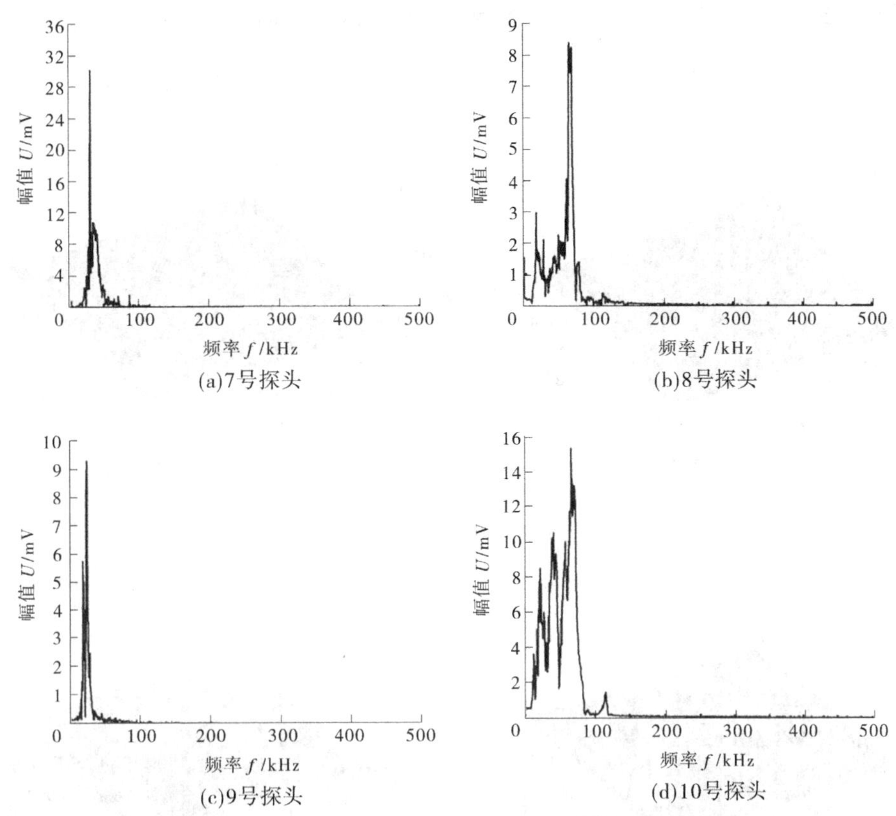

图 7-30　现场试验声发射频谱图

对得到的四个声发射信号进行八层经验模态分解，并求得各个本证模态函数能量占总能量的比例，如表 7-8 所示，与前面的分析相同，前 4 个分量占总能量的 98%以上，其他几个分量只占 2%左右。

表 7-8　现场试验 IMF 结果

阶段	IMF1 比例/%	IMF2 比例/%	IMF3 比例/%	IMF4 比例/%	剩余 IMF 比例/%
第一阶段	25	42	30	2	1
第二阶段	28	48	21	2	1
第三阶段	26	47	23	3	1
第四阶段	29	45	21	4	1

为了进一步对声发射信号进行分析，本节同样绘制了信号的三维希尔伯特谱图(见图 7-31)。通过四个时频图可以观察出四个阶段信号的特点：7 号探头接收到的信号频率同样主要分布在 0~30 kHz，能量较为集中，采样点数为 0~1 300，最大幅值为 0.05 mV；8 号探头接收到的声发射信号频率主要集中在 0~30 kHz，采样点数 0~1 500，能量也较为集中，最大幅值为 0.03 mV；9 号探头接收到的信号频率主要集中在 0~30 kHz，采样点数 0~2 000，峰值为 0.01 mV；10 号探头接收到的声发射信号频率主要集中在 0~30 kHz，能量较为集中，

能量峰值主要集中在采样点数为 0~1 300,最大幅值为 0.05 mV。

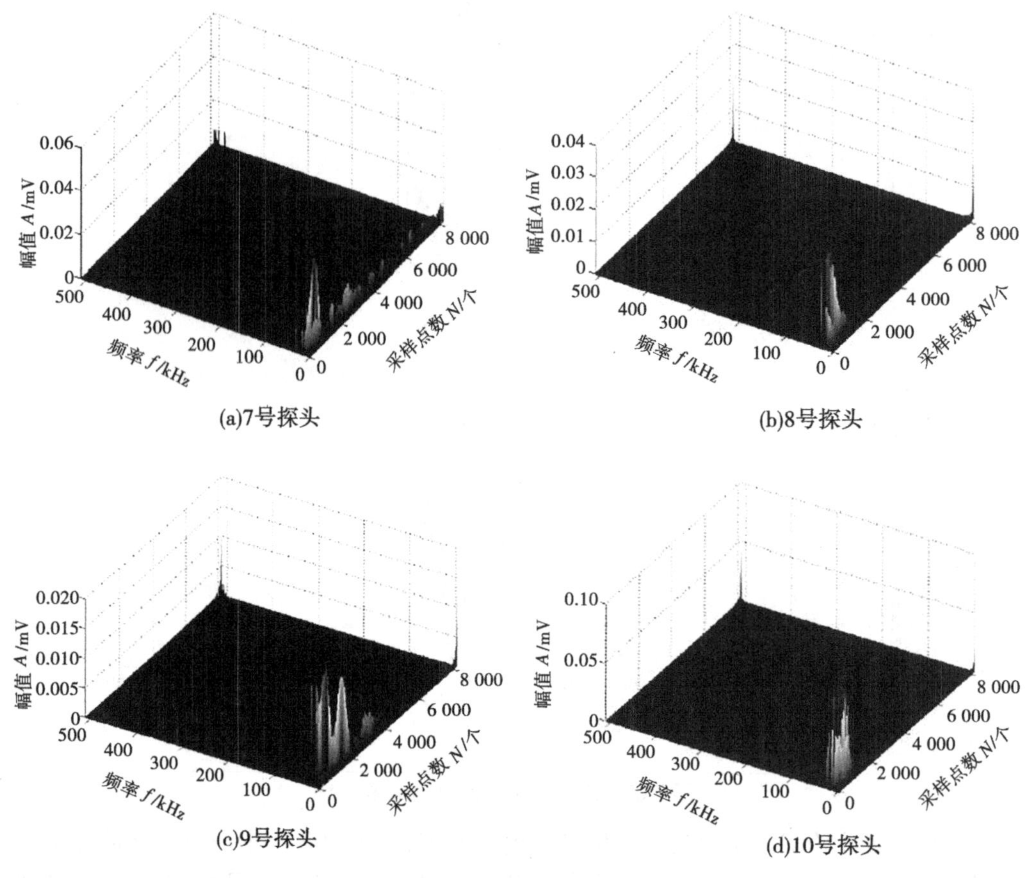

图 7-31 现场试验声发射信号三维图

通过前面对拉伸和腐蚀试验的声发射信号分析,已经可以总结出大型常压储罐典型材料 12MnNiVR 钢在拉伸和腐蚀过程中的声发射信号的特征参数和波形特点,却只能得到声发射信号的变化规律,对于声发射信号的模式识别研究还存在不足。通过对前两章拉伸和腐蚀两个试验的声发射信号分析,分析方法分为特征参数分析法和信号波形分析法,这两种方法各有利弊,是对彼此的良好补充。相比来讲,特征参数的分析方法是在生产实践中发展起来的,虽有较多地方需进一步完善,已被证明可以解决工程实践的很多问题,并具有其他方法不可替代的作用。

针对特征参数三比值法,建立声发射信号特征模型,根据三比值储罐安全状态识别准则,判断出储罐属于某阶段的信号。将前面两个试验得到的参数特征进行总结归纳,建立模型并对现场试验的结果进行模式识别。最后利用声发射信号的分析方法对现场常压储罐的实际运行数据进行了分析,结果为储罐的安全状况进行识别。

依据拉伸和腐蚀试验可以得到在拉伸和腐蚀过程的声发射特征参数规律,分别将拉伸试验四个阶段,以及腐蚀五个阶段提取的幅度、能量、振铃计数、持续时间 4 个参量,建立 3 个比值,如表 7-9 所示,同时将特征参数区间绘制在图 7-32 中,便于观察。

表 7-9　拉伸和腐蚀阶段声发射特征参数

所处阶段	幅值/dB	能量/eV	振铃计数 N/个	持续时间 t/μs
塑性阶段	40~65	1 500~3 000	30~90	7~45
屈服阶段	40~45	100~200	10~27	1.3~5.2
强化阶段	40~75	2 000~13 000	15~86	2.5~17
颈缩阶段	40~60	200~8 000	10~21	0.8~27
腐蚀第一阶段	40~74	3 900~20 000	550~2 050	5~44
腐蚀第二阶段	40~63	5 700~34 000	150~460	17~89
腐蚀第三阶段	40~59	8 100~15 500	800~1 480	28~43
腐蚀第四阶段	40~49	1 700~2 150	180~220	25~44
腐蚀第五阶段	40~64	20 000~80 000	680~1 350	60~180

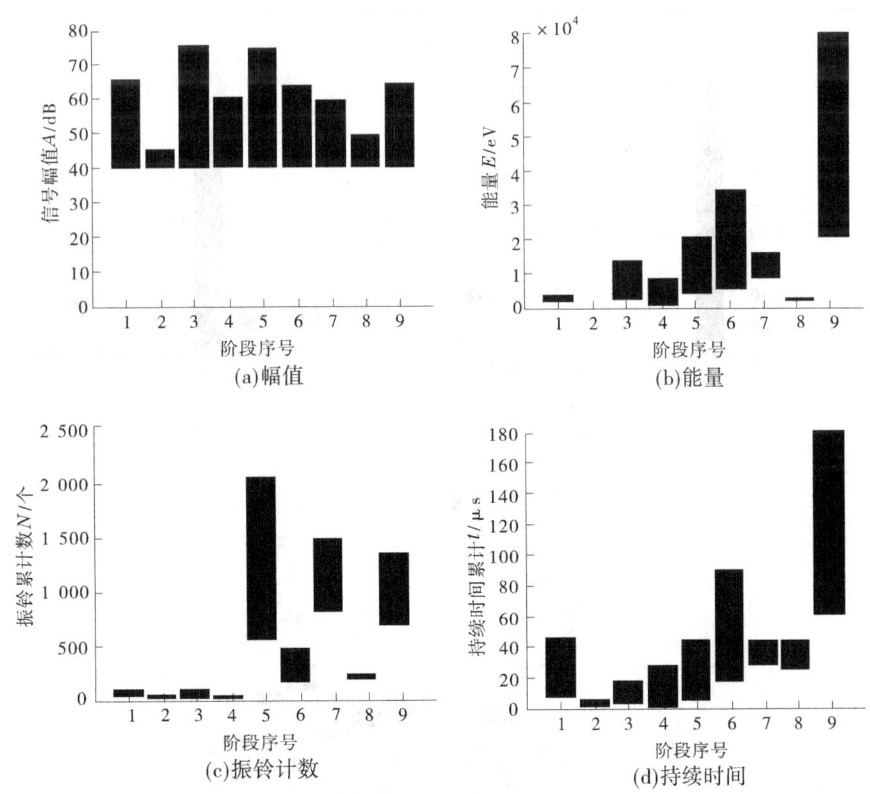

图 7-32　九个阶段特征参数图

以此三比值作为材料拉伸状态和材料腐蚀过程与特征参数之间的基本关系，作为常压储罐三比值状态识别准则模式，参见表 7-10，同时将比值区间绘制在图 7-33 中，便于观察。对比表 7-9 和表 7-10 可见，采用三比值法后，各声发射信号特征参数的包含和交叉现象得到初步解决。

表 7-10　九个阶段三比值参数范围

所处阶段	参数比值范围		
	C_1	C_2	C_3
塑性阶段	0.026 7~0.433	0.667~1.083	1.053~1.711
屈服阶段	0.40~0.45	2.647~2.353	10.256~11.538
强化阶段	0.006 42~0.003 64	0.563~1.056	5.172~2.290
颈缩阶段	0.007 69~0.005 13	3.636~5.455	1.527~2.290
腐蚀第一阶段	0.002 65~0.004 90	0.026 7~0.049 3	1.026~1.897
腐蚀第二阶段	0.001 38~0.002 17	0.129~0.203	0.556~0.875
腐蚀第三阶段	0.005 14~0.007 97	0.058 8~0.086 8	2.667~3.933
腐蚀第四阶段	0.088 9~0.108 9	1~1.225	2.105~2.579
腐蚀第五阶段	0.000 667~0.000 767	0.059 7~0.068 7	0.333~0.533

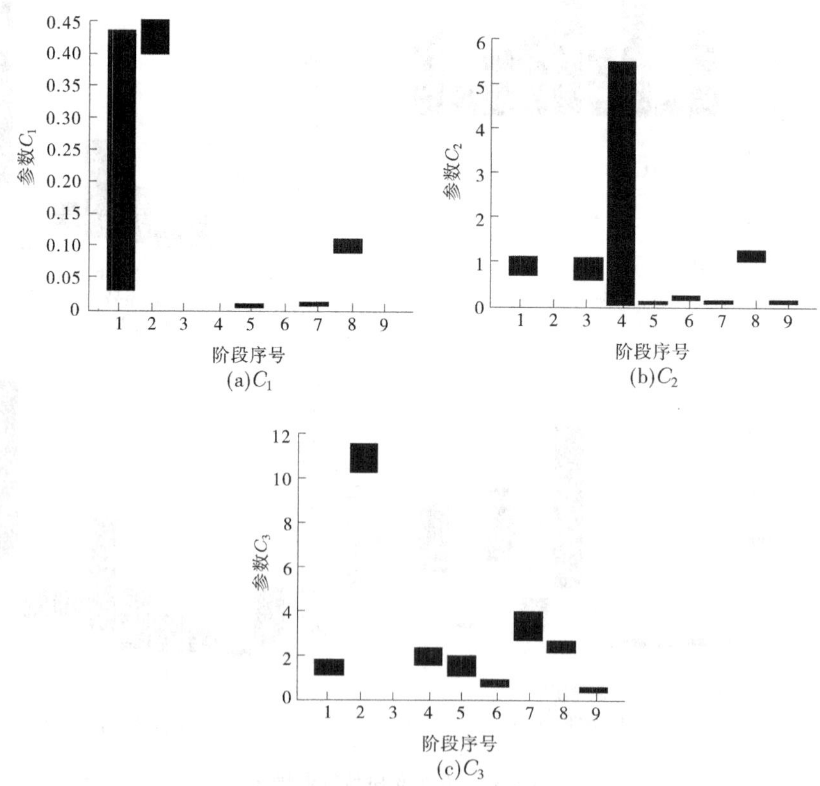

图 7-33　九个阶段三比值图

按照前一节介绍的方法对现场的声发射信号进行分析，建立大型常压储罐所处安全状态的模型，其中模型包括 9 种储罐状态：塑性阶段、屈服阶段、强化阶段和颈缩阶段，以及底板的腐蚀情况分为第一、第二、第三、第四、第五阶段。

前面已经将模型建立，将现场试验得到的结果与前面建立的模型进行比较，将现场试验得到的特征参数进行提取，并对所有参数数值取平均值，如表 7-11 所示，用于后续分析。现场试验三比值参数见表 7-12。

表 7-11　现场试验得到特征参数总结

指标	幅值/dB	能量/eV	振铃计数 N/个	持续时间 t/μs
现场试验参数	52.7	1 136.396	95	237.6

表 7-12　现场试验三比值参数

参数比值			
现场试验数据	C_1	C_2	C_3
	0.046 375	0.554 737	0.221 801

由于前面的两个试验为拉伸和腐蚀试验，而大型常压储罐在实际运行中，很有可能同时发生，所以进行模式识别的时候，采取分两部分进行识别的方法。

首先需要求取待诊断大型常压储罐的关联函数值，求得结果如表 7-13 和 7-14 所示。

表 7-13　拉伸试验三比值参数

拉伸阶段 K_{ij} 计算值			
K_{11}	K_{12}	K_{13}	K_{14}
-0.065 23	0.056 37	0.001 36	0.001 108
K_{21}	K_{22}	K_{23}	K_{24}
-0.016 52	0.431 817	-0.046 683	0.244 483
K_{31}	K_{32}	K_{33}	K_{34}
-0.005 27	1.424 67	1.193 067	0.056 233

表 7-14　腐蚀试验三比值参数

腐蚀阶段 K_{ij} 计算值				
K_{15}	K_{16}	K_{17}	K_{18}	K_{19}
0.001 147	0.001 602	0.000 635	0.009 52	0.001 836
K_{25}	K_{26}	K_{27}	K_{28}	K_{29}
0.050 133	0.024 517	0.043 883	0.070 817	0.046 9
K_{35}	K_{36}	K_{37}	K_{38}	K_{39}
0.045 27	-0.031 6	0.162 4	0.200 733	-0.017 73

分两个部分分别对现场试验数据进行计算识别，前面已经计算出两个阶段的 K_{ij} 值，下一步要计算 101 号大型常压储罐与各声发射信号类型的关联程度，W_{ij} 为大型常压储罐声发射信号识别中各个阶段信号的权重系数。本书使用的 3 个特征权重系数为 $W_{i1}=W_{i2}=W_{i3}=1/3$。计算值如表 7-15 和 7-16 所示。

表 7-15　拉伸阶段关联参数

待诊断储罐与拉伸阶段参数关联程度				
计算值	$\lambda(I_1)$	$\lambda(I_2)$	$\lambda(I_3)$	$\lambda(I_4)$
	0.086 194	−1.907 01	−1.153 53	−0.307 62

表 7-16　腐蚀阶段关联参数

待诊断储罐与腐蚀阶段参数关联程度					
计算值	$\lambda(I_5)$	$\lambda(I_6)$	$\lambda(I_7)$	$\lambda(I_8)$	$\lambda(I_9)$
	−0.080 02	−0.068 52	−0.280 92	−0.275 33	−0.073 81

下一步是对 $\lambda(I_i)$ 进行归一化，求得 $\lambda'(I_5)$，如表 7-17 和 7-18 所示。

表 7-17　拉伸阶段关联参数

待诊断储罐与拉伸阶段参数关联程度					识别结果
计算值	$\lambda'(I_1)$	$\lambda'(I_2)$	$\lambda'(I_3)$	$\lambda'(I_4)$	
	0.999 181	−0.994 26	−0.240 69	0.605 322	1

表 7-18　腐蚀阶段关联参数

待诊断储罐与腐蚀阶段参数关联程度						识别结果
计算值	$\lambda(I_5)$	$\lambda(I_6)$	$\lambda(I_7)$	$\lambda(I_8)$	$\lambda(I_9)$	
	0.832 949	0.844 445	0.632 02	0.637 613	0.839 161	6

最后按照声发射信号类型识别准则，对储罐状态进行识别。

通过拉伸和腐蚀两个试验得到的声发射信号的特征参数建立的模式识别方法对现场储罐进行模式识别，得到了现场储罐的安全状态。为了进一步对储罐所处的状态进行模式识别，本节将使用第 3 章研究的基于声发射信号波形的模式识别方法，对现场储罐进行进一步分析。

对不同探头接收声发射信号进行模糊域分析，如图 7-34 和 7-35 所示，两图分别为声发射信号的模糊函数三维图和声发射信号的模糊函数等高线图。将四个现场声发射信号的模糊函数图像矩阵与拉伸四个阶段的一共 20 个声发射信号的模糊函数图像矩阵进行相关分析，可得到 16 组相关系数，这样可以求得这 16 组相关系数的均值和标准差，结果如表 7-19 所示。

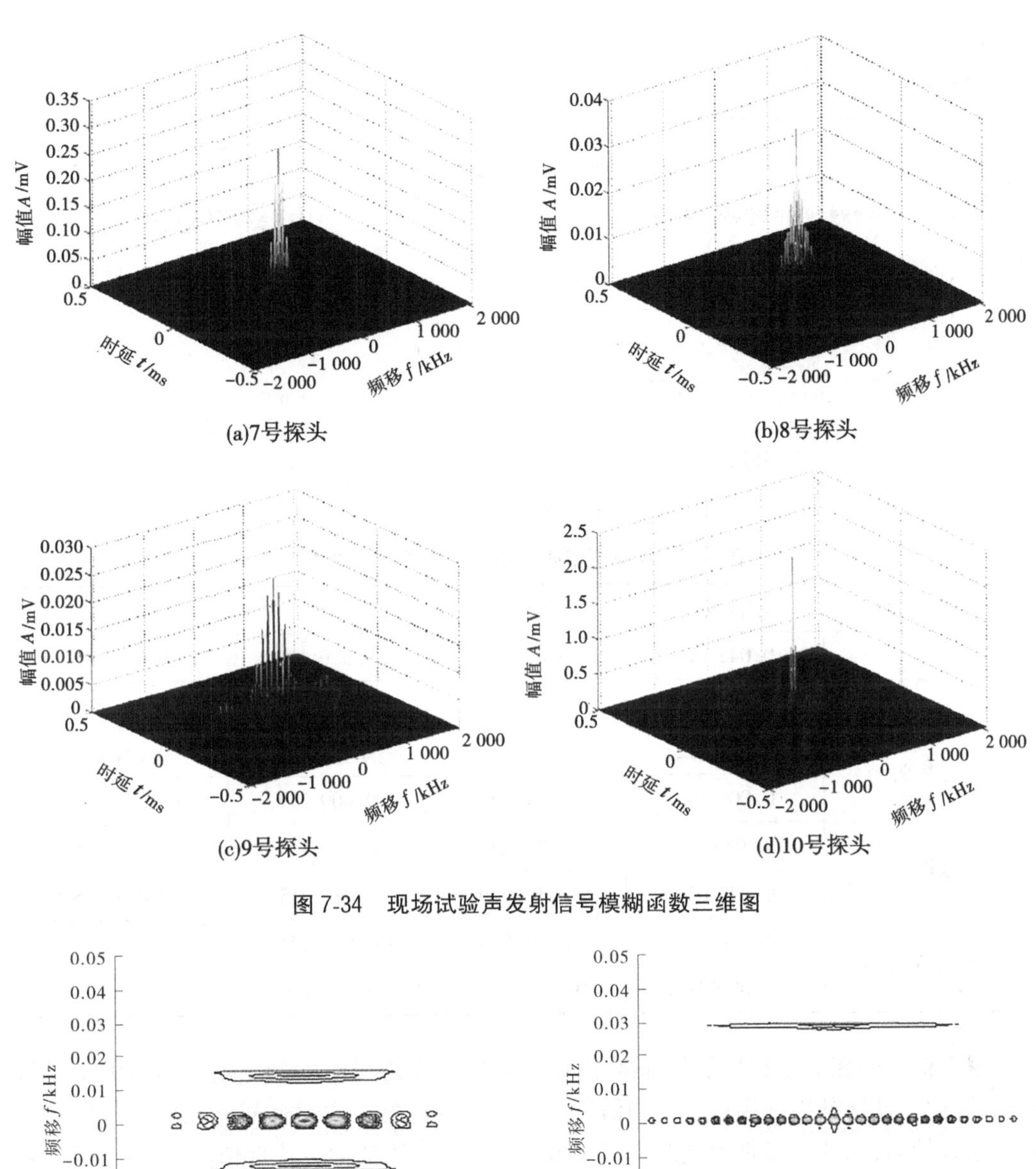

(a)7号探头　(b)8号探头

(c)9号探头　(d)10号探头

图 7-34　现场试验声发射信号模糊函数三维图

(a)7号探头　(b)8号探头

图 7-35　现场试验声发射信号的模糊函数等高线图

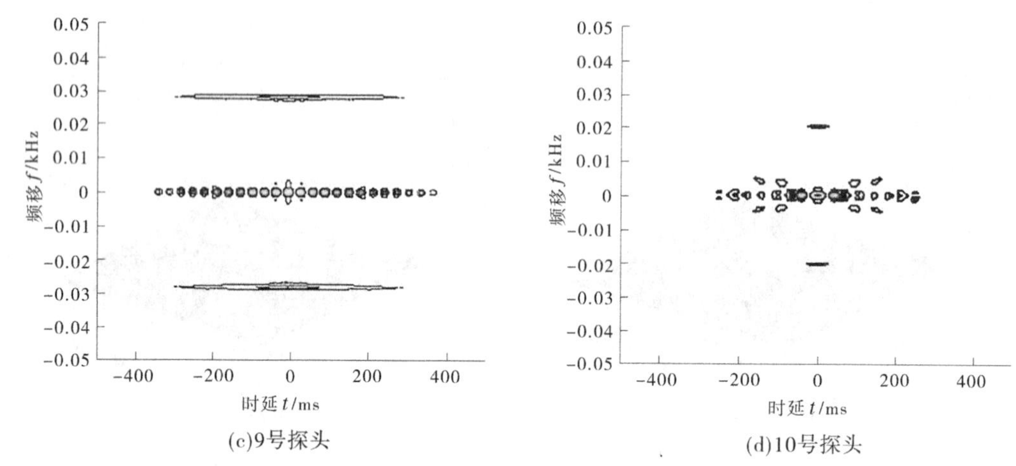

(c)9号探头

(d)10号探头

续图 7-35

表 7-19 现场试验相关系数的均值与标准差

平均值标准差	塑性变形	屈服	强化	颈缩
7 号探头	0.042 316	0.071 21	0.026 419	0.021 015
	0.007 625	0.008 855	0.009 895	0.012 469
8 号探头	0.028 612	0.071 036	0.024 16	0.031 026
	0.006 105	0.010 257	0.009 269	0.011 325 6
9 号探头	0.053 19	0.033 26	0.025 428	0.022 546
	0.009 624	0.009 959	0.017 025	0.017 025
10 号探头	0.059 21	0.028 513	0.024 294	0.008 851
	0.007 621 6	0.008 926 7	0.013 459	0.019 625

根据信号的相关系数均值与标准差,基本可区分出现场试验的声发射信号处于材料损伤的哪个阶段,其中现场信号 1 和信号 2 与屈服阶段的声发射信号的相关系数较其他阶段系数较高,因此可以判断这两个信号可能与屈服阶段的信号特点相似;后两个声发射信号的相关系数与塑性变形阶段的声发射信号的相关系数较其他阶段系数较高,因此可以判断这两个信号可能与屈服阶段的信号特点相似。同时将现场试验得到的结果绘制成正态分布曲线,以便更加清晰地观察结果,如图 7-36 所示。与前面的分析相同,信号 1 与信号 2 与屈服阶段的信号特征相似,信号 3 与信号 4 与塑性阶段的信号特征相似,但是 9 号探头的信号存在一定的误判区间。

本案例对中石化岚山输油站的编号为 101 的大型常压储罐进行现场声发射检测研究,对所得到的声发射信号进行特征参数和波形分析,并使用基于三比值特征提取法和基于模糊函数相关系数的两种模式识别方法对该储罐进行安全状况评价,得到以下结论:

(1)研究了大型常压储罐现场声发射检测信号的特征,结果表明,撞击计数超过 100 个的通道包括通道 2、3、4、8、15、17、19;对所有通道的信号的进行分析,信号幅值均低于

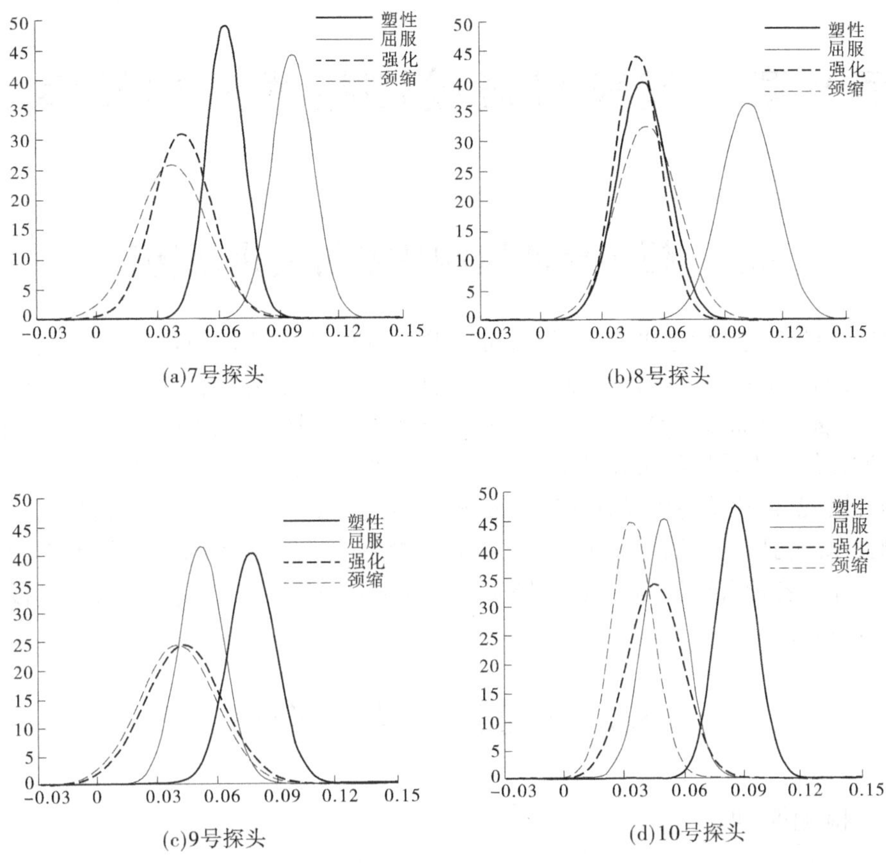

图 7-36　现场试验声发射信号相关系数正态分布曲线图

65 dB,信号能量在 100 s、3 200 s、4 300 s、5 800 s 出现大于 500 eV 的峰值,持续时间的平均增长率为 4 μs/s,振铃计数的平均增长率为 0. 93 个/s,撞击计数的平均增长率为 0. 15 个/s。

(2)分别对编号 7、8、9、10 探头的声发射信号进行提取,使用希尔伯特变换的方法对它们进行时频分析,结果表明,编号 7、8、10 探头接收到的声发射信号为突发型,9 号探头接收到的信号为连续型,其中 7、8、10 探头接收到的信号频率分布在 0~100 kHz,且能量较为集中;9 号探头接收到的信号频率分布在 0~50 kHz,能量较为分散。

(3)使用基于三比值特征提取法的模式识别方法对该储罐进行评价,结果发现,该储罐钢材处于塑性变形阶段和轻度腐蚀阶段,因此该储罐处于相对安全的状态。

(4)使用基于模糊函数相关系数的模式识别方法对该储罐进行评价,结果发现,该储罐钢材处于塑性变形或屈服阶段,因此该储罐处于相对安全的状态。

第 8 章 超声导波检测技术应用及案例

8.1 超声导波检测技术研究进展历程

以特定的模式在两个平行界面限制的有限空间内沿平行于界面的方向传播的特定频率的超声波称为超声导波。这种能够定向引导超声导波的结构称为波导。超声导波(ultrasonic guided wave,UGW,也称为超声制导波)检测技术又称为长距离超声遥探法。关于导波在结构中传播的研究最早始于 20 世纪 20 年代,主要用于地震学领域。90 年代早期,导波在圆柱状结构传播方面的分析研究开始应用于工程结构的无损检测。超声导波检测技术起初用于石油工业领域的在线管道检测,随着该技术的进一步研究与发展,现在除了应用于各种管道检测外,也已经应用到桥梁斜拉钢索、电缆、铁轨、棒材、板盘件等实心工件的检测。

8.2 检测技术基本理论

8.2.1 检测原理

8.2.1.1 超声导波检测技术的基本理论

超声导波的产生机制与薄板中的兰姆波激励机制相类似,即一定频率的超声纵波以一定的角度和一定的声束宽度倾斜入射到厚度或直径远小于波长的传声介质(例如细棒材、管材或薄板)内,折射纵波和横波在两个平行界面限制的有限空间内多次往复反射产生复杂的波形转换及波与波之间发生复杂的叠加干涉及几何弥散,结果导致纵波和横波不能独自存在并按原来各自的波动形式传播,从而产生新的振动模式,即导波。

在无限体积均匀介质中传播的波称为体波,体波有两种:一种是纵波(或称疏密波、无旋波、拉压波、P 波),一种叫横波(或称剪切波、S 波),它们以各自的速度传播而无波形耦合。位于层中的超声波要经受多次来回反射,这些往返的波将产生复杂的波形转换,并且波与波之间会发生复杂的干涉。板内的纵波、横波将在两个平行的边界上产生来回的反射而沿平行板面的方向行进,即平行的边界制导超声波在板内传播,这样的系统称为平板超声波导(见图 8-1)。在此板状波导中传播的超声波即所谓的板波(也叫 Lamb 波)。板波在波导中传播时,纵波和横波不能独立存在,此时会产生一种与介质断面尺寸有关的特殊波动,称为导波(guided wave)。在板中传输的导波又称为板波,板波中主要型为 Lamb 波。

超声导波检测与薄板 Lamb 波检测的最大区别是 Lamb 波检测采用兆赫数量级的激励频率,且检测灵敏度通常是 φ_1 柱孔,传播距离只有数百毫米;而超声导波的激励频率为

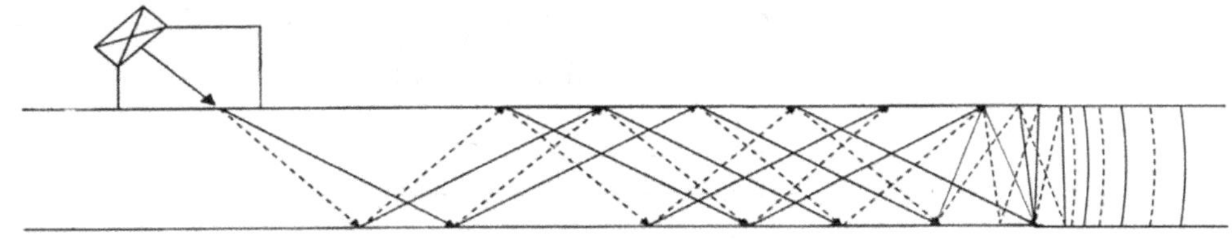

图 8-1　板中导波的传播

千赫数量级,其检测灵敏度以横截面金属缺损百分比表示,传播距离可达数十米至上百米。

在一个有限体中,可以存在多种不同的导波模式,通常归类为纵波模式(longitudinal wave,简称 L 模式)、扭曲波模式(torsinal wave,简称 T 模式,也称为扭波)和弯曲波模式(F 模式)。L 模式和 T 模式属于轴对称模式,F 模式为非轴对称模式。一般用 L(n,m)、T(n,m)和 F(n,m)表示,括号中的 n 和 m 分别表示周向和径向的模式参数。

导波模式的声学性能与管道几何尺寸、材料种类和激励频率密切相关,不同模式导波的性能通常需要利用数学模式得到的图表分布曲线进行分析。在同类导波模式中,还存在多种模态,即在横截面的不同深度有不同的应力、位移和轴向功率流等参量分布。为了保证检测质量,在检测工艺上需要预先确定最佳的模态,这与入射角、激励频率和频率厚度的乘积(简称频厚积)密切相关。

目前,超声导波应用的主要模式是扭曲波模式和纵波模式,以扭曲波模式最常用,而纵波模式的应用则有一定限制。

扭曲波模式的特点是质点沿周向振动,波动在圆柱形棒、管(见图 8-2)和线材中旋转向前传播,其声速恒定不变,在一定频率下没有频散现象,声能受管道内部液体影响较小(在以扭曲波模式做超声导波检测时,因管内存在液体介质而产生的扩散效应较小,因此允许液体在管道中流动的情况下进行超声导波检测),可以在较宽频率范围内使用,通常能得到清晰的回波信号,信号识别较容易。在应用中需要探头数量少、质量轻、费用小,波形转换较少、检测距离较长。扭曲波模式的超声导波检测对轴向缺陷(例如纵向较深的裂缝和管壁横截面面积损失及轴向缺陷)检测灵敏度较高,但是难以发现小径管上纵向焊接的支撑物的焊缝缺陷。

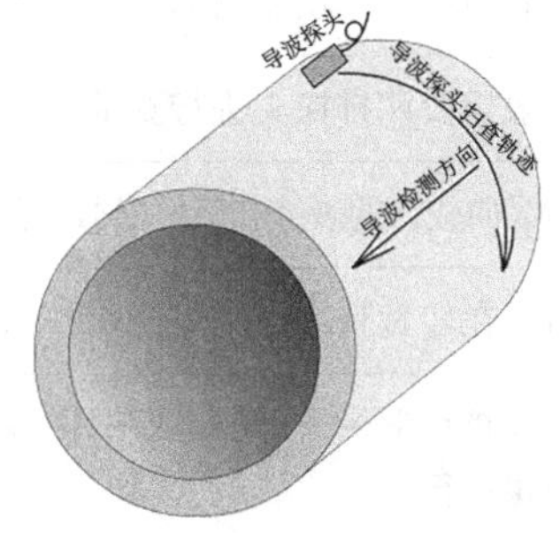

图 8-2　筒形体导波的传播

纵波模式的特点是质点沿轴向振动,波动在圆柱形棒、管和线材中沿轴向传播,具有频散特点,回波幅度与缺陷形状关系不大,回波信号不如扭曲波模式清晰,仅能在较窄的频率范围内使用,受被测管内液体介质流动的影响很大(在装满液体的管道上难以使用),也受探头接触面的表面状态(油漆、凹凸等)影响较大,但是对管道上的横向缺陷或管道横截面面积的损失具有较高的检测灵敏度,易于发现小口径管道上纵向焊接的支撑物的焊缝缺陷。

弯曲波模式的特点是质点振动方向与杆轴或板的表面垂直,随着波的传播,伴有杆或板的弯曲,如图 8-3 所示。

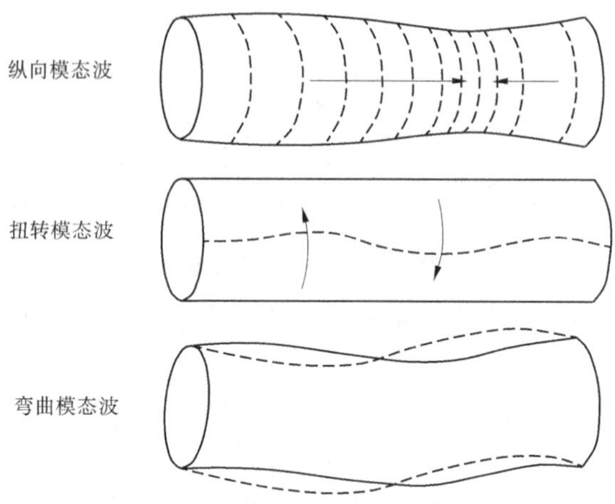

图 8-3　各种导波模态传播的形式

由于受到波导几何尺寸的影响,在波导中传播的超声导波存在几何弥散现象,即导波传播的相速度是导波频率的函数,会随频率的变化而变化,这种特性称为频散特性。

扭曲波模式和纵向波模式的检测特点区别见表 8-1。

表 8-1　扭曲波模式和纵向波模式的检测特点区别

扭曲波模式	纵向波模式
受管道中液体填充物的影响很小	在装满液体的管道上难以使用
一般需要两排探头进行测量	一般需要 4 排探头进行测量
对纵向较深的裂缝和管壁横截面面积损失灵敏度高	对管道上横截面面积损失的灵敏度很高
可以在较宽频率范围内使用	仅能在较窄的频率范围内使用
可以将环形探头(简称探测环)安装在离法兰很近的位置进行	探测环必须安放在高法兰 1 m 外位置上使用
难以发现小口径管道上纵向焊接的支撑物上的焊缝缺陷	易于发现小口径管道上纵向焊接的支撑物上的焊缝缺陷

扭曲波模式和纵向波模式的检测波形各有特点,在实际应用中可以互为补充。

超声导波的传播存在相速度和群速度,相速度是指单色行波中等相面沿法向的传播速度,即波阵面的传播速度,其数值等于波长与波源振动频率的乘积,而群速度是指频率和相速度只有微小差异的相干波波群包络面的传播速度,也可以说是质点合成振动最大振幅的传播速度,或者说脉冲包络上幅值最大点的传播速度,即波包的传播速度,其实质是波群的能量传播速度。群速度大未必相速度就大。超声导波是脉冲波,即一组不同频率正弦波的集合,要确定其相速度是很困难的,因此一般采用群速度来描述导波的传播速度。

8.2.1.2　超声导波探头

超声导波探头(俗称导波探头)需要覆盖管道的整个圆周,在超声导波检测仪器给予一定频带范围的电脉冲激励下,导波探头产生轴向均匀的导波沿着被检构件轴向的前后传播,接收在横截面变化或局部变化的地方产生的回波并转换为电信号输入超声导波检测仪器,通过超声导波检测仪器分析导波回波信号,判断被检构件中是否存在缺陷及缺陷形态。

目前,管道导波检测中所使用的传感器主要有压电式传感器(PZT)、磁致伸缩式传感器(MsS)、电磁声传感器(EMAT)、脉冲激光式传感器和 PVDF 式传感器等。而压电式传感器由于使用方便、价格低廉、灵敏度高等特点而获得了广泛应用。压电陶瓷传感器根据其结构可分为斜探头、直探头和梳状探头,不同的探头由于结构不同,激励导波的形式和模态也不同。

按导波探头与被检构件的接触方式可分为接触式 (干耦合式、黏结式)和非接触式探头。干耦合式为机械耦合,无须液体耦合剂,适用于良好的管道外表面状态(没有或仅有微小的点腐蚀坑),通常采用气泵或弹性箍带给探头施加压力保证探头与管道充分接触,适合移动式检测。黏结式适用于管道表面有若干腐蚀坑,又不允许打磨的情况,通常采用环氧树脂胶黏结方式,这种方式的灵敏度能比机械干耦合方式高大约 6 dB,原因是机械干耦合方式的机械能转换效率较低,尤其是在管道表面有若干腐蚀坑的情况下的机械能转换效率更低。非接触式即所谓空气耦合式,在探头与检测表面之间有一定的空气间隙,通常为 EMAT 和脉冲激光式探头。

按探头激励与接收导波的模式,可分为纵向导波探头、扭转导波探头、弯曲导波探头和复合导波探头。

压电陶瓷式探头是利用压电陶瓷的电致伸缩效应及其逆效应来产生和接收超声导波,其原理与传统的超声检测用探头基本相同。压电陶瓷式探头因具有制造使用方便、价格低廉、灵敏度高等特点而获得广泛的应用。按压电陶瓷式探头的结构形式可分为斜探头、直探头、阵列探头,结构形式不同的探头激励导波的形式和模态也不同。

8.2.1.3　超声导波检测仪器

超声导波检测装置主要由超声导波探头、检测装置(低频超声检测仪)和用于控制和数据采样的计算机三部分组成。超声导波检测仪器构成如图 8-4 所示。

在激励单元中,计算机控制的信号发生单元产生所需频率的激励信号源,经功率放大单元放大后驱动探头阵列发出一束超声能量脉冲在被检构件中激励出所需模态的导波传播。根据耦合情况, 目前常用的导波激励方法有接触法和非接触法两大类。接触法原理简单,用探头通过耦合剂直接接触被测试件表面。常用可变角斜探头和换能器阵列来产生导波。不过接触法对被检工件表面有较为严格的要求, 耦合条件一定要满足,这就限制了接触法的使用场合,如粗糙表面、曲面、复杂构件或者对耦合剂敏感的工件等。非接触法不用接触被检工件,无须耦合剂,常用的方法有激光和 EMAT 法。非接触法可检测复杂表面的结构,主要应用在一些有特殊要求的场合。

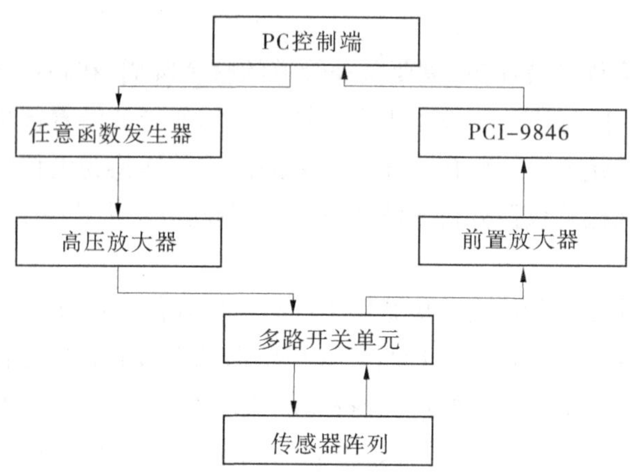

图 8-4　导波检测仪器构成

对于圆形管道,此脉冲导波将充斥整个圆周方向和整个管壁厚度,沿管轴向远处传播。在导波传输过程中,当管道横截面发生改变时,例如管道厚度上的任何变化、管道内外壁由腐蚀或侵蚀引起的金属缺损(缺陷)或者管道对接环焊缝中的缺陷等,由于缺陷在管壁横截面上有一定的面积,导波将会产生一定比例大小的反射信号,被同一探头阵列(接收探头)接收并转换为电信号,反射信号进入检测仪器的信号处理单元,前置放大器将接收到的信号放大后传输到信号主放大器,通过 AD 转换(通常要求采样频率至少大于激励频率的 10 倍)输入计算机,通过超声导波软件分析回波信号的特征和传播时间,通过特定频率下导波的传播速度,能准确地计算出该回波起源与探头阵列位置间的距离。在显示屏上以 A 扫描的方式显示检测信号波形、波幅及与探头基阵位置的距离,使用距离波幅曲线修正衰减和波幅下降来预计从某一距离反射处的横截面变化,从而可以探知管道的内外部缺陷位置和腐蚀状况(包括冲蚀、腐蚀坑和均匀腐蚀)及管道对接环焊缝中的危险性缺陷,也能检出管道断面的平面状缺陷(例如环向裂纹、疲劳裂纹等),根据缺陷产生的附加波形转换信号,还可以把金属缺损与管道外形特征(如焊缝轮廓等)识别开来。现代先进的超声导波检测系统已经开始能够提供 C 扫描的结果,便于解读每一个回波特征的走向。

8.2.1.4　超声导波主要特征参量

群速度是指脉冲的包络上具有某种特性(如幅值最大)的点的传播速度,是波群的能量传播速度,是波包的传播速度。相速度是指波中相位固定的波形的传播速度,如图 8-5 所示。图中的 1 模态导波较 2 模态导波靠前,则可以认为 1 模态导波的群速度比 2 模态导波的群速度大。导波的群速度大并不代表其相速度大,反之导波的相速度大也不意味着其群速度大。

导波的声脉冲是一组不同频率正弦波的集合,因此确定其相速度是困难的,一般采用群速度来描述脉冲传播速度。群速度一般指质点合成振动最大振幅的传播速度,群速度和相速度的关系如图 8-6 所示。

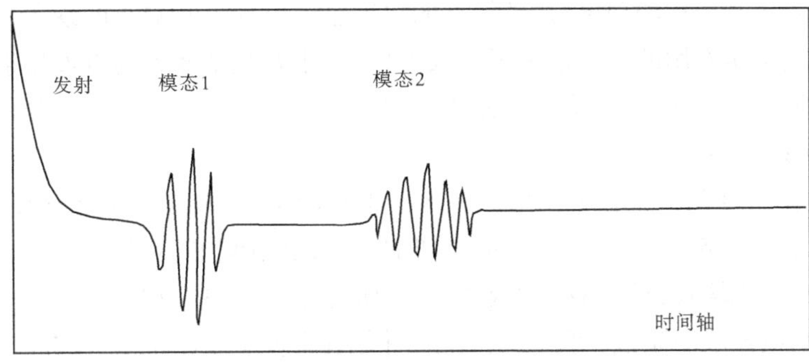

图 8-5　多模态导波接收波形

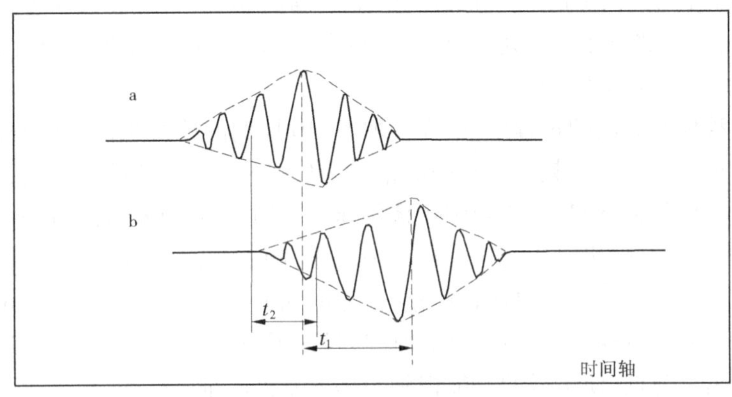

图 8-6　群速度和相速度的关系

8.2.1.5　超声导波检测特点

通常的超声波检测中，超声波在无限介质体内传播(波长远远小于工件厚度)，远离边界，称为体波。导波通常以反射和折射的形式与边界发生相互作用，经介质边界制导传播，传播中纵波与横波相互间进行模态转换。在数学上虽然体波与导波受同一组偏微分波动方程控制，体波方程解无须满足边界条件，导波方程的解在满足控制方程的同时必须满足实际的边界条件。在波的传播过程中体波的模态有限，主要有纵波、横波、表面波等。导波通常在一个有限体中可以存在多种不同的导波模态。导波大多具有频散现象，即导波相速度是导波频率的函数，随导波频率变化而变化。

1. 导波的频散现象

导波和体波最大的不同之处就是导波具有频散特性。频散现象指的是导波传播弹性波的速度随着频率的不同而不同。因此，在某一特定的频率处，一般存在几种不同模态的波。根据前人分析表面，导波频散现象可分为几何弥散和物理弥散。

(1)几何弥散现象：导波的频散特性主要依赖于波导的形状及加载角度。

(2)物理弥散现象：频散特性也可由非线性效应等材料本身的物理性质所得。

对于导波的频散特性，我们可用很多不同的方法来描述，如相速度、群速度和波数等。由于频散现象的存在，当发射宽带窄脉冲导波时，便会使传播一定距离后的导波时域波形发生一定程度的变化。因此，随着传播距离的增加，再加上导波的频散特性的出现，信号的时域宽度也会出现逐渐增加的现象,并且信号的幅度也会出现不断减小的现象。信号变宽的现象为研究人员分析有用的信号带来了很大的困难,主要是杂波容易淹没反射的回波。同时,回波幅度的减小不仅降低了检测的灵敏度,而且增加了信号的特征提取与识别的难度。

2. 导波的多模态性

导波的多模态现象是指在频率厚度积固定的情况下,导波至少可能存在两个模态,并且导波模态数目会随频厚积的增大而不断增加。在低频厚积的情况下,一般至少存在两个模态,并且频厚积增长,模态数也跟着增长。研究工作者最初以为,只要激励单一模态的导波,就会避免导波的频散,可以产生对检测有用的效果,但是经过数次试验分析得出,即使传感器激励了单模态的导波,由于存在边界结构或存在其他不连续情况(如缺陷等),也会有模态转换现象的发生。因此,传感器接收到的信号通常包含两个或两个以上的模态,对于研究导波检测的研究人员而言,对多模态导波信号处理的研究是必然的,这也是困扰导波工作人员的问题之一。

在激励某种模态导波的过程中,研究者取 5~10 周期的单音频信号调制,这样发出的激励信号通常情况下是一组频率不相同的信号,其中心频率为单音频信号。各个频率的信号主要是波导中传播,但是在波导中传播的速度不同,这就意味着随着信号传播距离的变化,信号的形状将会随之发生变化。通常情况下,随着导波传播距离的增加,信号的时域也会跟着变宽。如果频散现象比较严重,信号的幅度将迅速出现衰减,能量逐渐分散在时域空间上。信号变宽现象为分析有用的信号带来了很大的困难,随着幅度的减小、导波检测的灵敏度出现降低,使信号的特征识别与提取变得困难。

在管道中传播的柱面导波的模态随频率的增大而增加。100 kHz 以下,大约存在 50 种模态。如图 8-7 所示,轴对称纵向导波 L(0,2)模态由于传播速度快,故能比其他模态的导波更快地到达导波接收装置,因此更易于在时域内区分。直探头在激励 L(0,2)模态导波的同时还会激励出 L(0,1)模态导波,此外所激励的导波在管道中传播时,导波不仅向前向传播,同时也会向后向传播。

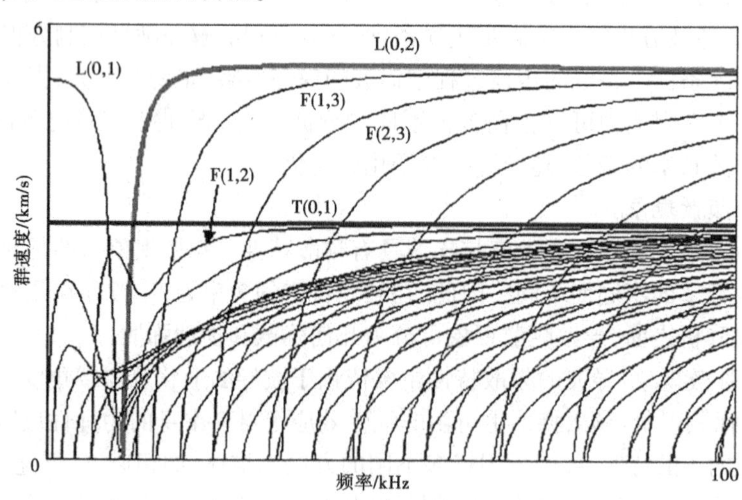

图 8-7　典型导波模态曲线

在某一频率范围内,L(0,2)模态导波群速度几乎不随频率的变化而变化,呈一条直线,表明它是非频散的或者说频散程度非常小。同时,L(0,2)模态导波速度曲线位于各曲线的最上部,说明它的速度是最快的。通过综合分析各种模态的位移,可知 L(0,2)是最适合管道长距离检测的。

70 kHz 的 L(0,2)模态优点如下:

(1)在此频率附近范围内该模态几乎是非频散的,因而信号形状在传播过程中可保存下来。

(2)由于该模态导波传播速度最快,所以任何不希望出现的模态信号都在其后到达,易于在时域内分离出感兴趣的信号。

(3)轴向位移分量对探测圆周开口裂纹的灵敏度起决定作用,该模态在内外表面的轴向位移相对较大,因而对任何圆周位置的内外表面缺陷具有相同的灵敏度,非常适合探测内外表面的缺陷。

(4)该模态内外表面的径向位移相对较小,使得波在传播过程中能量泄漏较少、传播距离相对较大。

3. 导波的衰减

导波的衰减是指导波在波导中传播时,波导的不连续性、能量泄漏通道的存在等引起导波能量逐渐减弱的现象。

根据引起导波衰减的原因不同,可以分为散射衰减、吸收衰减和扩散衰减。

1)散射衰减

散射衰减主要是由物质的不连续性引起的。当声波遇到不连续界面时,将产生波型转换、反射及折射等现象,这些现象的产生会使导波的能量出现衰减。在波导材料中,被散射的导波主要是沿着复杂的路径传播的,其中一部分导波可能最终变成热能,增加了波导材料的温度,另一部分有可能形成了噪声。

2)吸收衰减

吸收衰减主要是导波在介质中传播时,传播介质质点间的摩擦和热传导引起的导波能量减弱的现象。

3)扩散衰减

扩散衰减与传播介质无关,主要取决于波阵面的几何形状等。扩散衰减主要是声束截面的增大,导波随传播距离的增大,其单位面积上的声能或声压逐渐减弱的现象。

8.2.1.6　超声导波检测结果的评定

超声导波检测结果的评定和传统的超声脉冲反射法检测不同,超声导波检测的灵敏度及检测结果用管道环状截面上金属缺损面积的百分比评价(测得的量值为管道横截面面积的百分比),超声导波检测设备和计算机结合生成的图像可供专业人员分析和判断。

超声导波检测得到的回波信号基本上是脉冲回波形,有轴对称和非轴对称信号两种,检测中通常以管道上的法兰或焊缝回波做基准,根据回波幅度、距离识别是法兰回波或者焊缝回波还是管壁横截面的缺损回波,利用管壁横截面缺损率的缺陷评价门限(阈值)等及轴对称和非轴对称信号幅度之比,可以评价管壁减薄程度,能提供有关反射体位置和近似尺寸的信息,确定管道腐蚀的周向和轴向位置。

缺陷的检出和定位借助计算机软件程序显示和记录,减少人工操作判断的依赖性(避免了操作者技能对检测结果的影响),能提供重复性好、可靠性高的检测结果。

应当注意:超声导波检测的结果不能提供壁厚的直接量值或沿壁厚方向的腐蚀深度,而是指腐蚀或裂纹造成的缺损所占管道横截面面积的百分比,但是超声导波检测对任何管壁深度和环向宽度范围内的金属缺损都较敏感,因此在一定程度上能测知缺陷的轴向长度,这是因为沿管壁传播的圆周导波会在每一点与环状截面相互作用,对管道横截面的减小比较灵敏。

超声导波检测的结果除了根据反射回波的信号幅度和距离-波幅曲线进行比对评级,按验收标准确定验收、拒收外,通常都需要进行慎重的复检,例如用目视和小锤敲击的方法分辨是位于外表面或内部的缺陷,用深度尺直接测量外表面缺陷的深度,用射线、超声、漏磁等各种无损检测方法进行复检,必要时还要采用解列抽查的方式进行验证。

8.2.2 检测方法与适用性

超声导波与传统超声波技术相比具有的优势。一方面,在构件的一点处激励超声导波,由于导波本身的特性(沿传播路径衰减很小),它可以沿构件传播非常远的距离,最远可达几十米。接收探头所接收到的信号包含了有关激励和接收两点间结构整体性的信息,因此超声导波技术实际上是检测了一条线,而不是一个点。另一方面,由于超声导波在管(或板)的内、外(上、下)表面和中部都有质点的振动,声场遍及整个壁厚(板厚),因此整个壁厚(或板厚)都可以被检测到,这就意味着既可以检测构件的内部缺陷也可以检测构件的表面缺陷。利用超声导波检测管道时具有快速、可靠、经济且无须剥离外包层的优点,是管道检测新兴的和前沿的一个发展方向。同时,由于压力管道的广泛应用,管道的长距离超声导波快速检测研究近年来受到国内外无损检测学者的极大关注。因此,研究超声导波在结构中的激励、接收及应用与缺陷定位等问题,对于导波技术在工程中的应用具有重大的意义。

8.2.2.1 超声导波检测技术的主要优点

(1)能实现长距离的管道在线检测,有效检测距离主要根据管道属性和周围介质的不同而不同,当管道埋地时,检测距离为 5~30 m,当管道暴露地面时,距离可达 30~100 m。

(2)在不去除防腐层的情况下,可对 2~48 in(1 in=2.54 cm)管径实现 100%检测。

(3)导波技术无法检测管壁的厚度,但可以对缺损位置进行定位。

(4)允许对管道内壁油污、积蜡和变形等进行检测,并且不需测径或清管。

(5)可对各类介质(包括强腐蚀、超高或超低温、粉末)管道实施在线监测。

(6)便携式设备,质量轻、体积小,无须配发电设备,实施检测快速,便于现场使用。

(7)集中存在的凹坑、形状尖锐的腐蚀,沿圆周环向的裂缝和焊缝中尺寸比较大的裂缝等都是较容易检测出来的缺陷。

(8)检测过程简单,不需要耦合剂,除探头套环的安装区域外,可不必沿管道全长开挖,不必全长拆除保温层或保护层(只需要剥离一小块防腐保护层,以便在金属管道表面放置探头环)即可进行检测,特别是对于地下埋管不开挖状态下的长距离检测更具有独特的优势,从而大大减少了为接近管道进行常规超声检测所需要的各项费用,降低了检测成本,是一种经济、高效的管道扫描方法。

(9)视采用的超声导波探头类型,可适应的工作环境温度范围为-40~180 ℃。

(10)超声导波衰减小,检测距离长,能达到上百米的检验距离,可一次性对管壁进行100%检测(100%覆盖管道壁厚)。特别适合于一次性检测在役管道的内外壁腐蚀(包括冲蚀、腐蚀坑和均匀腐蚀)及管道上焊缝的危险性缺陷(环向裂纹、错边、焊接缺陷、疲劳裂纹等),也能检出管道断面的平面状缺陷(裂纹)。

(11)能实现完整的自动化数据收集。利用常规超声脉冲反射法与超声波测厚,根据壁厚变化情况判断管道腐蚀情况,并且主要是检测内壁腐蚀导致的壁厚减薄。进行超声导波检测时,把超声导波探头套环上的探头矩阵架设在一个探测位置(测试点),超声导波检测探头阵列向测试点两侧发射低频超声导波能量脉冲,此脉冲充斥管道整个圆周方向和整个管壁厚度沿着管线向远处传播,超声导波甚至可以在保护层或保温层下面传播,一次就能在一定范围内 100%覆盖检测长距离的管壁。根据反射回波的幅度、距离等即可确定管道腐蚀的周向和轴向位置,以及评价管壁减薄程度。

8.2.2.2　超声导波检测技术的主要局限性

(1)不能直接测量出管道的壁厚及有效定量所发现的缺陷,需要辅助使用其他检测设备对缺陷尺寸进行测量。超声导波检测技术采用的是低频超声波,对缺陷检测的灵敏度及精度大大低于常规超声脉冲反射法检测,因此无法发现总的横截面损失量低于检测灵敏度的细小裂纹、纵向缺陷、小而孤立的腐蚀坑或腐蚀穿孔等单个缺陷。

(2)由于在线监测是以焊缝回波、法兰等做基准的,因此受焊缝余高(焊缝横截面)不连续而影响评价的准确程度。

(3)多重缺陷往往会产生叠加效应。需要通过试验选择最佳超声导波频率和入射角,需要采用模拟管壁减薄或一系列已知反射体信号波幅的校准试件来校准超声导波检测系统和调整检测灵敏度。

(4)对于积蜡管道、覆盖有沥青防腐层的管道,检测距离较短,信号急剧衰减。

(5)由于壁厚变化或者是圆周声程发生变化时,导波会发生散射、波形转换及衰减等现象,导波在通过弯头后,必然会影响导波回波信号的分辨力以及检出灵敏度,因此在一次检测距离段不宜有过多弯头。虽然管道内的气体或液体填充物对扭曲波模式的影响可以忽略,但是对纵波模式的影响却很大。

(6)对于在管段较短的区段有多个 T 字头等多重形貌特征的管段,导波检测变得不可靠。此时,可以通过辅助相控阵等技术手段来提高检测的可靠性。超声导波能够通过带有弯头的管道,但是通过弯头后,信号会发生扭曲或失真,将使回波信号的检出灵敏度和分辨力受到影响,使缺陷的辨别分析困难。在弯头处,导波在圆周方向的声程发生变化或者由于壁厚有变化而发生散射、波形转换和衰减,因此在一次检测距离段不宜有过多弯头(一般不宜超过 2~3 个弯头,且适合曲率半径大于管道直径 3 倍的弯头)。对于有多种形貌特征的管段,例如在较短的区段有多个T头(三通接头),就不可能进行可靠的检验。在管道检测中通常以法兰、焊缝回波做基准,因此焊缝余高(焊缝横截面)不均匀会影响检测结果评价的准确程度。

(7)检测范围、可能检测到的最小缺陷(精度)等都会随管子状态的不同而不同。对于有严重腐蚀的管道,检测的长度范围有限。管道内外壁的特大面积腐蚀会造成信号衰减,导致有效传输距离大大缩小。

(8)表面圆滑的渐进式缺陷、单一存在的腐蚀坑、轴向裂缝,焊缝中的小回坑等问题都是导波检测的盲区。

(9)用超声导波检测管线时,沿管线传播的超声导波的衰减直接影响其有效检测距离(可检范围)和最小可检测缺陷(检测灵敏度),这除与所应用导波的频率、模式有关外,还与埋地管的沥青防腐绝缘层、埋地深度、周围土壤的压紧程度、土壤湿度以及土壤特性,或管道保温层及管道本身的腐蚀情况和程度等相关,例如环氧树脂涂料、岩棉(如珍珠岩)绝热材料和油漆等对超声导波信号的影响很小,但外壁带涂防锈油的防腐包覆带或浇有沥青层等的管道却对超声导波信号的影响很大,能引起超声导波有较大的衰减。对于有严重腐蚀的管道,超声导波检测的长度范围也是有限的。

(10)超声导波检测数据的解释难度大,对检测结果的解释通常需要参考相关试验建立的数据库,利用超声导波检测系统对检测所必需相关参数的采集和存储,利用超声导波检测系统进行数据的实时显示和分析、检测后的数据回放和分析,以及信号辨别和缺陷定位。因此,要由训练有素、对被检测对象的超声导波检测有丰富经验的技术人员来进行。

虽然在超声导波检测工艺上需要利用距离波幅曲线,使回波信号振幅和管道横截面变化能较好地关联,但是超声导波检测并不能直接地测量剩余的管道壁厚,目前只能是将管道横截面变化的严重程度分成几种类别。可以通过激发信号开启模式转换,例如把轴对称导波模式的部分能量转换成弯曲模式。利用模式转换的总量预计缺陷在圆周范围的分布,再参考横截面的变化量,从而进行严重程度分类。

因此,超声导波检测技术虽然在高效、快速地进行管道腐蚀状态的扫描方面具有独到优势,但是最好把超声导波检测用作识别怀疑区的快速检测手段,对检出缺陷的定量评定只是近似的,如果需要更准确、具体地确定缺陷类型、大小以及位置等,在有可能的条件下还需要借助其他更精确但速度较慢的无损检测手段进行补充评价确认。例如采用两步法:先用超声导波快速检测管道,发现腐蚀减薄区或缺陷区,然后在对应的位置实施局部开挖,再用常规超声检测方法进行检测和定量评定,这取决于检验标准所要求的检测精度及壁厚减薄的局部性或普遍性。

目前,超声导波检测技术还推广应用到如棒材、板材、工字钢等型材(如铁路钢轨)、缆索等线材(如桥梁斜拉索、钢缆)、高速公路路桩埋深及复合材料等其他材料的检测。

8.2.2.3　超声导波检测相关标准

目前国内已发布的有关超声导波检测的技术标准有:

(1)《无损检测 超声导波检测》(GB/T 31211—2014)。

(2)《火力发电厂管道超声导波检测》(DL/T 1452—2015)。

(3)《钢制压力管道超声导波检测方法》(DB 36/789—2014)。

(4)《无损检测 磁致伸缩超声导波检测方法》(GB/T 28704—2012)。

8.3　检测应用案例

利用导波进行无损检测的最大优势便是导波检测的全面性和低耗费。研究表明,一个没有缺陷的管道,管道表面不存在任何沥青防腐层以及覆盖物的情况下,导波能在其中传播至少 100 m。因此,对于检测几万米的长输管道而言,在基于时域信号接收的情况下,在很短时间内就能完成整个管道的检测,这表现了导波的低耗费性。导波检测的另一个优点就是只需要局部贴近试件即可,这可应用于只能在有限的范围内贴近试件的管道检测。

(1)真正实现 100%的管道和各类型管网快速检验,保证管道等设备的安全运行。

(2)大面积并且快速地对管道进行普查和检测管网的腐蚀情况,为管道的安全管理提供了可靠信息,制订出切实可行的管理方案。

(3)管道在进行常规检测时,检测成本较高,导波检测便可以避免由于去除管道外边的保温、防腐材料或开挖埋地管道等产生的费用。

(4)在管道检测人员全面掌握管道的腐蚀情况之后,可通过操作、调整压力等措施,避免泄漏和事故的发生。

(5)避免采用由于常规抽查的方法产生的漏检。

根据对导波原理和超声波原理的分析可知,导波检测与传统超声波检测存在很大的区别,其根本不同就在于波的入射方式的改变。超声波检测法属于逐点检测,这种方法只能检测到传感器下方管壁的厚度,所以在对大范围、长输管线进行检测时,其速度很慢,但是,对于导波检测方法,其改变了波的入射角度,使得声场能够传播到整个试件(板材、管道、各种压力容器等),并且覆盖整个试件,实现了管道的 100%检测,从而试件的全部信息将会反映在管道接收传感器接收的回波信号中。此外,在传感器的布置方面,在对管道进行检测时,导波所专用的传感器不需要液体进行耦合,因此这种方法也可在干耦合的情况下进行检测。这种方法主要是将机械或气体施加到探头的背面上,从而确保了管道与探头的表面接触可以得到与导波良好的耦合效果。

超声导波检测的基本布置如图 8-8、图 8-9 所示。

超声导波检测的应用范围:超声导波长距离检测技术可以应用于常规超声检测难以接近的区域,如安装有管夹、支座、套环的管段和套管,穿越公路、大坝、交叉路面下或桥梁下的埋地管道,以及水下管线等。超声导波检测技术已经应用到包括无缝管、纵焊管、螺旋焊管,管道材料除普通碳素钢外,还包括 GrMo 钢、奥氏体不锈钢、双相不锈钢等。其应用领域包括油、气管网(例如天然气管道、炼油厂火焰加热器中的垂直管路、带岩棉保温介质和漆层的架空液化气管道)及石油化工厂的管网(例如无保温层输送 CO 与 H 合成烃类的淤浆管道、石油化工厂的交叉管路),码头管线、管区的连接管网,海上石油管网/导管(例如海洋平台竖管、球管柱腿),水下管道,电厂管网,结构管系,穿路/过堤管道(例如埋地冰管、储槽坝壁的管道、道路交叉口地下管道),复杂或高架管网(例如高架管道、垂直或水平或弯曲管道),保温层下管道(例如带有保温层的氨水管道),带有套管的管道,以及带有保护层(例如涂

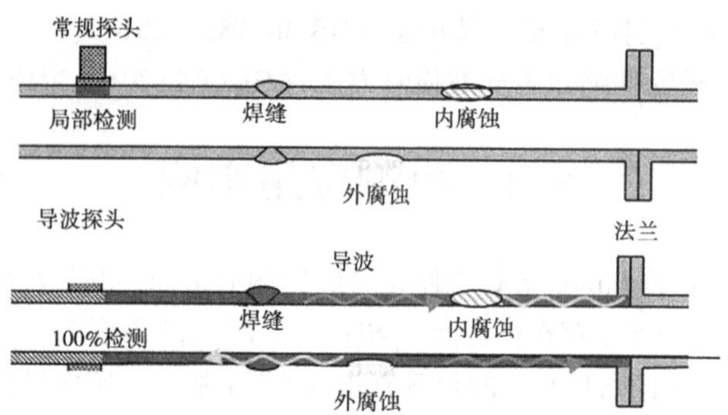

图 8-8　超声导波检测的基本布置一

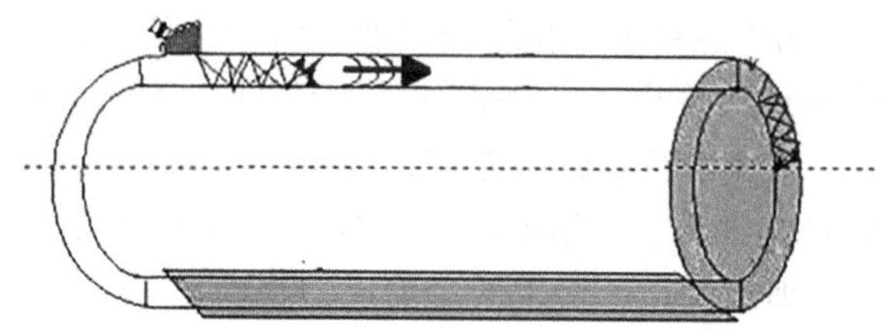

图 8-9　超声导波检测的基本布置二

层、聚氨基甲酸酯泡沫保温层、岩棉保温层、环氧树脂涂层、沥青环氧树脂涂层、PVC 涂层、油漆、沥青卷绕)的管道,电厂锅炉热交换器的管路等管道类型。

目前的超声导波检测技术已经能够应用于直径 50~1 800 mm 的管道现场检测,超声导波检测仪器已经能够自动识别超声导波的模式(例如纵波和扭曲波),可区分管道的腐蚀情况和管道的特征(例如焊缝、支撑、弯头、三通等),已能达到的最高检测精度为管道横截面面积的 1%,可靠的检测精度能达到管道横截面面积的 9%(即一般能检出占管壁截面 3%~9%以上的缺陷区及内外壁缺陷),缺陷轴向定位精度可达到±6 cm,缺陷在管道周向分布的环向定位精度最高可达到 22°,理想状态下超声导波可以沿管壁单方向传播最长达 200 m,在同一测试点可以双向检测,从而达到更长的检测距离,成为管道和管网评估的有效工具,对安全、经济具有重大价值。

采用了聚焦增强功能的超声导波检测技术更能够有选择性地对重点区域进行进一步检测,提高检测精度,超声导波检测流程如图 8-10 所示。

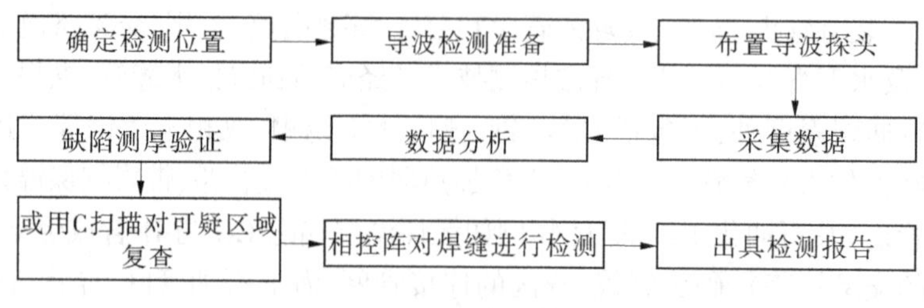

图 8-10　检测流程

8.3.1 导波在压力管道检测中的应用

8.3.1.1 天然气处理厂常温管线导波检测

2011 年 7 月,某天然气处理厂对该管线进行检测,通过数据发现焊缝信号从 W2 到 W4 能量衰减严重,可能存在大面积减薄或者通体腐蚀。经过复验证实该管线从探头位置起的 22~28 m 通体由 4.5 mm 减薄到 3.9 mm,如图 8-11、图 8-12 所示。

图 8-11 天然气处理厂常温管线导波检测

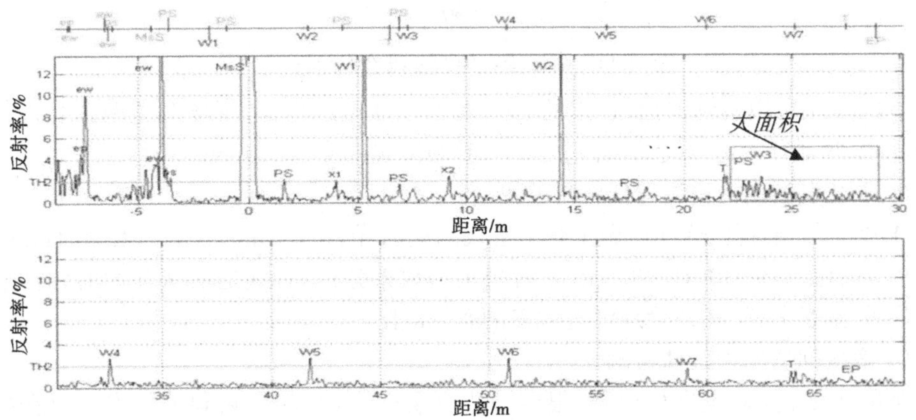

图 8-12 常温管线导波检测数据

2009 年 4 月,某石化公司炼油厂做了杂油管线的检测,管径大约在 159 mm,温度在 200 ℃,如图 8-13 所示。图 8-14 为检测中的一个数据分析图。

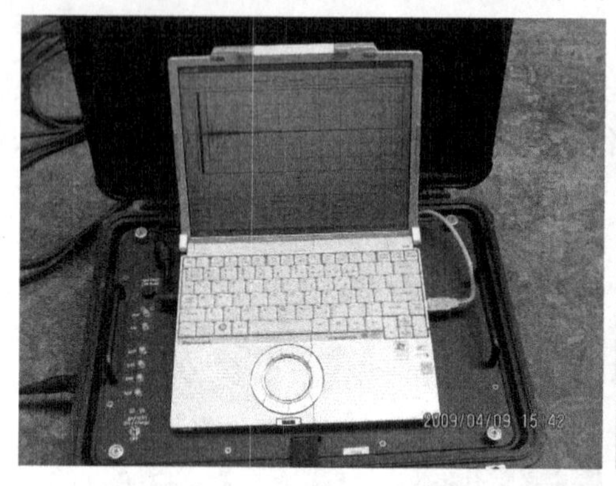

图 8-13　高温管线导波在线检测

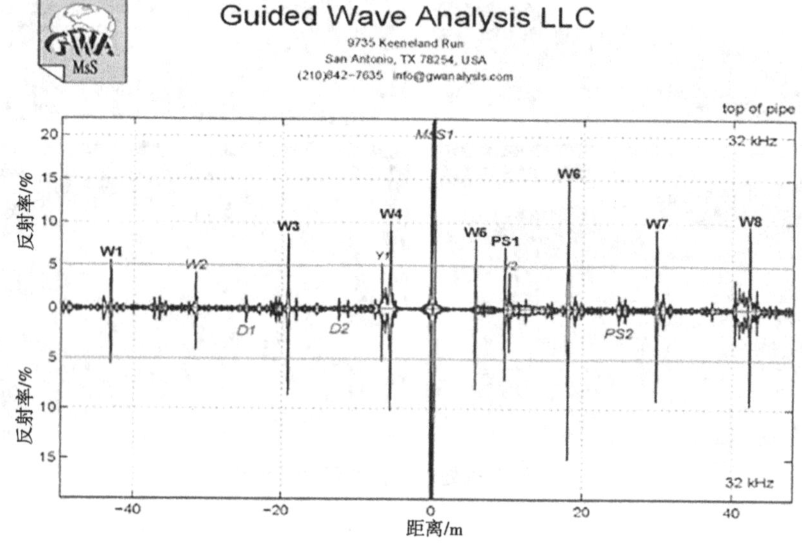

图 8-14　高温管线导波在线检测数据

从图 8-14 中可以看到,分析得出的 *D*1、*D*2 两个缺陷的标识,现场对这两个点进行了复验,测得壁厚都有一定程度的减薄,并且轴向的检测精度在±10 cm 以内。

8.3.1.2　石化装置内的高温管线在线检测

2011 年 3 月,某石化炼油厂做了高温管线的演示,图 8-15 所示的是一条蜡油管线,管径为 159 mm,温度在 310 ℃,图 8-16 是所采集的数据分析图,这是最新开发的软件进行采集与分析,经过分析,此条管线没有太多的腐蚀缺陷。

8.3.1.3　弯头部位冲刷腐蚀检测

常规测厚只能点对点进行检测,很容易造成漏检,而 MsS 低频导波技术可以在贴近弯头部位布置导波探头,利用相对较高的频率对该弯头实现 100%检测,如图 8-17 所示。

图 8-15　高温石化装置导波在线检测

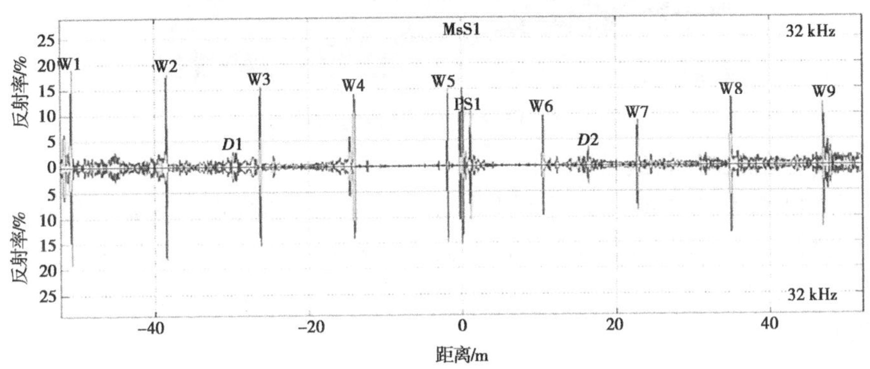

图 8-16　高温石化装置导波在线检测数据

图 8-17　弯头导波检测

8.3.1.4　密排带保温防护层管线检测

对于密排保温管线来说，常规测厚时需要扒开保温层来进行抽点测厚，有些贴合紧密的位置无法伸入探头进行测厚，而 MsS 低频导波技术，只需要在合适位置布置一个探头，就可以对该管段实现 100%的检测，如图 8-18 所示。

图 8-18 保温防护层管线导波检测

8.3.1.5 架空管廊交叉管线检测

架空管廊上的交叉管线,常规检测手段必须检测人员和检测设备都贴近到待检位置才能进行检测,而这些位置往往受到空间和高度的限制无法靠近,MsS 低频导波技术只需在被检管线容易靠近位置安装探头,就可以传导到远端对无法靠近位置进行检测,如图 8-19 所示。

图 8-19 交叉管线导波检测

8.3.1.6 穿墙、穿路管线检测

对于穿墙和穿路管线来说,常规检测手段需要开挖进行检测,而 MsS 低频导波技术只需要在露出段安装探头,就可以对埋地和穿墙管段实现 100%的体积检测,如图 8-20 所示。

图 8-20　穿路管线导波检测

8.3.1.7　带伴热管线的腐蚀检测

MsS 导波管道检测探头体积轻薄,可以适应复杂的现场环境,对于带有伴热导线或伴热管线的管道来说,MsS 导波探头厚度不超过 2 cm,从伴热线下穿过进行正常检测,如图 8-21 所示。

图 8-21　带伴热管线的腐蚀导波检测

8.3.1.8　埋地管线及螺旋焊缝管线的检测

MsS 超声导波可以对埋地管线进行有效检测,只需在布置探头部位局部开挖,就可以进行在线检测或长期监测,如图 8-22 所示。

图 8-22 埋地管线及螺旋焊缝管线的检测

8.3.1.9 大功率导波探头用于埋地管线的检测

大功率导波探头检测功率是常规探头的 2 倍,检测范围可以延长 1.5 倍,如图 8-23 所示。

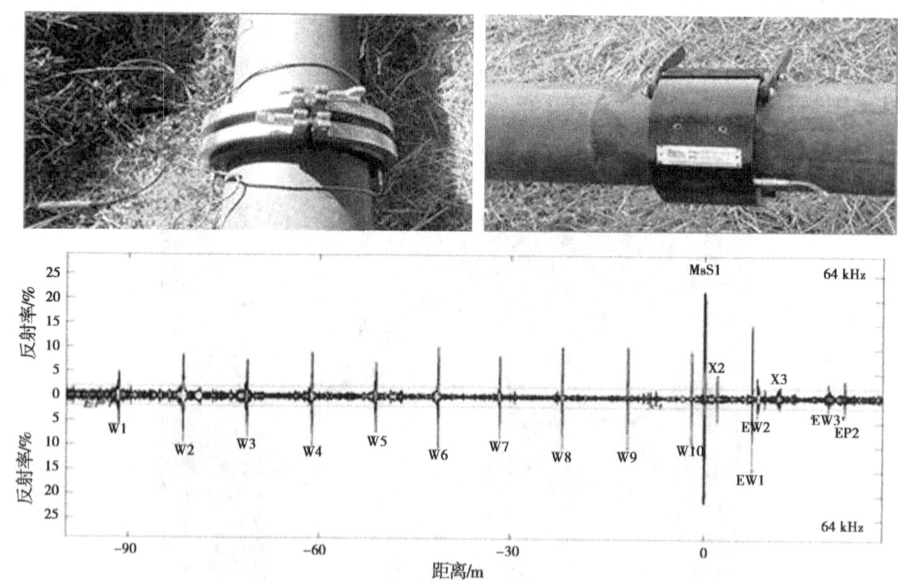

图 8-23 大功率导波探头埋地管线的检测

8.3.1.10 炉管的 MsS 超声导波检测

MsS 超声导波可以对炉管进行快速检测,两根炉管之间的间距很小,并且炉管靠近炉膛外壁很紧密,不影响 MsS 超声导波的检测,在炉管一端安装探头可是实现整根炉管 100%腐蚀检测,如图 8-24 所示。

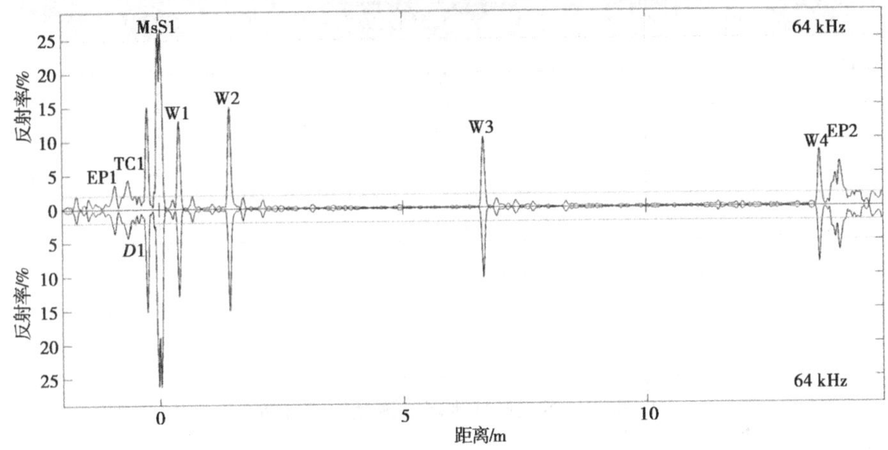

图 8-24　MsS 超声导波检测在炉管检测中的应用

8.3.2　导波在压力容器检测中的应用

8.3.2.1　容器壳体的 MsS 超声导波检测

MsS 超声导波技术的柔性板式探头可以贴合内凹或外凸表面,对容器壳体或者大直径管道进行扫描检测,如图 8-25 所示。

8.3.2.2　换热器、空冷器管束的 MsS 超声导波快速检测

MsS 超声导波技术可以对换热器及空冷器管束进行快速筛查,能够通过 U 形弯区域,能够实现 100%扫描检测,如图 8-26 所示。

8.3.2.3　塔器的 MsS 超声导波检测

MsS 超声导波技术的柔性板式探头可以对常温及高温塔器的易腐蚀部位(如浮动液面区域)进行在线检测和长期监测,如图 8-27 所示。

8.3.2.4　加气站储气瓶组超声导波检测

天然气加气站是指以压缩天然气(CNG)形式向天然气汽车和大型 CNG 子站车提供燃料的场所。加气站储气瓶组是储存气的一种,它储存气少,可暂时使用,一般先经过前置净化处理,再由压缩机组通过售气机给车辆加气。气瓶在定期检验过程中无法内部检验时,我们采用了导波检测,目的是发现气瓶内表面的腐蚀缺陷,如图 8-28 所示。

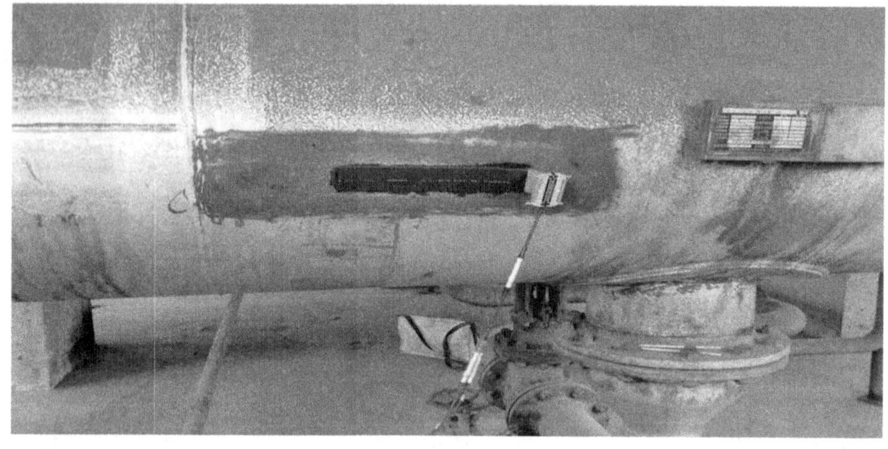

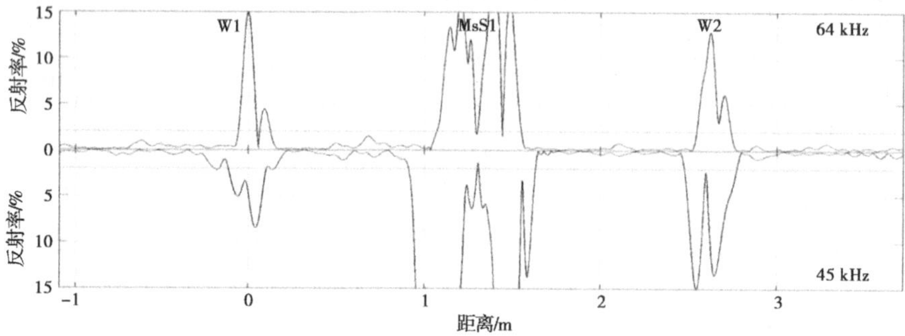

图 8-25　容器壳体现场检测及数据分析

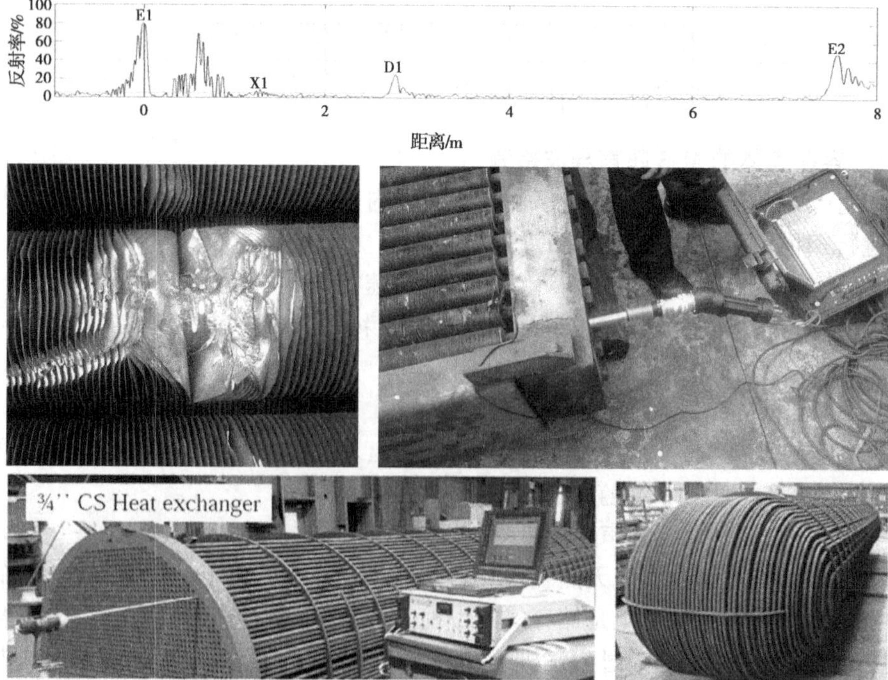

图 8-26　管束现场检测及数据分析

图 8-27　塔器现场检测

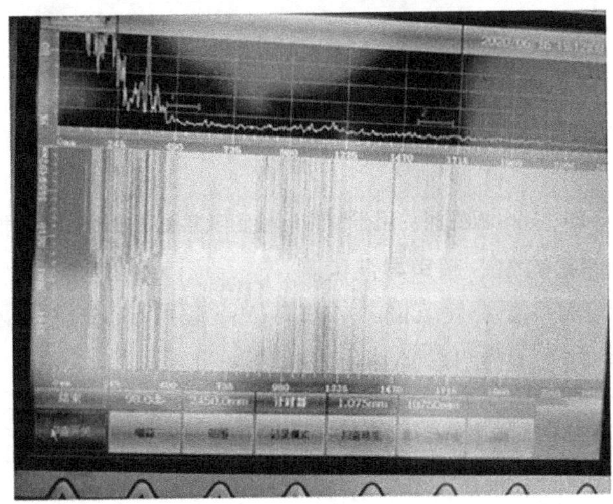

图 8-28　气瓶导波检测图谱

8.3.3　导波在常压储罐检测中的应用

8.3.3.1　MsS 板式探头用于储罐的检测

MsS 超声导波检测技术在储罐的全面检测方面具有以下优势：

(1)传播距离远，扫查距离可高达几十米。

(2)扫查速度快，一般中小型储罐探头覆盖区域仅需 2~3 min 完成数据采集。

(3)可实现 100%全面扫查。

(4)在特定情况下，无须开罐进行检测。

(5)可沿着扶梯进行检测，无须搭设脚手架。

(6)无须将保温层全部拆除，只需拆除探头布控区域。

图 8-29 为 MsS 板式探头用于储罐的检测示意图及检测数据分析。

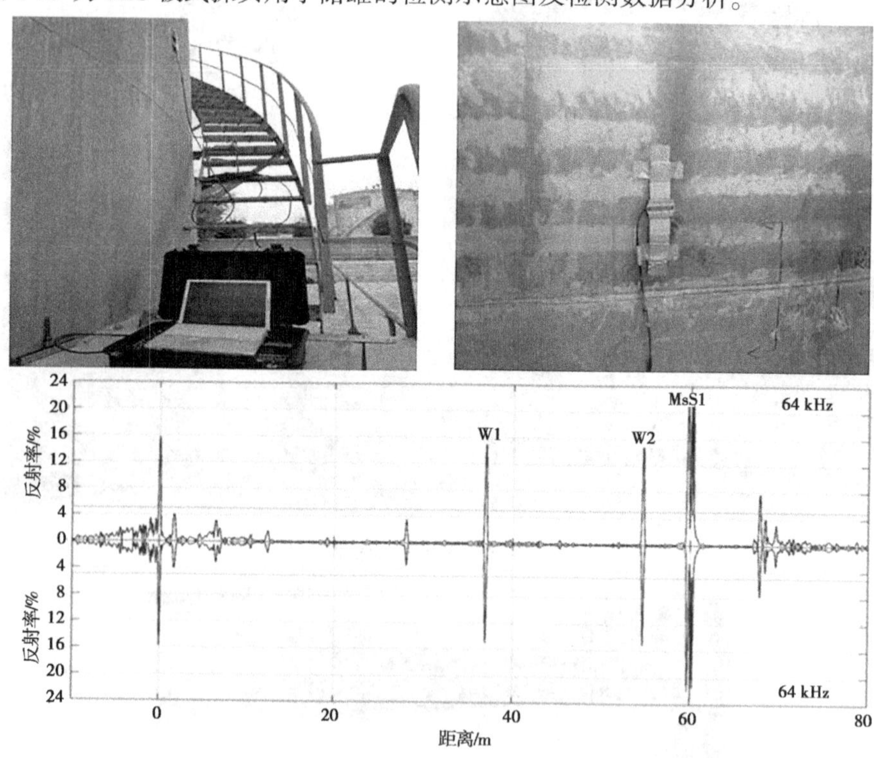

图 8-29　MsS 板式探头用于储罐的检测示意图及检测数据分析

8.3.3.2　某石化厂储罐的 MsS 超声导波检测

图 8-30 为储罐的 MsS 超声导波检测示意图，MsS 超声导波检测技术在储罐的优势：

(1)传播距离远，扫查距离可高达几十米。

(2)扫查速度快，一般中小型储罐探头覆盖区域仅需 2~3 min 完成数据采集。

(3)无须开罐进行可实现 100%全面扫查。

(4)可沿着扶梯进行检测，无须搭设脚手架。

(5)无须将保温层全部拆除，只需拆除探头布控区域。

图 8-30　储罐的 MsS 超声导波检测

参考文献

[1] 张海营,薛永盛,谢曙光,等. 承压类特种设备超声检测新技术与应用[M]. 郑州:黄河水利出版社,2020.
[2] 党林贵,李玉军,张海营,等. 机电类特种设备无损检测技术[M]. 郑州:黄河水利出版社,2012.
[3] 党林贵,沈钢,陈国喜,等. 工业锅炉设备与检验[M]. 郑州:河南科技出版社,2019.
[4] 薛永盛. TOFD 检测上表面盲区的讨论[J]. 无损探伤,2014(4):41-43.
[5] 薛永盛. TOFD 方法在电厂减温器检验中的应用[J]. 无损探伤,2015(2):35-36.
[6] 李玉军,薛永盛,韩志刚. 水电站蜗壳舌板对接焊缝的超声波相控阵检测[J]. 无损检测,2011(3):17-20.
[7] 党林贵,王发现,娄旭耀,等. TOFD 检测在电站锅炉主蒸汽管道检验中的应用研究[R]. 2015.
[8] 李衍. 相控阵超声技术第三部分探头和超声声场[J]. 无损检测,2008,32(1):24-29.
[9] 潘亮,董世运,徐滨士,等. 相控阵超声检测技术研究与应用概况[J]. 无损检测,2013,35(5):26-29.
[10] 王维东,王亦民,孟倩倩,等. 超超临界锅炉小径管焊缝的超声相控阵检测工艺[J]. 无损检测,2015,37(12):49-52.
[11] 周正干,冯海伟. 超声导波检测技术的研究进展[J]. 无损检测,2006,28(2):57-63.
[12] 王维东. 小径管焊缝的超声爬波检测方法[J]. 无损检测,2017,39(7):28-32.
[13] 樊利国,荆洪阳. 爬波检测及其应用[J]. 无损检测,2005,27(4):212-216.
[14] 曹云峰,花喜阳,田尉建,等. 镍基合金螺栓超声检测的典型案例[J]. 无损检测,2016,38(11):79-82.
[15] 沈功田,张万岭. 压力容器无损检测技术综述[J]. 无损检测,2004,26(1):37-40.
[16] 刘洪杰,韩庆元. 压力容器焊缝缺陷的检测和分析[J]. 检查与测量,2011(1):37-40.
[17] 刘传良. 综述压力容器超声波探伤检测的技术问题[J]. 广东科技,2011,11(22):55-57.
[18] 王晓雷. 承压类特种设备无损检测相关知识[M]. 北京:中国劳动社会保障出版社,2007.
[19] 张金颖. 超声无损检测在承压类设备检测中的应用[J]. 中国高新技术产业,2012(3):81-82.
[20] 任晓可. 电磁超声技术在钢板缺陷检测中的研究[D]. 天津:天津大学,2008.
[21] 陈居术,孙新岭,张涛,等. 管道焊缝的应力腐蚀及其控制[J]. 油气储运,2003,22(11):42-45.
[22] 李娜. 国外管道焊缝缺陷超声波检测现状[J]. 机械工程师,2008(12).
[23] 梁宏宝,朱安庆,赵玲. 超声检测技术的最新研究与应用[J]. 无损检测,2008,30(3):45-48.
[24] 王勇,沈功田,李邦宪,等. 压力容器无损检测——大型常压储罐的无损检测技术[J]. 无损检测,2005,27(9):487-490.
[25] 李家伟. 无损检测手册[M]. 北京:机械工业出版社,2012.
[26] 何存富,李隆涛,吴斌. 周向超声导波在薄壁管道中的传播研究[J]. 实验力学,2002,17(4):419-424.
[27] 李中伟,刘长福. 无损检测用超声导波的激励波形研究[C]//中国计量协会冶金分会 2013 年会论文集. 2013.
[28] 赵振宁,吴迪,张博南,等. 薄板中超声导波传播模态信号分析方法[J]. 无损检测,2017,39(1):10-15.